PRAKTIKUM DER
GEWEBEPFLEGE ODER EXPLANTATION
BESONDERS DER GEWEBEZÜCHTUNG

VON

RHODA ERDMANN

ZWEITE AUFLAGE

MIT 99 ABBILDUNGEN

SPRINGER-VERLAG
BERLIN HEIDELBERG GMBH 1930

ISBN 978-3-662-26851-3   ISBN 978-3-662-28317-2 (eBook)
DOI 10.1007/978-3-662-28317-2

DEM BEGRÜNDER
DER ENTWICKLUNGSMECHANIK

WILHELM ROUX

IN DANKBARER ERGEBENHEIT

Vorwort zur ersten Auflage.

Diese Einführung in die Methodik der Gewebezüchtung ist der erste
Versuch, diese Methode in weitere Kreise zu verbreiten. Schon auf der
Universität soll der werdende biologische Forscher sie kennen lernen,
damit er später bei Inangriffnahme eigener Arbeiten frei über sie ver-
fügt. Nach fast zweijährigem Kursbetrieb hat sich in mir die Über-
zeugung entwickelt, daß eine Einführung in die Gewebepflege im
Universitätsunterrichtsbetrieb nötig und möglich ist. Mit sehr einfachen
Mitteln und auf elementare Art habe ich Gewebepflege erfolgreich
lehren können. Bis jetzt wurde die Methode in Forschungs-Insti-
tuten von Person zu Person gelehrt, und dabei stand eine reiche Apparatur und viel Assistenz zur Verfügung. Das hinderte früher und auch
jetzt vielfach die Ausbreitung dieser so wichtigen Methode. Der Forscher
braucht natürlich mehr Assistenz, reichere Apparatur, bessere Einrichtungen als ich sie hier aufgezählt habe. Aber, was mir so wichtig erscheint, daß diese Methode ein Gemeingut derer wird, die in
Zukunft biologisch forschend arbeiten wollen, kann, wie man
hier sieht, auf verhältnismäßig einfache Weise, mit billigen Mitteln
erreicht werden.

Zwar steckt die Methode der „Gewebepflege im Explantat‟ noch
in den Kinderschuhen. Sie wird aber in Zukunft bestimmt sein, gleich-
berechtigt neben die anderen Methoden der kausalanalytischen Forschung zu treten, wenn viele Köpfe und viele Hände an ihrer Vervoll-
kommnung arbeiten. Es ist erst ein Anfang dazu gemacht.

Wie notwendig ein so allgemeines Kennenlernen der Methodik ist,
beweist die Geschichte des Wissenszweiges, nämlich der Entwicklungsmechanik (Entwicklungsphysiologie), aus welcher die Gewebepflege, und enger die Gewebezüchtung hervorgegangen ist. Die Entwicklungsmechanik, populär auch experimentelle Entwicklungslehre
genannt, umfaßt eine Reihe von Disziplinen, die manches in der Methodik
gemeinsam haben, aber sich doch in der speziellen Fragestellung und
in der Art ihrer Lösung unterscheiden. Wir sprechen z. B. von Trans-
plantations- und Explantationsmethoden in der kausalanalytischen
Forschung. Sie beide haben als Material lebende Organismen, Organe,
Organteile, Gewebe und Zellen, mit denen experimentiert wird. Bei
ihnen ist das Schicksal des Explantates oder des Transplantates die
Hauptsache und nicht auch das des Organismus, aus welchem sie entnommen sind, wie es bei Regenerationsexperimenten der Fall ist. Die

Explantation hat schon eine lange Geschichte hinter sich und zeigt, daß jeder neue Wissenszweig sich seine Methodik schafft. Diese Methode wurde 1884 von W. ROUX (Gesamm. Abhandl. II, S. 247) erdacht. Die Medullarplatte des Hühnchens wurde herausgeschnitten und die weitere Entwicklung in einer warmen Kochsalzlösung beobachtet. Hierdurch wurde ermittelt, daß der Schluß des Medullarrohres nicht nach HIS durch den Druck der wachsenden Nachbarteile der Medullarplatte, sondern durch Selbstschluß dieser Platte erfolgt. Dies war das erste kausalanalytische Experiment, in dem ROUX zur Lösung eines bestimmt gestellten morphologischen Problems diese Methode anwandte. Es folgte von demselben Forscher 1893 die Isolation von Furchungszellen des Frosches in Hühnereiweiß oder in einer $^1/_2$ proz. Kochsalzlösung. Hierbei wurde die gegenseitige Näherung der Zellen (Cytotropismus), die flächenhafte Vereinigung zu geschlossenen Komplexen, die nachträgliche Umordnung und das Wiederaustreten von Zellen aus dem Verbande im analytischen Experiment beobachtet; kurz, alle Erscheinungen der Cytotaxis, deren weitere Erforschung jetzt ein großes Gebiet in der Gewebepflege einnimmt.

In den letzten 20 Jahren, seit den Arbeiten von HARRISON, BURROWS, CARREL u. a. hat die Explantation von Geweben sich hoch entwickelt. Wenn auch HARRISON seine Experimente aus entwicklungsmechanischen Gründen angestellt hat, so sind jetzt wieder viele Arbeiten erschienen, welche die Methode der Gewebezüchtung anwenden und doch nur rein deskriptiv arbeiten. Das liegt natürlich daran, daß erst die wichtige Frage nach der Art eines analysierbaren Nährmediums restlos gelöst werden sollte. Diese Lösung fehlt noch. Aber ist sie erst erreicht, so wird auch die Methode der Explantation, besonders der Gewebeexplantation für die kausalanalytische Forschung von großem Nutzen sein, wie ja auch erst durch die Transplantation nach dem Erscheinen von BORNS, BARFURTHS, BRAUS', HARRISONS, MORGANS, DRIESCHS, HERBSTS Arbeiten und den Arbeiten ihrer Schüler eine Renaissance der Zoologie aufging, nachdem nach ROUX' Vorgang bewußt kausalanalytisch zu experimentieren begonnen war.

So muß auch mehr und mehr die Zellenlehre aus einer deskriptiven Wissenschaft eine experimentelle und allmählich auch kausalanalytische werden. Deshalb ist die Methode der Gewebezüchtung zu pflegen, um die Erhaltungs- und Gestaltungsfunktionen der lebenden Zelle und des lebenden Gewebes unter verschiedenen experimentell gesetzten Umständen auszulösen und qualitativ zu beeinflussen.

Berlin-Wilmersdorf, Juni 1922.

RHODA ERDMANN.

Vorwort zur zweiten Auflage.

Zum zweitenmal erscheint das Praktikum der Gewebepflege oder Explantation, besonders der Gewebezüchtung. Der ersten Auflage gegenüber ist es nicht stark vergrößert, aber doch an den Stellen, die es bedurften, gründlich umgeändert. Vom Jahre 1922—1930 hat sich, wie vorauszusehen war, die Methodik dieser Disziplin stark geändert. Das wird an allen Stellen sichtbar werden. Etwas Gutes hat sich eingestellt. Die Methodik hat sich vereinfacht, ganz besonders durch die Einführung des Heparins und durch die Züchtung in Carrelgefäßen. Weiter hat die Möglichkeit, nicht nur Plasma, sondern Serummischungen mit Plasma und Extrakt als Züchtungsmedium zu gebrauchen, weiter auch synthetische Medien zu benutzen, eine gewisse Befreiung von den ersten technischen Schwierigkeiten geschaffen. Jetzt ist die experimentelle Explantationstechnik in ein Stadium gelangt, in welchem die genaue Kenntnis der in der Kultur wachsenden Formen das nächste Bedürfnis ist, ebenso wie die Normierung von Zellformen, welche unter bestimmten Bedingungen wachsen müssen.

Allen denen, die geholfen haben, die zweite Auflage des Praktikums durch ihre Kritik zu vervollkommnen, danke ich und bitte, die fördernde Hilfe, welche der ersten Auflage zuteil geworden ist, auch auf die zweite, hoffentlich verbesserte, auszudehnen.

Berlin-Wilmersdorf, im Januar 1930.

RHODA ERDMANN.

Inhaltsverzeichnis.

Einleitung.

Umgrenzung des Arbeitsgebietes.

Zum Beginn soll der Begriff „*Explantation*", der 1905 von W. Roux geprägt wurde, oder Gewebepflege im Explantat kurz definiert werden, damit die gestellte Aufgabe abgegrenzt werden kann. Gewebepflege zerfällt in: die Pflege des *Ganzexplantates* — Totalexplantates und die Pflege des *Teilexplantates* — Partialexplantates.

Im *Ganzexplantat* wird verschiedenes Material gepflegt, mitunter auch *gezüchtet*. Die Ganzexplantation beschäftigt sich mit der Pflege des ganzen oder fast des ganzen Organismus, die Teilexplantation mit der von *Organen, Organteilen, Geweben, Zellen*, die, von dem Mutterorganismus entfernt, in ein *nichtlebendes Kulturmedium zu kurzer* oder *länger dauernder Lebenderhaltung* eingeführt werden.

Die Ganzexplantate werden wir in diesen Übungen nur andeutungsweise behandeln. Die Auspflanzung des zentralen Teiles von Hühnerkeimen, die durch Roux 1884 ausgeführt, von Hühnerkeimen durch Worther und Whipple 1912, von ganzen Keimblasen des Kaninchens durch Brachet 1913, sowie die Erhaltung des zu früh geborenen menschlichen Kindes gehören zur Ganzexplantation. Im Gegensatz zu dem Ganzexplantat aus dem Muttertier oder aus dem Ei steht das Teilexplantat, das aus dem Organismus genommen ist (Oppel, 1914, S. 93). Die Pflege der Ganzexplantate unterscheidet sich aber nicht prinzipiell von der, welche wir den Teilexplantaten widmen. Der Zusammenhang zwischen dem Organismus und dem ihm entnommenen Teile ist bei dem Teilexplantat enger, infolgedessen ist die Gewebepflege schwieriger. Gewebepflege im Teilexplantat wollen wir kurz einfach „*Gewebezüchtung*" nennen, wenn wir uns *bewußt* bleiben, daß nicht alle Gewebepflege Gewebezüchtung ist, denn *Züchtung bedeutet Vermehrung*. Nicht jedes gepflegte Teilexplantat vermehrt sich. Es finden Ab- und Umbauerscheinungen in ihm statt, die von großer Wichtigkeit sind, aber doch hinter der Gewebezüchtung im strengen Sinne an Bedeutung zurücktreten, bei der ein quantitatives *Wachstum* der *Zellelemente* unter periodischen mitotischen Erscheinungen *Voraussetzung* ist.

Noch ein Wort zur Stellung der Explantation zur Transplantation. Bei der Transplantation ist das Wichtige, daß das transplantierte Gewebestück mit einem *anderen, lebenden* Organismus verbunden wird, während wir bei der Explantation das explantierte Gewebestück mit einem *nicht lebenden Kulturmedium* umgeben. Die Transplantation von Hautstückchen, Gelenken, Sehnenbändern aus dem Geber in den Geber selbst wieder nennen wir „autoplastische Transplantation". Die Transplantation aus dem Geber in einen speziesgleichen Empfänger nennen wir „homoplastische Transplantation", die Transplantation von dem Geber in einen speziesfremden Empfänger nennen wir „heteroplastische Transplantation". Wir werden manche Erfahrungen, die bei der Transplantation im Laufe des letzten Vierteljahrhunderts gemacht worden sind, zum Vergleiche mit den Ergebnissen, die wir bei der Explantation, also unserer eigentlichen Aufgabe, erzielen, heranziehen.

Ich habe noch hinzuzufügen, daß die Transplantationen jetzt, nach dem Erfolg, in „Implantation" und „Interplantation" zerfallen. Werden die Gewebestücke dauernd erhalten und kann das Gewebestück seine Gewebefunktion ausüben, so sprechen wir mit ROUX von Implantation (Beispiel: funktionierendes Kniegelenk, Lexer). Wenn das Transplantat, das aber bei der Übertragung gelebt haben muß, nur vorübergehend als Brücke oder Leitung dient und später durch körpereigenes Gewebe wenigstens in dieser Form ersetzt wird, sprechen wir mit OPPEL von Interplantation oder funktioneller Substitution (Haut bei Säugetieren).

Bei der *Explantation* war das Überraschende, daß *Teile* eine Zeitlang fortleben, nachdem sie von dem *Organismus*, zu dem sie zuvor gehörten, abgetrennt waren (OPPEL, 1914, S. 9). Dies Verfahren hat man anfangs auch nach Nebenumständen der Technik „in-vitro-Kultur", „Deckglaskultur", später nach den Forschern, welche die Methode sehr verbessert und ihr allgemeinere Anwendbarkeit verschafft haben, „Harrison-Carrelsche Kultur" genannt.

Es ist nicht genau, wenn der Ausdruck „Kultur" ohne weiteres gebraucht wird. Der Begriff „Kultur" hat eine so eng umgrenzte Definition in der Bakteriologie erhalten, daß es nur zu Begriffsverwechslungen führt, wenn wir von „in-vitro-Kultur" sprechen. „Kultur" im Sinne der Bakteriologen bedeutet, daß die eingepflanzten Bakterien jahrelang weitergezüchtet werden können, sich also in der Kultur vermehren und aus derselben Kultur überimpfen lassen. Wenden wir diese Begriffe für die Explantation an, so folgt daraus, daß wir Gewebe in ein Medium pflanzen, dann, nachdem es gewachsen ist, Teile des *neuentstandenen* Gewebes in ein neues Medium bringen, wiederholt Teile von diesem neuen Gewebe umpflanzen und dies ad infinitum fortsetzen. Von dem eingepflanzten Stück darf *keine* Zelle erhalten bleiben. Dies war bis zum Jahre 1922 nur ein *einziges* Mal von CARREL und seinem Mitarbeiter EBELING erreicht worden, welche den größten Erfolg bis dahin mit dem Verfahren erzielt haben.

CARREL hatte embryonales Gewebe aus einem 8 Tage alten Hühnerembryo in Blutsplasma und Embryonalextrakt gezüchtet und alle 3 bis 5 Tage dieses Medium erneuert, nachdem das Stückchen, welches er eingepflanzt hatte, in Ringerscher Lösung gewaschen worden war. Durch den ständigen Wechsel des Mediums, den CARREL selbst ungefähr 2 Jahre lang durchführte, gab er dem Gewebe den für dasselbe nötigen Nährstoff, und durch das Waschen entfernte er die Abbaustoffe. Sein Mitarbeiter EBELING setzte dies fort; ihm ist es möglich gewesen, von derselben Ausgangskultur Zellen zu züchten, die noch heute, nach 18 Jahren, leben. Ich betone noch einmal, dies war mesenchymales, also embryonales Gewebe, das sich, wie bekannt, durch seine große Wachstumspotenz auszeichnet. Dieses Experiment ist für kürzere Perioden oft wiederholt worden. Im Jahre 1922 ist es FISCHER gelungen, Epithelzellen monatelang zu züchten. Er hat nach vielen Versuchen, durch einen glücklichen Zufall ein wenig Irisepithel, das noch an der Linse sitzt, rein züchten können. So ist nicht nur die embryonale Mesenchymzelle, sondern auch die embryonale Epithelzelle bis jetzt während längerer Zeiträume züchtbar. Dies ist also eine wirkliche Kultur. Später haben ERDMANN 1924 und KAPEL 1926 Reinkulturen von verschiedenen Geweben erhalten. ERDMANN züchtete die embryonalen Mesenchymzellen des *Meerschweinchens* in fortlaufenden Kulturen [ERDMANN: Verh. anat. Ges. Halle. Anat. Anzeiger. **58**, 247 (1924)]. KAPEL [Arch. exper. Zellforschg. **8**, 35 (1929)] erhielt fortlaufende Kulturen von embryonalem Gehirnepithel des Hühnchens. Vorher hatte schon EBELING 1925 Schilddrüsenepithel des Hühnchens in Reinkulturen erhalten, so daß es jetzt möglich ist, Säugetiergewebe und Vögelgewebe, besonders embryonale, fortlaufend zu züchten. A. FISCHER gelang es, Reinkulturen des Rous' Tumor des Huhnes, des Ehrlichschen Mäusecarcinoms zu erhalten. CARREL, ERDMANN, LUMSDEN folgten mit Sarkomen der Ratte.

Es ist eine unglückliche Angewohnheit der Forscher, die bis jetzt auf dem Gebiete der Gewebezüchtung gearbeitet haben, von neuen *Generationen* zu sprechen, jedesmal wenn sie das Gewebestück in ein neues Medium setzen. Man sollte von einer Zahl von Generationen nur sprechen, wenn man zahlenmäßig feststellen kann, wie oft die Ausgangszelle, welche mit dem Gewebestück in das Plasmamedium gesetzt wurde, sich geteilt hat. Das ist bis jetzt noch nicht einwandfrei geschehen. Wir wollen lieber sagen: wir können Abkömmlinge der explantierten Zellen, z. B. durch 300 maligen Nährmediumwechsel, jahrelang in vitro erhalten. Es bleibt also eine noch unerfüllte Aufgabe, die Zahl der sich bildenden Zellgenerationen im Explantat festzustellen.

Aber wir würden die Aufgaben der Gewebezüchtung zu eng fassen, wenn wir uns nur darauf beschränkten, Zellen in das Nährmedium zu verpflanzen, von denen wir annehmen, daß sie sich periodisch teilen können, sondern wir müssen auch alle jene Gewebe des *erwachsenen* Körpers in den Kreis unserer Betrachtungen ziehen, die erst aus einem Latenzzustand erweckt werden müssen, die von den Zellprodukten, wie Bindegewebsfibrillen, Muskelfibrillen, befreit werden müssen, um dann unter Umständen sich wieder neu zu teilen. Während also die eine Seite der Gewebepflege sich mit embryonalen und mit Geschwulstzellen befaßt, beschäftigt sich die Gewebepflege weiter mit dem Abbau und den Veränderungen, die die erwachsene Zelle im Züchtungsmedium erleidet. Wir dürfen hier aber nicht den Ausdruck „überlebend" anwenden, weil, wenn auch diese Zelle überlebend erscheint, sie doch wirklich lebend ist. Das Nervengewebe im erwachsenen Körper z. B. teilt sich für gewöhnlich nicht, nur unter bestimmten Bedingungen kommt es bei der Regeneration zur Teilung, und doch sagen wir nicht, daß das Gehirn in unserem Körper überlebend ist, sondern es ist lebend. Die Grenzen sind natürlich sehr verwischt und schwer feststellbar.

Die erste Gruppe von Erscheinungen spielt sich in den ausgewanderten oder in den neugewachsenen Zellen ab. Die zweite Gruppe geht auch in dem Gewebekomplex, dem Mutterstücke, welchen wir in das Plasmamedium tun, selbst vor. Bis jetzt hat man sich meistens mit den auswandernden und sich neubildenden Zellen beschäftigt. Erst in den letzten Jahren hat man auch die anderen Phänomene in den Kreis der Betrachtungen gezogen, wie z. B. den Abbau und Aufbau der Muskel- und Bindegewebe und elastischen Fasern und ihrer Strukturen.

Eine dritte Gruppe von Phänomenen, die in den letzten Jahren mit Hilfe der Methodik der Gewebezüchtung bearbeitet wurde, ist die Züchtung ganzer embryonaler Organe wie des Auges, des Hörbläschens, der Gliedmaßen und des Herzens. Diese Aufgabe ist von BRAND, EK- MANN, FELL, SMIRNOWA, STÖHR, STRANGE-WAYS, THOMPSON und anderen in Angriff genommen worden. Hierdurch sind neue Brücken zwischen der Entwicklungsphysiologie in weiterem Sinne und der experimentellen Zellforschung geschlagen.

Wir werden uns zuerst mit folgenden Gruppen von Erscheinungen befassen und zwar sind aus didaktischen Gründen die Veränderungen des erwachsenen Kaltblütergewebes vorangestellt. Dann folgen Lebens- äußerungen der Zellen, weiter das Verhalten des embryonalen Binde-, Muskel-, Epithel- und Nervengewebes der Warmblütler. Hierauf be- trachten wir die Erscheinungen an dem erwachsenen Gewebe. Es ist wichtig, genau jede Zellart zu studieren, damit später, wenn man aus verschiedenen Zellarten zusammengesetzte Gewebe betrachtet, schon Normen gefunden sind, wie sich z. B. die Bindegewebszelle, die Epithel- zelle im Züchtungsmedium verhalten. Nach diesen vorbereitenden Bemerkungen, die unsere Aufgabe begrenzt haben, nehmen wir die Züchtung der Froschhaut und der Froschmilz vor, nachdem wir das dazu nötige Instrumentarium und die dazu nötigen Lösungen vor- bereitet haben.

Aufzählung und Beschreibung der notwendigen Apparate.

Der *Operationsraum* soll eine Zentrifuge (Abb. 1a und 1b) mit nicht zu geringer Umdrehungszahl, die gut ablesbar sind (ungefähr 2000—3000 Umdrehungen) in der Minute — also keine Handzentri- fuge —, einen Thermostaten, der auf 38—39° C gestellt und womöglich elektrisch geheizt wird, einen Eisschrank und einen praktischen Opera- tionstisch enthalten. Um das Arbeiten zu erleichtern, kann man Eisbecher (Abb. 1b) für die Zentrifuge bauen lassen. In seinen Mantel wird ge- klopftes Eis gelegt. Es ist auf alle Fälle besser, diese Eisbecher zu be- nutzen, als fraktioniert das Plasma zu kühlen. Sollte man mit Heparin arbeiten (s. unten), so ist die Eiskühlung nicht notwendig. Das Arbeits- zimmer muß außer den in Laboratorien üblichen Einrichtungen einen kleinen Trockensterilisator enthalten. Das Institut bedarf eines Autoklaven, und wenn das nicht möglich, eines Dampftopfes. Der Kurs selbst erfordert für 4—6 Teilnehmer an Glasinstrumenten:

6 große Glasschalen, Durchmesser etwa 23 cm, Höhe etwa 8 cm (je 3 davon werden bei jeder Operation gebraucht).

24 Drigalski-Schalen. Nur nötig, wenn keine Blechkästen (Abb. 5) zum Einsetzen der Kulturen vorhanden.

48 Petri-Schalen,

3 kleine Schalen mit eingeschliffenem Deckel,

12 dickwandige Zentrifugengläser,

12 dickwandige Reagenzgläser,

12 dickwandige Reagenzgläser (Länge etwa 10 cm, Durchmesser etwa 7 mm für kleine Tiere; Länge etwa 10 cm, Durchmesser etwa 13 bis 14 mm für größere Tiere).

100 Stück hohl geschliffene Objektträger (Durchmesser 20 mm, Tiefe 1,5 mm). Runde oder eckige Deckgläser, die die Öffnung des Objektträgers bedecken (22 mm, Dicke 0,20 bis 0,22 mm). Es werden auch Mica- oder Glimmerscheiben empfohlen. Sie sind *stets* anzuwenden, wenn man Dauerkulturen machen will. Leider kann man dann das wachsende Gewebe nicht mit sehr starken Vergrößerungen beobachten. Darum müssen immer Kulturen auf dickeren oder dünneren gläsernen Deckgläschen angesetzt werden, die dickeren zur gröberen für die mikroskopischen Betrachtungen, die dünneren für die cytologische oder die später erfolgende Färbung.

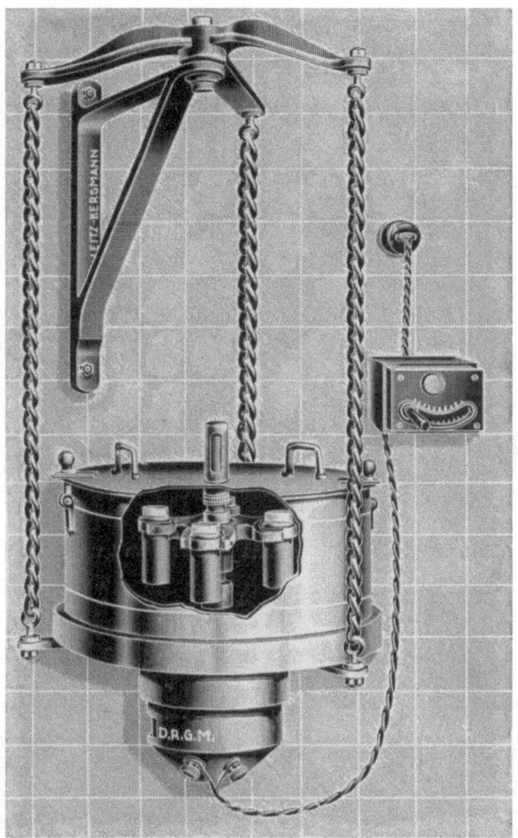

Abb. 1 a. Zentrifuge.
Bei Neuanschaffung ist diese hängende Zentrifuge mit einsetzbaren Eisbechern (Abb. 1 b) zu empfehlen.

6 Plasmaentnahmepipetten (nach ERDMANN, Abb. 2 b), 20 cm lang.

6 Tropfenpipetten (nach ERDMANN, Abb. 2 c), 20 cm lang,

LUERsche Spritzen, 3 zu 2 ccm, 3 zu 3 oder 4 ccm, mit nicht zu engen Kanülen.

Alle Glassachen sind vor Gebrauch tagelang zu wässern und in Wasser zu halten. Beim Reinigen soll jede Säure vermieden werden, nur durch Wässern, Kochen ·und Reinigen mit Gänsefedern werden die Glasgefäße sauber gehalten. Ab und zu sind die Glassachen mit Seifenwasser abzuwaschen und hiernach wieder zu wässern. Manche Forscher schreiben auch ein Abreiben mit Alkohol vor. Ich halte das nicht für nötig. Nur beim Reinigen von Deckgläschen und Glimmerplättchen

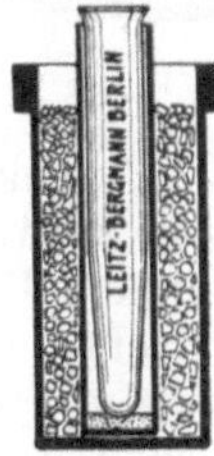

Abb. 1 b.
Zentrifugenbecherdurchschnitt in Eisbecher.

wird etwas Alkohol in das Wasser nach dem Aufkochen, vor dem Putzen, geschüttet. Falls die Gefäße kürzere Zeit nicht gebraucht werden, sind sie in häufig zu wechselndem Leitungswasser aufzubewahren.

Besonders wichtig ist das Reinigen der Deckgläschen. Man hält sich für diesen Zweck ein kleines Porzellantiegelchen bereit, das aber zu nichts anderem benutzt werden soll. Darin kocht man die neuen

Abb. 2 a zeigt das zur Plasmaentnahme und zum Ansetzen der Kulturen notwendige Instrumentarium.

Deckgläschen in reinem Wasser auf und gibt ganz zuletzt einen Schuß Alkohol hinzu, um alle etwa vorhandenen fettigen Bestandteile zu lösen. Man läßt die Deckgläschen dann so lange in Wasser abkühlen, bis man sie anfassen kann und poliert dann vorsichtig — da die Gläschen sehr dünn sind und leicht zerbrechen — jedes einzelne Deckgläschen, bis es

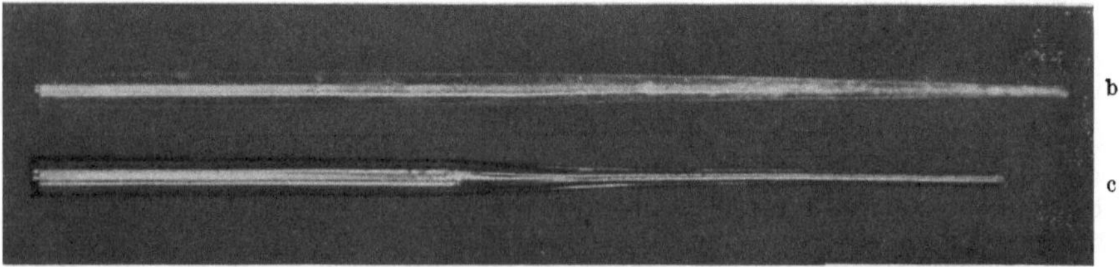

Abb. 2 b) Plasmaentnahmepipetten. c) Tropfenpipetten zum Ansetzen der Kulturen.

ganz trocken und blank ist. Das Tuch, welches man zum Putzen nimmt, muß gesäumt und von glatter Leinwand sein, damit keine Fäserchen auf den Deckgläsern bleiben. Zuletzt poliert man jedes einzelne Deck-gläschen mit japanischem Seidenpapier (Josefpapier) nach; dieses halt-bare und nicht fasernde Seidenpapier ist in den Geschäften für medizi-nische Bedarfsartikel zu kaufen.

Auch das Reinigen der Kanülen erfordert Sorgfalt; sie müssen vor und nach Gebrauch ausgekocht und getrocknet werden, es darf sich kein Rost bilden.

Vorteilhaft ist es, sich der Carrelschalen oder D-Flaschen zu bedienen, besonders, wenn man physiologische Probleme bearbeitet (Abb. 3).

Die Vorbereitung der Gefäße zur Anlegung von Flaschenkulturen nach CARREL gestaltet sich so: Die vorgeschriebenen Carrelflaschen, die in verschiedenen Größen hergestellt werden können, entweder 5 cm oder $2^1/_2$ cm im Durchmesser, werden wie immer gewässert und ausgeseift, wieder gewässert, getrocknet, sterilisiert. Es empfiehlt sich, kleine Bürsten zur Reinigung der Flaschenkulturen zu halten. Es ist darauf

Abb. 3. Carrel-Schale.

zu sehen, daß an den Bürsten keine hervorstehende Drahtenden sich befinden, damit kein Rost in die Flaschen gelangt.

Abb. 4. Epithelmesser.

An Metallinstrumenten sind außer den für jede kleine Tieroperation üblichen, noch besondere Scheren, Pinzetten oder Klammern erforderlich, die für jede Operation, je nach der Tiergattung, verschieden sind und später noch beschrieben werden.

Für das Ansetzen der Gewebekulturen sind für jeden Praktikanten unbedingt nötig:

1 kleine auseinandernehmbare Schere,
1 Star- oder Irismesser.
1 Epithelmesser nach KAPEL. Es hat eine nach oben gebogene Klinge (s. Abb. 4),
2 Nadeln, ganz aus Metall,
2 kleine Lanzetten, ganz aus Metall,
1 sehr kleine Pinzette ohne Rillen mit stumpfen Enden (6—8 cm lang),
1 KÜHNsche Pinzette.
1 oder 2 Blechkasten zum Aufbewahren der Kulturen im Brutofen[1].
Seitdem die rostfreien Instrumente in dem Handel sind, habe ich auch die kleinen Messer usw. rostfrei herstellen lassen (Instrumentenhandlung Walb, Heidelberg).

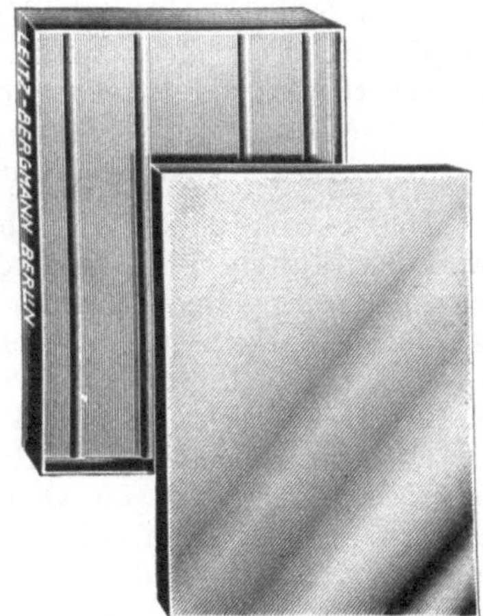

Abb. 5. Flache Blechkasten mit Rillen.

---

[1] Sämtliche Glas- und Metallinstrumente, besonders auch die hängende Zentrifuge mit Eisbechern, sind von der Firma LEITZ, Berlin NW 6, Luisenstr. 45, zu beziehen.

I. Veränderungen der Zellformen in verschiedenen Medien.

Die zuerst zu lösende Aufgabe ist die Züchtung der Haut, der Milz und des Blutes des erwachsenen Frosches. Die *Haut* wählen wir, um die Entstehung der Zellform in ihrer Abhängigkeit von der Konsistenz des Mediums kennen zu lernen. Durch die Züchtung der Frosch*milz* untersuchen wir das Verhalten verschiedener Zellen zueinander im Medium.

Wir haben:

A. Die Kulturmedien zu gewinnen;

B. Die Kulturen anzulegen und zu pflegen;

C. Die Kulturen zu beobachten und die auftretenden Erscheinungen zu deuten.

Alle Arbeiten sind gleich wichtig. Aus didaktischen Gründen empfiehlt es sich, mit der Züchtung von Kaltblütlergeweben zu beginnen, weil die Hände des Praktikanten sich erst einarbeiten müssen. Trotzdem der Frosch sich seiner Kleinheit wegen nicht zum Plasmabereiten empfiehlt, ist es nicht zu vermeiden, die einheimischen Froschspezies zu verarbeiten, da Frösche von allen Wirbeltieren am billigsten sind.

A. Gewinnen der Kulturmedien.

Die Bereitung des Froschplasmas macht zuerst Schwierigkeiten, weil das Blut steril aus dem relativ kleinen Herzen eines einheimischen Frosches entnommen werden muß. Eine Stunde vor der Operation werden die Zentrifugenröhrchen, die Röhrchen für das gewonnene Plasma und die Pipetten zur Plasmaentnahme mit Paraffin ausgekleidet. Man verfährt auf folgende Weise:

Drei große Schalen (s. Abb. 2a) werden sterilisiert und 5 Tücher, ungefähr 45—50 cm im Quadrat, die aus kräftigen, nichtfasernden Stoffen verfertigt sein müssen. Es ist nötig, daß diese Tücher gesäumt und absolut heil sind, damit keine Fasern stören. Hat man einen Dampfsterilisator, so ist es richtig und vorgeschrieben, die Tücher in ihm zu sterilisieren und die Schalen in einem Trockensterilisator. Hat man keinen Dampfsterilisator zur Verfügung, so sterilisiert man die Tücher vorsichtig im Trockensterilisator. Man läßt die Schale etwas abkühlen und nimmt sie halb warm heraus und stellt sie auf den Tisch, auf dem man seine Vorbereitungen treffen will. Das zur Auskleidung benutzte Paraffin, 42—46° Schmelzpunkt, muß am Tage *vorher filtriert* werden, und zwar stets in Gefäßen, die nur für diese Arbeit bestimmt sind. Ehe diese Gefäße in Gebrauch genommen waren, sind sie in Wasser ausgekocht und einen Tag in fließendem Wasser gehalten worden. Das Vaselin, dunkelgelbes, sog. amerikanisches, das zur Auskleidung der Spritzen bei der Blutentnahme gebracht wird, muß auch *vorher filtriert* werden und fraktioniert sterilisiert worden sein. Es ist praktisch, sich vielleicht 2 Pfund im Autoklaven sterilisiertes Vaselin in größeren Glasgefäßen fertig zum Gebrauch hinzustellen, und dann kleinere, auch vorher sterilisierte Gefäße für den jeweiligen Gebrauch zurecht zu machen. Wir brauchen das Vaselin nur, wenn wir die jetzt zu beschreibende Methode der Blutentnahme anwenden. Sollten wir das Blut mit Hilfe eines Glashebers direkt in die Zentrifugenröhrchen spritzen, wie es bei manchen Tieren möglich ist, so fällt für diesen ersten Teil der Mediumgewinnung der Gebrauch des Vaselins ganz fort.

Vorher genau austarierte
Zentrifugenröhrchen . 4—6 Stück
kleine Reagenzröhrchen . 6—8 Stück
Plasmaentnahmepipetten 4—6 Stück

werden in das halbflüssige Paraffin gelegt, nachdem sie vorher nach Vorschrift vorbereitet worden sind (s. S. 5). Man läßt sie ein paarmal aufkochen und schwenkt sie mit einer ausgeglühten Pinzette oder einer großen Schere im Paraffin. Es ist dringend zu raten, nicht von der Arbeit fortzulaufen, da bei der leichten Entzündlichkeit der Paraffingase schnell eine Entzündung eintreten kann. Falls ein Abzug vorhanden ist, wird natürlich nur zu raten sein, unter diesem beim Paraffinieren zu arbeiten. Während des Erhitzens hat man auf einer erhöhten Rolle ein steriles Tuch aus der Schale ausgebreitet, das als Widerlager der ausgekleideten Röhrchen dient. Haben die Röhrchen tüchtig aufgekocht, so nimmt man zuerst, nachdem man jedes einzelne nochmals in Paraffin tüchtig umgeschwenkt hat, die Zentrifugenröhrchen

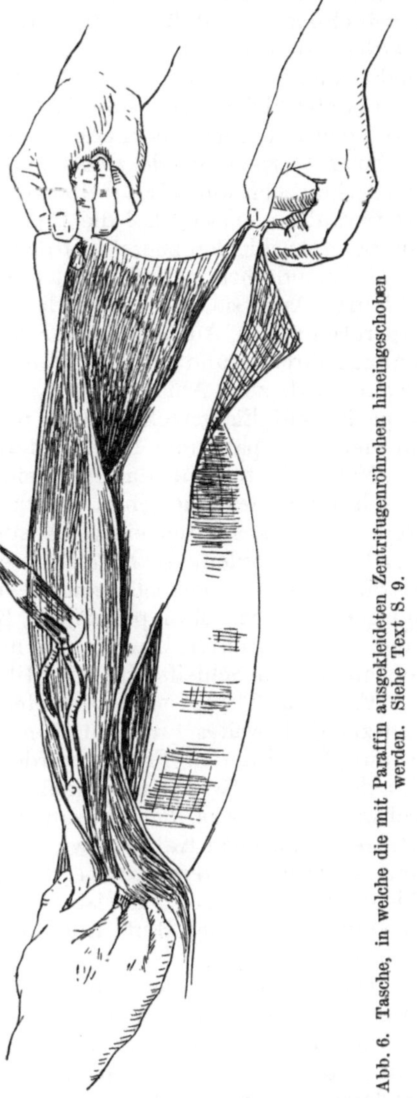

Abb. 6. Tasche, in welche die mit Paraffin ausgekleideten Zentrifugenröhrchen hineingeschoben werden. Siehe Text S. 9.

einzeln heraus und legt sie zum Ablaufen auf das Widerlager. Am bequemsten ist es, wenn man die Flamme mit dem kochenden Paraffin und das Widerlager auf demselben Tische hat. Nachdem nun die Zentrifugenröhrchen gut mit Paraffin ausgekleidet sind, werden sie noch warm in das vorbereitete Tuch gepackt. Die Tücher sind in Form von Taschen eingeschlagen, so daß die Zentrifugenröhrchen in die Tasche eingelegt werden können (Abb. 6). Es ist darauf zu achten, daß die Röhrchen nicht aneinander stoßen, weil sie dann, sowie das Paraffin erkaltet, aneinander kleben. Die Röhrchen werden dann zusammen eingeschlagen, das Tuch mit einer Stecknadel zusammengesteckt und hierauf das Tuch in einer sterilen Schale *sofort* auf Eis gestellt. Der gleiche Vorgang wiederholt sich nun für die Reagenzröhrchen und für die Pipetten. Es ist darauf zu achten, daß die Pipetten nicht verstopft sind. Es ist gut, sie beim Auskleiden zuerst mit der Spitze nach unten zu kehren und sie dann umzudrehen, so daß von den Spitzen aus das überschüssige Paraffin abläuft. Auch sie werden auf das Widerlager, das nach jeder einzelnen Operation, also Auskleiden der Zentrifugenröhrchen, der Plasmaaufnahmeröhrchen und der Pipetten, mit einem neuen, sterilen Tuch bedeckt wird, zum Ablaufen gelegt und dann schnell, in ein Tuch eingepackt, auf Eis gestellt. Dazu passende, ausgekochte Gummihütchen werden aufgepaßt und bereitgestellt. Sie sollen frei von Wasser sein.

Noch wichtiger als das Auskleiden der Glasinstrumente ist das Ausvaselinieren der Luerschen Spritze. Dieses stellt an die Kunstfertigkeit der Praktikanten einige Ansprüche. Das Vaselin ist, wie üblich, verflüssigt worden. Während dieser Zeit hat man die Luersche Spritze in Sodawasser ausgekocht, nachdem man die zu brauchenden Kanülen ausgeprobt hat. Man prüft jede Kanüle auf ihre Schärfe und Glätte und reibt sie unter Umständen mit Schmirgelpapier ab oder schleift sie auf einem Schleifstein mit Rillen.

Für jede Tierart sind besondere Kanülen erforderlich. Alle sollen ein ziemlich weites Lumen haben, da das Vaselin sonst die Öffnungen verstopft. Für den Frosch werden kleine, kurze Kanülen gebraucht, für das Huhn etwas feinere, längere, sehr spitze Kanülen, für das Meerschweinchen etwas dickere, ein wenig abgestumpfte Kanülen, für die Ratte die gleichen Kanülen wie für den Frosch. Man hat auch Spritzen mit auswechselbarem Konus, doch lassen sich diese nicht so gut auskleiden und reinigen. Es ist gut, mehrere Spritzen auszuvaselinieren, so daß man bei der Blutentnahme öfter eine neue, eisgekühlte Spritze gebrauchen kann.

Die Spritzen werden mit Vaselin ausgekleidet, das man, wie schon früher beschrieben ist, gefiltert und im Autoklaven sterilisiert hat. Während der Zeit, die zum Auflösen des Vaselins, das auf einer Schüssel mit Sand geschieht, gebraucht wird, sind, wie gesagt, die Spritzen in Sodawasser mitsamt den Kanülen, die vorher aufgepaßt und auf ihre Durchlässigkeit probiert worden sind, ausgekocht. Man spritzt das anhaftende und in der Spritze sitzende Wasser gut und gründlich aus, ohne aber die Spritze zu sehr abkühlen zu lassen. Man zieht nun ein wenig des flüssigen Vaselins in die Spritze ein und läßt es wieder zurückfließen und tut dasselbe ein paarmal hintereinander, um alles Wasser aus der Spritze zu entfernen. Das mit Sodawasser vermischte Vaselin läßt man nicht das erstemal beim Ausspritzen wieder in das Vaselingefäß fließen. Sodann zieht man wieder ein Teil Vaselin in der Spritze

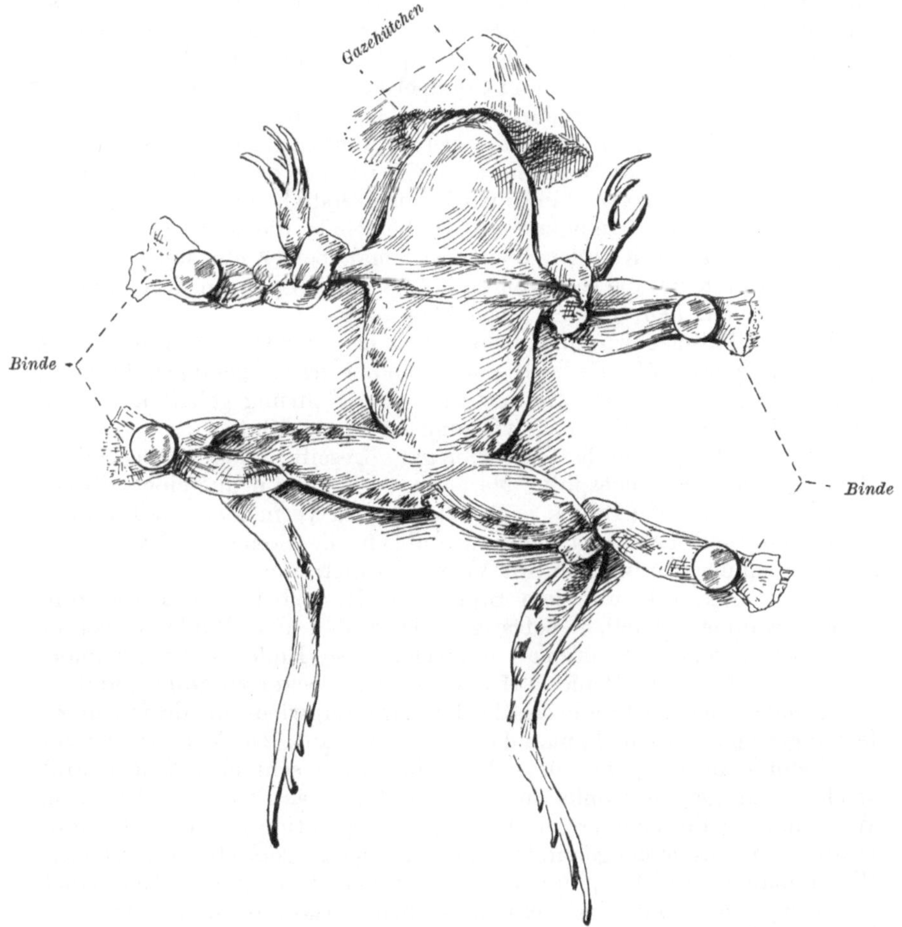

Abb. 7. Der zur Narkose vorbereitete Frosch ist festgebunden. Original, siehe Text.
Die Abbildungen 7—10 zeigen die nacheinander folgenden Stadien der Blutentnahme beim Frosch, Rana esculenta.

hoch, hält nun die Spritze mit der Kanüle nach oben gerichtet und zieht den Stempel langsam zurück; das Vaselin läuft auf diese Weise durch die ganze Spritze. Man drückt nun den Stempel leise nach oben, indem man ihn hin- und herdreht, so daß ringsum an den Innenseiten der Spritze alle Stellen mit Vaselin dünn bedeckt sind. Zuletzt spritzt man das Vaselin zurück in das Gefäß und zieht noch einmal ein klein wenig frisches, heißes Vaselin in die Spritze, mit dem man besonders die Kanüle auskleidet, was schnell geschehen muß, damit das Vaselin heiß und flüssig beim Hochziehen bleibt, sonst verstopft sich die Kanüle sehr leicht. Ist alles gut ausgekleidet, so läßt man den Stempel ein wenig zurücksinken, soweit er von selbst gleitet, und legt die so zurechtgemachte Spritze in einer sterilen Schale auf Eis. Die Lücke, die durch das Zurückziehen des Stempels entstanden ist, läßt einen Luftraum zwischen Kanüle und Stempel bestehen, der das Zusammenkleben verhindert, außerdem hat man beim Ingebrauchnehmen der Spritze diese Luftschicht, die ja steril ist, um sie durch die Kanüle zu stoßen, ehe man in das Herz einsticht. Es passiert dann nicht, daß man das Herz infolge der verschlossenen Kanüle zersticht und das strömende Blut nicht in die Spritze bekommt. In die Schale, die zum Aufbewahren der ausgekleideten Kanülen dient, lege man besser ein steriles Tuch, das man faltet, um die Spritzen zu stützen. Die Spritzen liegen darauf ruhiger als auf dem glatten Glasboden.

Für die Plasmagewinnung selbst wählt man zur Operation möglichst große Tiere und läßt sie sich vom Händler frisch gefangen bringen, denn Tiere, die lange im Zimmer und ohne Nahrung gehalten worden sind, haben für die Plasmagewinnung zu wenig Blut.

Der Frosch wird vor der Operation gut abgeseift und unter fließendem Wasser ordentlich abgespült. Man spannt ihn dann auf einem Kork- oder Holzbrett auf (Abb. 7, s. S. 11). Um zu vermeiden, daß unnütz Blut fließt, soll man auch nicht, wie üblich, die Beine mit Nadeln anstecken, sondern sie werden mit Verbandstoffstreifen festgebunden und diese erst angesteckt auf dem Brett. Die Hinterbeine werden einzeln oder zusammengebunden befestigt, die Enden der Binde schneidet man kurz hinter dem Knoten ab und nagelt dieses Ende mit einer Kopierzwecke gut fest. Die Beine darf man nicht zu locker zusammenbinden, sonst macht sich der Frosch aus der Bandage frei, wiederum darf nicht zu fest angezogen werden, da man dann das Blut staut. Die Vorderbeinchen umbindet man, ein jedes für sich, ebenfalls mit schmalen Binden und steckt sie ausgebreitet links und rechts fest auf das Brett an. Auf diese Weise hat der Frosch eine gute Lage für die Operation; auf dem Rücken, Hinterbeine zusammengebunden, Vorderbeine ausgebreitet aufgesteckt. Wenn man dieses Aufspannen geschickt macht, liegt das Tier meist sehr ruhig, daß es nur einer sehr schwachen Narkose beim Einschneiden bedarf. Dies ist für die spätere Züchtung von Wert; starke Chloroformnarkose hemmt das Wachstum des Gewebes, das später in das gewonnene Plasma eingepflanzt wird.

Man bedarf beim Frosch nur wenig Instrumente beim Operieren: 2—3 Pinzetten, 1—2 größere zum Festhalten der Haut beim Einschneiden, 1 kleinere mit stumpfen Enden, die zum Festhalten oder besser als Widerstand für das Herz dienen soll, 2—3 Péansche Klammern, 2 Knopfscheren (eine größere für die äußere Haut, eine kleinere zum Öffnen der Körperhöhle).

Die Glasinstrumente müssen vor der Operation wenigstens $^1/_2$ Stunde auf Eis gekühlt worden sein, ebenso die Metallinstrumente, falls sie auch in einem mit Asbest ausgekleideten Metallkasten im Trockensterilisator sterilisiert wurden. Während die Metallinstrumente kochen, füllt man ein größeres und 3—4 kleine Gefäße — etwa Wassergläser — mit gehacktem Eis und stellt sie bis zum Gebrauch wieder auf das Eis zurück.

Bevor man mit der Operation beginnt, muß der Frosch eine leichte Narkose bekommen, die nur, wie schon erwähnt, so schwach sein soll, daß der Frosch das Einschneiden nicht fühlt und still liegt; ganz kurz vor dem eigentlichen Öffnen der Leibeshöhle soll man die Narkose beginnen. Einige Operateure narkotisieren überhaupt nicht. Man öffnet

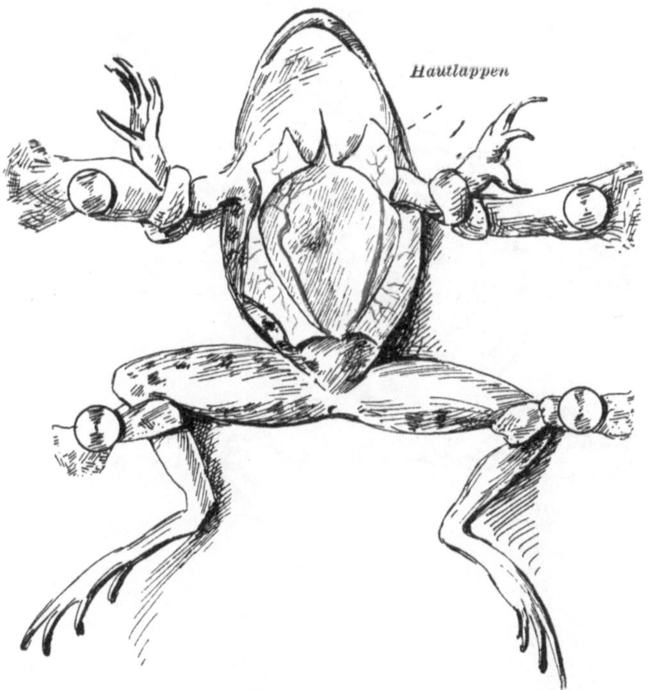

Abb. 8. Der narkotisierte Frosch zeigt die Freilegung der ventralen Muskulatur. Péansche Klammern auf der Abbildung fortgelassen. Original, siehe Text.

dann dem Frosch das Maul und sperrt es durch einen eingeschobenen Keil weit auf, die starke Atemtätigkeit hört dann auf, und das Tier liegt so still, daß man ohne Narkose operieren kann. Sobald das Tier ganz ruhig liegt, hebt man mit einer Pinzette die Bauchhaut hoch, schneidet mit dem spitzen Ende der Knopfschere einen kurzen Schnitt ein und öffnet dann die äußere Haut der Körperhöhle durch einen Mittelschnitt, indem man das stumpfe Ende der Schere nach unten hält, um kein Gewebe zu verletzen. Man sucht dann an den Hautlappen Stellen, an denen man diese senkrecht einschneiden kann, ohne größere Gefäße zu verletzen. Diese kleinen, seitwärts hängenden Hautlappen klemmt man mit je einer Péanschen Klammer rechts und links fest, um die Fläche für das Einschneiden in die Körperhöhle frei zu bekommen (Abb. 8). Nachdem man das Operationsfeld mit steriler physiologischer Kochsalzlösung, die entsprechend dem Kaltblütlerblute nur 0,7% NaCl enthält, zur Reinigung übergossen hat, schneidet man in den Brustkorb ein. Mit einer Pinzette hebt man vorsichtig das Sternum auf und sticht stumpf mit der kleineren Knopfschere behutsam ein, schneidet darauf stumpf links und rechts vom Sternum die Rippen

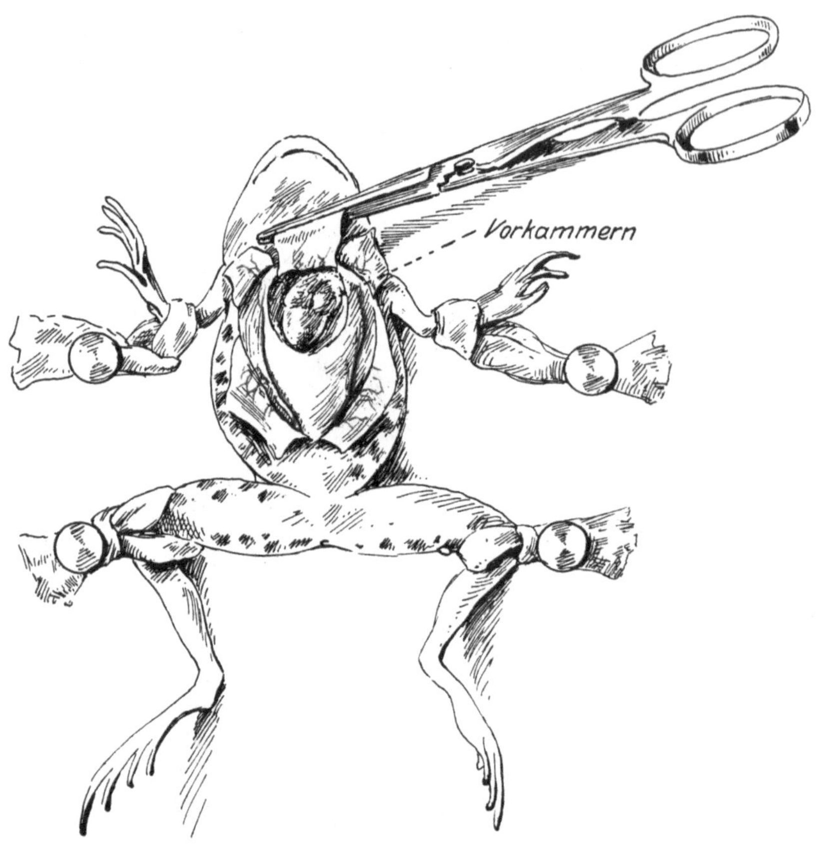

Abb. 9 zeigt die Öffnung der Körperhöhle. besonders ist auf die Form des Einschnittes zu achten. Original, siehe Text.

ein und klemmt diesen Deckel nach dem Kopfende hin mit einer Péan-schen Klammer fest. Man sieht nun das Herz im Perikard vor sich liegen (Abb. 9). Es sind bei der Plasmagewinnung zwei Personen nötig, eine, die das Tier narkotisiert und die gekühlten Gefäße heranholt, und die andere, die in das Herz einzustechen und das gewonnene Blut schnell zu zentrifugieren hat. Sobald also das Herz frei liegt — es ist unnötig und zeitraubend, beim Frosch den Herzbeutel zu öffnen —, sticht man mit der eisgekühlten Spritze (Abb. 10) ein und zieht schnell möglichst viel Blut aus dem schlagenden Herzen auf. Inzwischen muß die zweite

Person die Zentrifugenröhrchen vom Eis herbeiholen, steril mit Stopfen verschließen und sie, im Augenblick, wenn das Blut hineingespritzt wird, in das größere Gefäß bringen, das eine aus geklopftem Eis und

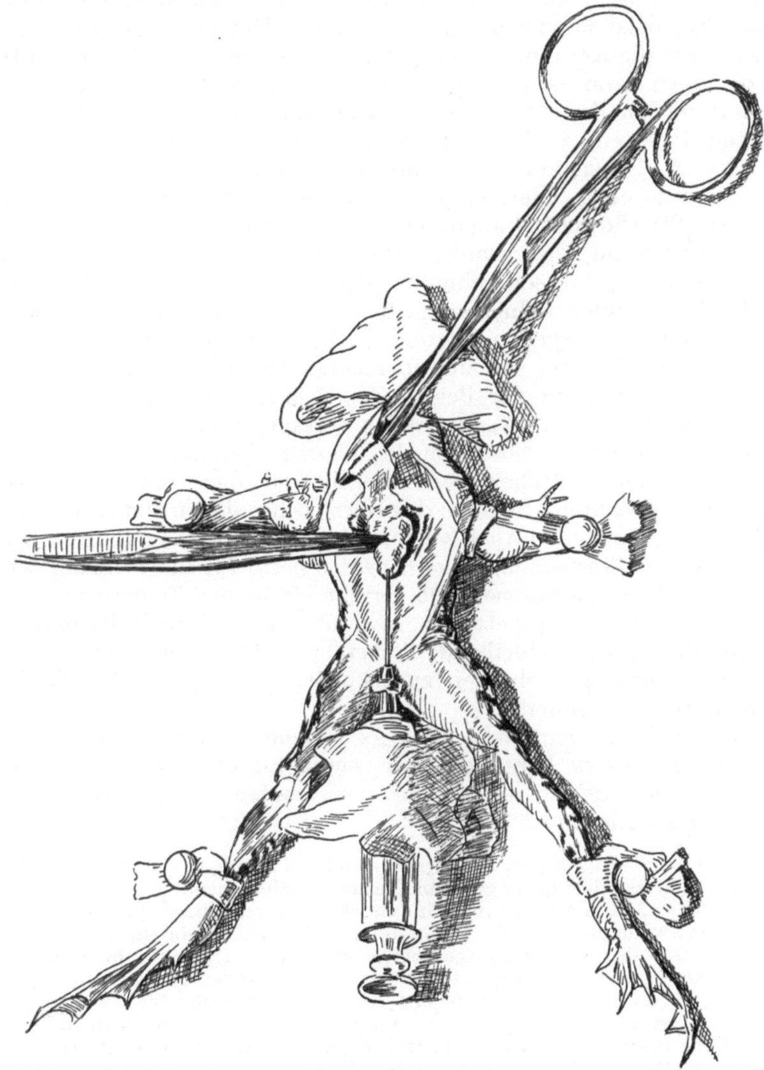

Abb. 10 zeigt die Lage des Herzens zur Blutentnahme bereit. Die stumpfe Pinzette hebt das Herz ein wenig empor und gibt dadurch der Kanüle einen Widerstand. Original, siehe Text.

Seesalz eben hergestellte Kältemischung enthält. Es darf in jedes Zentrifugenröhrchen nur so viel Blut eingefüllt werden, daß alles Blut in der Kältemischung steht. Nun wird schnell zentrifugiert, erst $^3/_4$ Minute, dann 1 Minute, indem man zwischendurch die Röhrchen in neu bereitete Kältemischung in kleinere Gläser zum erneuten Kühlen stellt. Hat man eine Zentrifuge, in der die Zentrifugenröhrchen direkt in Eis zentrifugiert werden können, so ist das Unterbrechen beim Zentrifugieren nicht nötig. Jede weitere Blutmenge, die noch nach dem zuerst gewonnenen, aus dem wieder voll geschlagenen Herzen aufgezogen wird, muß wieder in die Kältemischung gestellt werden, so lange, bis sie zentrifugiert werden kann. Das Plasma setzt sich als helle Flüssigkeit über dem Blut in den Zentrifugenröhrchen ab und wird mit ebenfalls eisgekühlten Pipetten (s. Abb. 2b, S. 6) abgesaugt und in die ebenso vorbereiteten Plasmaaufnahmeröhrchen gebracht. Diese verwahrt man zuletzt in einer Thermosflasche, die ein wenig Eis enthält, versieht diese Flasche mit Namen, Datum usw. und hält das Ganze bis zum Verbrauch im Eisschrank. Alle nötigen Handgriffe, auch das Öffnen des Tieres, müssen schnell und sicher geschehen, es darf kein Augenblick vergeudet, kein Handgriff unnütz gemacht, beim Operieren kein Blut unnütz vergossen werden. Alle notwendigen Gegenstände sollen einwandfrei vorbereitet und im rechten Augenblick zur Hand sein. Man probiere auch kurz vor Beginn der Operation die Zentrifuge aus, damit sie nicht im rechten Augenblick versagt, auch soll man für die Pipetten, die man zum Absaugen des Plasmas benutzt, gut passende, ausgekochte Gummihütchen zurechtlegen und diese nur für diesen einen Zweck verwahren. Solange das Herz noch pulsiert und sich wieder mit Blut füllt, kann man auch versuchen, Blut aufzusaugen, jedoch ist das beim ersten Einstechen gewonnene das beste für die Plasmagewinnung; das später gewonnene Blut gerinnt oft in der Zentrifuge. Daß das, was man beim Abpipettieren gewinnt, auch wirklich Plasma ist, zeigt die flüssig zurückbleibende Substanz, sobald **geronnener** Blutkuchen im Zentrifugenröhrchen zurückbleibt, hat man nicht Plasma, sondern Serum gewonnen.

An Stelle des Augenkammerwassers, welches von UHLENHUTH und später von ERDMANN benutzt wurde, empfiehlt es sich, Milzextrakte für die Züchtung des Froschgewebes anzuwenden. Die Bereitung des Milzextraktes ist leichter.

Die Milz wird aus einigen, am besten 2 oder 3 frisch in das Laboratorium gebrachten Fröschen, die vorher gern zur Plasmaentnahme benutzt werden können, steril entnommen, dann auf Eis in kleine Stückchen zerschnitten, mit dem Spatel in kleine Extraktröhrchen gefüllt, 1 Minute zentrifugiert. Nachdem sich alles Gewebe auf den Boden des Extraktgefäßes gesetzt hat, wird ungefähr ebensoviel Ringer wie Gewebe allein in dem Röhrchen jetzt vorhanden ist, aufgefüllt. Soll Milzextrakt für exakte wissenschaftliche Arbeiten und nicht für Übungen benutzt werden, so empfiehlt es sich, in graduierten Röhrchen zu zentrifugieren; für die Übung genügt ein einfaches Extraktröhrchen, welches in ein Zentrifugenröhrchen eingestellt wird. Im Moment des Einstellens wird der kleine Stöpsel des Extraktröhrchens entfernt und der große Stöpsel des Zentrifugenröhrchens darauf gesetzt. Auf diese Weise wird das Hineinrutschen der kleinen Stöpsel vermieden. Es bleibt auf diese Weise der Extrakt steril. Beim Herausnehmen bleibt das Extraktröhrchen in dem Zentrifugenröhrchen. Mit steriler Tropfpipette wird der Extrakt entnommen, in neue Extraktgläser gefüllt und steril aufbewahrt. Es ist notwendig, Datum und Tierart gleich sich zu notieren und ein steifes Kärtchen an das Extraktröhrchen festzumachen mit Hilfe des Anhängefadens in der Thermosflasche. Es ist gut, aber nicht notwendig, die Extrakte in einer Thermosflasche aufzubewahren, so daß noch einmal ein Schutz vor einer Infektion gewährleistet ist. Bei längerer Aufbewahrung empfiehlt es sich, noch Gummikappen über die Stöpsel zu ziehen. Ist ein Frigidaire statt eines gewöhnlichen Eisschrankes vorhanden, so fällt die schützende Aufbewahrung in der Thermosflasche fort.

Ehe der Extrakt zur Aufbewahrung aufgestellt wird, wird der letzte Tropfen aus dem Zentrifugenröhrchen eingebrütet, um zu sehen, ob man steril gearbeitet hat. *Ungeprüftes Plasma und ungeprüfter Extrakt dürfen nicht genommen werden.*

Herstellung von Froschembryonalextrakt. Kaulquappen, also Froschlarven, sind nicht immer vorhanden und, wenn man sie erhält, nicht steril. Man kann von ihnen nur die inneren Organe zur Extraktbereitung benutzen. Es würde sich empfehlen, auf ein kleines, mit Paraffin übergossenes Präparierschälchen sterile Gazetücher zu legen. Mit ausgeglühten Nadeln befestigt man das leicht narkotisierte Tier und entnimmt steril Herz, Lunge und Gehirn. Teile des Verdauungstraktus darf man nicht nehmen, weil die Tiere ja infizierte Nahrung aufgenommen haben. Der Milzextrakt des erwachsenen Tieres genügt aber vollständig, Dauerwachstum zu erzielen. Seine Zubereitung ist zu empfehlen, da er leicht herzustellen und immer vorhanden ist.

Die Gewinnung des Augenkammerwassers. Der Frosch wird genau so, als ob man ihn zur Operation vorbereitet, ordentlich abgeseift und mit fließendem Wasser abgespült. Das Augenkammerwasser wird mit einer vorher ausgekochten sterilen Spritze entnommen, die eine sehr feine Kanüle haben muß. Ein kleines steriles Gläschen zum Aufbewahren des gewonnenen Materials stellt man sich auf dem Arbeitstisch bereit. Man sticht in das Auge schnell und leicht ein, am besten etwas seitlich in die Augenkammer, und zieht im gleichen Augenblick, in dem man die Kanüle einsticht, die Spritze auf. Durch das Platzen der feinen Augenhaut spritzt das Kammerwasser in einem feinen Strahl hoch auf, und nur durch sehr schnelles Aufziehen gelingt es, diesen mit der Spritze aufzufangen. Man spritzt das gewonnene Material in das bereitstehende Gläschen, das nicht mit Paraffin ausgekleidet sein darf und muß in den meisten Fällen auch aus dem anderen Auge das Kammerwasser gewinnen, weil es sonst zu wenig für das Ansetzen einer größeren Anzahl von Kulturen ist. Die gebrauchten Frösche setzt man wieder in den Behälter zurück, da nach einiger Zeit das Kammerwasser sich wieder erneuert.

Ich habe doch noch diese Vorschrift gegeben, trotzdem heute für die Züchtung Milzextrakt gebraucht wird, aber für Heterotransplantationsexperimente gezüchteter Froschhaut ist die Benutzung des Augenkammerwassers des artfremden Tieres als Vorbereitung der heterologen Züchtung vor Einsetzen in den neuen Wirt wichtig.

<table>
<tr><td colspan="3">Locke-Lewis-Lösung für
Kaltblütler</td><td colspan="3">Ringersche Lösung für
Kaltblütler</td></tr>
<tr><td>NaCl</td><td>0,7</td><td>g</td><td>NaCl</td><td>0,7</td><td>g</td></tr>
<tr><td>KCl</td><td>0,042</td><td>,,</td><td>KCl</td><td>0,025</td><td>,,</td></tr>
<tr><td>CaCl$_2$</td><td>0,025</td><td>,,</td><td>CaCl$_2$</td><td>0,3</td><td>,,</td></tr>
<tr><td>NaHCO$_3$</td><td>0,02</td><td>,,</td><td>Aqua dest.</td><td>100,0</td><td>ccm</td></tr>
<tr><td>Glukose</td><td>0,25</td><td>,,</td><td></td><td></td><td></td></tr>
<tr><td>Aqua dest.</td><td>90,0</td><td>ccm</td><td></td><td></td><td></td></tr>
</table>

Physiologische Kochsalzlösung für Kaltblütler

NaCl . . . . 0,7 g
Aqua dest. . . . 100,0 ccm

Die Lösungen sind vor Gebrauch zu filtrieren und im Dampftopf, besser noch im Autoklaven, zu sterilisieren.

Natürlich ist die eben geschilderte Methode der Plasmaentnahme nicht die einzige, die geübt wird. Es gibt viele andere. So nimmt UHLENHUTH eine paraffinierte Kanüle und sticht sie in den rechten Vorhof von Rana ein, nachdem die abführenden Gefäße abgeklemmt sind. UHLENHUTH nimmt eine gerade angespitzte Glaspipette, THOMSON eine gebogene. Jeder hat für sein bestimmtes Objekt die Wege zu finden, die ihn zum Ziele führen.

B. Ansetzen der Kulturen.

Sind alle Medien und Lösungen vorbereitet, so kann man mit dem Ansetzen der Kulturen beginnen. Die Glasgefäße, welche man für das Ansetzen nötig hat, sind am besten kurz vor Gebrauch im Trockensterilisator zu sterilisieren, man sterilisiert $^1/_2$ Stunde und läßt vor dem Beschicken mit Nährmedien und Gewebestücken die Glassachen wieder abkühlen. Es sind folgende Glassachen nötig:

Hohlgeschliffene Objektträger, die in Drigalskischalen eingelegt werden, in jede Schale etwa 4—7 Stück, je nach der Größe; eine Anzahl Petrischalen; eine Anzahl kleinere Doppelschalen; eine verschlossene Hülse mit Pipetten zur Entnahme und zum Auftropfen der Nährmedien. Diese Pipetten sind (s. Abb. 2c, S. 6) für diesen Zweck allein zu gebrauchen und dürfen nie mit Farben oder Säuren in Berührung kommen. Man läßt sie passend für die Plasmaröhrchen zurechtblasen, so daß die Capillare der Pipette bis auf den Boden des Plasmaröhrchens reicht und man jeden Tropfen des manchmal spärlichen Materials aufpipettieren kann.

Außerdem braucht man noch Deckgläser in genügender Menge, die man in einer kleinen Doppelschale sterilisiert, nachdem sie, wie vorher schon beschrieben worden ist, sehr peinlich gereinigt und geputzt sind.

Das Ansetzen der Kulturen sollte an einem Tisch geschehen, der nur für diesen Zweck verwendet wird. In einem Laboratorium, in dem dies nicht möglich ist, muß man dann den Tisch, auf dem man arbeiten will, abräumen, reinigen und mit sauberem Papier oder noch besser mit sterilen Tüchern (weiß oder schwarz) bedecken, es dürfen keine Farben, Säuren oder verunreinigte Kulturen usw. in der Nähe oder auf dem Arbeitstische selbst bleiben. Man stellt sich die oben aufgeführten Glassachen auf dem Tisch zurecht, außerdem auf einer Flamme (die möglichst mit Sparbrenner versehen sein soll) ein Sandbad mit einem kleinen Vaselingefäß, eine Vaselinpipette, eine Kühnsche Pinzette, die allein von allen Instrumenten, welche zum Ansetzen der Kulturen Verwendung finden, ausgeglüht werden darf, da sie nicht mit den Gewebestückchen in Berührung kommt. Alle anderen Instrumente werden, nachdem sie im Trockensterilisator vorbereitet sind, zugedeckt auf den Tisch gestellt. An *Instrumenten* braucht man:

1—2 kleine Scheren, die auseinander genommen werden können, zum Zerschneiden der Gewebestücke 1—2 Lanzetten und einige Nadeln und eine feine Pinzette zum Zerzupfen der Gewebestückchen. Das Material, von dem man Kulturen ansetzen will und das Nährmedium bleibt, bis man es zur Arbeit braucht, auf Eis. Das Vaselin wird aufgelöst und dann über der klein gestellten Flamme stehengelassen. Die sterilisierten Glassachen und die Hülse mit Pipetten stellt man ebenfalls auf dem Tische, an dem man arbeitet, zurecht. Von dem abgeseiften und mit Ringer abgespülten Frosch schneiden wir ein Stück Rückenhaut scharf heraus. Die Rückenhaut ist geeigneter, da die Bauchhaut durch den Reichtum an Bindegewebe zu lederartig ist.

Die Gewebestücke, die man zur Gewebekultur verwendet, verwahrt man in einem sterilen Schälchen, evtl. in Ringerscher Lösung, wie die Froschhaut auf. Nachdem die Gewebe aus dem lebenden Tierkörper entnommen sind, bringt man sie schnell auf Eis, damit die Funktionen des lebenden Gewebes bis zum Einsetzen in das Kulturmedium unterbrochen werden und erst durch den Aufenthalt in dem Kulturmedien wieder in Funktion treten. Das Auswaschen der Gewebe in Ringerscher Lösung vor dem Einbringen in das Medium geschieht, damit diese vollkommen steril in das Medium gelangen und vielleicht anhaftende Blutkörperchen entfernt werden.

Nachdem man die Vorarbeiten beendet hat und alle nötigen Dinge handlich bereitgestellt hat, beginnt man mit dem Einsetzen der Gewebe, wobei man bei jeder Art von Geweben streng alle aseptischen Regeln beachten und beim *Warmblütler*material besonders schnell arbeiten muß, um die Funktion der Gewebe nicht zu lange zu unterbrechen. Bei Kaltblütlern, die später ja in *Zimmer*temperatur wachsen, ist diese Regel insoweit wichtig, als durch schnelles Arbeiten größere Möglichkeiten gegeben sind, steril zu arbeiten. Die Gewebe, von denen jede Art einen besonderen Modus der Entnahme und Vorbehandlung erfordert, werden also mit Ringerscher Lösung ausgewaschen und mit sterilen Instrumenten in sehr kleine Stückchen zerschnitten. Von diesen kleinsten Stückchen bringt man die betreffenden, die man zur Gewebekultur verwenden will, nochmals in Ringersche Lösung. Die Deckgläser breitet man mit einer ausgeglühten Kühnschen Pinzette in Petrischalen aus, wobei man die Schale so wenig wie möglich öffnet. So viele Deckgläser legt man in eine Petrischale, wie man in der dazu gehörigen Drigalskischale Objektträger ausgebreitet hat. Auf diese Deckgläschen bringt man die ausgewaschenen, in frischer Ringerlösung liegenden Gewebestückchen, die nun so schnell wie möglich mit dem Nährmedium beschickt werden müssen. Niemals dürfen die Gewebestückchen *trocken* werden. Wenn Plasma als Nährmedium verwendet wird, muß man sorgen, daß es bis zu diesem Augenblicke, in dem man es braucht, aufgetaut ist. Es muß daher, wenn man mit dem Kulturenansetzen beginnt, aus der Kältemischung herausgenommen und in einem trockenen Gefäß auf den Arbeitstisch gestellt werden. Genügt dies noch nicht, um das Plasma aufzutauen, so hält man es am besten eine Zeitlang in der warmen Hand. Bei Verwendung von anorganisch bereiteten Nährmedien ist dies nicht nötig, weil diese flüssig sind und gleich verwendet werden können. Für jedes Nährmedium — falls man sich bei einem Male Kulturen ansetzen verschiedener bedient — hat man eine neue Pipette zu verwenden. Man darf nie mit derselben Pipette von einem Nährmedium ins andere hineingehen. Die Pipetten sollen gutsitzende, ausgekochte Gummihütchen haben, damit sie — besonders bei Plasmaanwendung — geringe Mengen von Nährmedium noch auf-

saugen können. Die Stückchen sind jetzt also auf dem Deckglas, und
ein jedes ist mit einem Tropfen Nährlösung beschickt. Alle Handgriffe
haben dabei so zu geschehen, daß die Petrischale möglichst wenig
geöffnet wird; beim Hochheben des Deckels verfährt man am besten so,
daß die Seite, die dem Arbeitenden zugekehrt ist, bedeckt bleibt und der
Atem die Kulturen nicht treffen kann (Abb. 11). Die Schale wird, wenn alle
Stückchen mit Plasma oder anderem Medium beschickt sind, zugedeckt
auf die Seite gestellt, und man versieht jetzt die Objektträger, die man
zum Auflegen der fertigen Deckgläschen verwendet, mit Vaselinringen.
Mit einer nicht zu feinen Pipette umgibt man die Vertiefung der Objektträger mit einem Rande von heißem Vaselin, das nicht so flüssig sein
darf, daß es breit in die Vertiefung des Objektringes ausläuft. Es muß
rings um die Vertiefung einen festen, schmalen Wall bilden, der die Deckgläser und damit die Kulturen gegen die Außenluft abschließt und da-

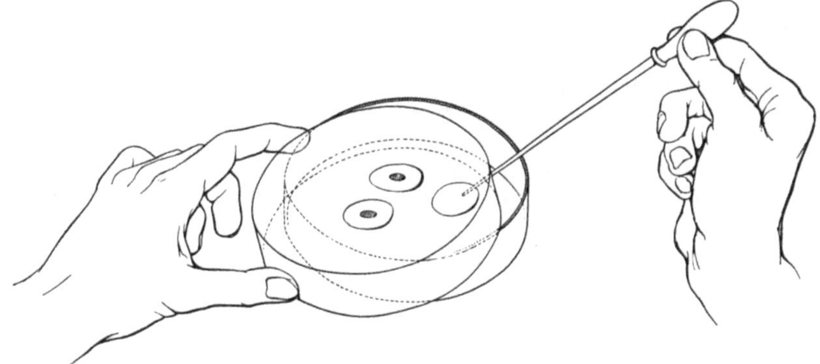

Abb. 11. Einfachste Methode des Ansetzens von Kulturen. Der Deckel der vorher sterilisierten
Petrischale wird als Schutz zwischen Mund und Kultur gehalten.

durch das Austrocknen der Gewebe verhütet. Die Deckgläser mit dem
im Nährmedium liegenden Material faßt man mit der ausgeglühten
Kühnschen Pinzette an, so daß der Tropfen sich oben befindet, man
drückt die Schnäbel der Pinzette fest zu und kehrt die Hand schnell
um und setzt das Deckgläschen mit dem jetzt in der Mitte als spitzer
Tropfen nach unten hängenden Material auf den Vaselinrand des Objektträgers. Das Ringen der Deckgläser geschieht, wie beschrieben, mit gel-
bem Vaselin vermittels einer Pipette. Es ist aber jetzt steriles Vaselin,
sog. Cheeseboroughvaselin in Tuben in den Handel gebracht. Man kann
dann einfach aus der Tube die Umringungen machen, wenn man die
Kosten nicht scheut. Sonst kauft man sich auch leere Tuben und
Vaselin und gibt in die sterilisierten Tuben das Vaselin hinein. Paraffin
wird häufig zum Abdichten der Deckgläser benutzt. Dann empfiehlt
es sich, an beiden Seiten des Objektträgers kleine Tropfen Vaselin auf-
zusetzen, ehe das Deckglas auf den hohlgeschliffenen Objektträger
gesetzt wird. Erst dann erfolgt die Abdichtung mit niedriggradigem
Paraffin, das mit einem Pinsel aufgestrichen wird. Das Gewebestück
hängt nun in der Höhlung des Objektträgers, nach oben durch das

Deckglas und ringsum durch den Vaselinrand gegen das Austrocknen und Eindringen von Luftverunreinigungen geschützt (s. Abb. 31, S. 47). Zuletzt sieht man alle fertiggestellten Kulturen nochmals nach, drückt noch einmal fest an den Vaselinrand an oder bessert ihn, wo es nötig erscheint, noch aus. Bei Warmblütlermaterial verfährt man dabei so, daß man jedes fertige Präparat auf einige Augenblicke in den Thermostaten stellt, schon, um die Gewebe nicht so lange der Außentemperatur auszusetzen, und dann auch, weil sich in dem wieder weicher gewordenen Vaselinrande die Deckgläser besser festdrücken und dieser sich besser nachfüllen läßt. Sehr häufig ist versucht worden, die Methode des hängenden Tropfens insoweit umzuändern, daß man in Röhrchen oder in größere Kammern, die luftdicht mit Vaselin verschlossen werden, Gewebestücke zur Züchtung bringt. Dieses Verfahren ist dann zu empfehlen, wenn man das wachsende Gewebe nicht unter dem Mikroskop mit starken Vergrößerungen betrachten will und wenn man Wert darauf legt, so große Stücke wie möglich zu züchten. Dem Umfang der Stücke ist eine Grenze gesetzt, die nach der Gewebeart variiert. Lockeres Gewebe wie Drüsengewebe, in dessen Spalten das Nährmedium leicht eindringen kann, kann in größeren Stücken gezüchtet werden als z. B. das sehr dichte Gewebe der Herzklappe. Für spätere Implantations- oder Immunitätsexperimente kann man kleinere Röhrchen oder kleinere Kammern, in die man mehrere Stücke nebeneinander pflanzen kann, benutzen. Es lassen sich aber bei einiger Übung ca. 200 Kulturen in 2 Stunden auch mit der Deckglasmethode anlegen.

Alle Pipetten, die gebraucht worden sind, müssen sofort in Gefäße mit kaltem Wasser gestellt werden, da das Plasma sonst an den Innenwänden festhängt und man dieses nur sehr schwer entfernen kann. Man soll alle Gefäße, die bei dem Ansetzen der Kulturen verwendet werden, nach dem Gebrauch stets in kaltem Wasser verwahren. Zum Reinigen werden sie in reinem Wasser kalt angesetzt und zum Kochen gebracht, soweit es dünne Glassachen sind, die stärkeren Schalen wäscht man heiß aus. *Kein Gefäß*, das zur Züchtung von Kulturen benutzt wird, darf nebenher zu anderen Zwecken genommen werden. Farben und Säuren müssen streng ferngehalten werden. Von absoluter Sauberkeit, strenger Trennung der Züchtungsgefäße von anderen, guter Haltung der Metallinstrumente, die bei noch feineren Arbeiten von Mikroglasinstrumenten (SPEMANN: Mikrochirurgische Operationstechnik in Abderhaldens Handb. der biologischen Arbeitsmethoden **5** III, H. 1, 15—17) ersetzt werden, und beim Ansetzen der Kulturen vom schnellen, sauberen Arbeiten hängt ein beträchtlicher Teil des Erfolges ab.

C. Beobachten und Pflegen der Kulturen.

Ehe wir an unsere eigentliche Aufgabe herantreten, sehen wir zuerst einige Stückchen Froschhaut in Ringerlösung an (Vorübung), um die vielen Einzelheiten des Ansetzens der Kulturen uns ganz zu eigen zu machen, um Schnelligkeit später schon erworben zu haben und um fähig zu sein, bei dem ersten ausgedehnten Experiment die von jedem Praktikanten begangenen individuellen Fehler auszumerzen. Auch ist soviel erst am lebenden Objekt ganz am Beginn der Züchtung zu beobachten und das Einsehen in das lebende Objekt zu üben, da ja leider das gefärbte Material fast nur in Schnitten bei der heutigen Generation als Studienobjekt gedient hat. Ich nehme die Protozoologen aus. Diesen Fehler der verflossenen Periode auszumerzen, in welcher die mikroskopische Anatomie vorherrschte, bereitet zuerst viel Mühe, bis die Schwierigkeiten überwunden und das Beobachten der feinsten Lichtbrechungsunterschiede der Kultur und lebenden Zelle durch die Lupe,

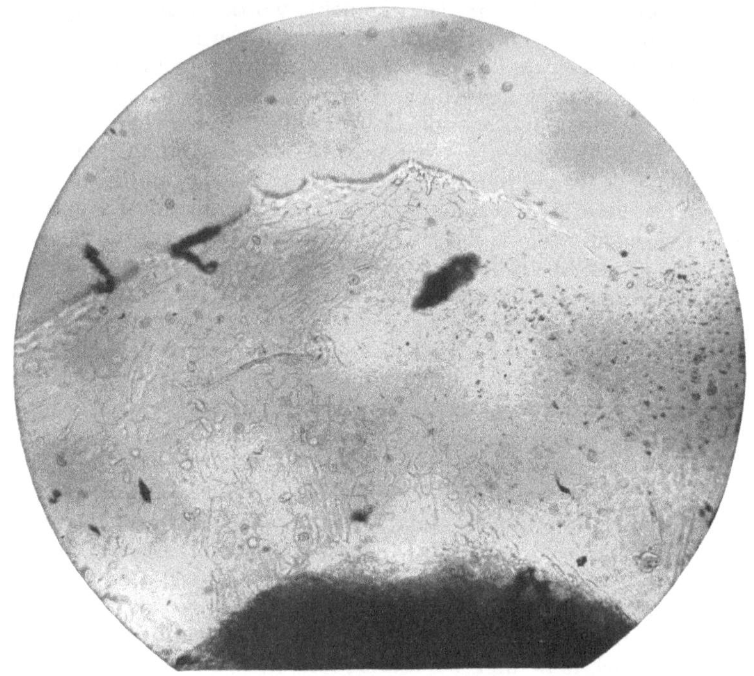

Abb. 12 zeigt den breiten Epithelrand am lebenden Präparat.

besser die binokulare Lupe und das Mikroskop, wirklich gelingt. Für die spätere Pflege der experimentellen Biologie ist auch dieser Gewinn nicht gering anzuschlagen.

Hierauf beginnt unsere *erste* eigentliche Aufgabe, wirkliches — also durch das periodische Auftreten von Mitosen gekennzeichnete — Wachstum der Epithelzellen des Frosches zu erzeugen (erste Übung).

Erster Teil der ersten Übung. Die Froschhaut soll a) in einem Medium von reinem Froschplasma für sich allein, b) in einem Medium von reiner Ringerlösung, c) in einem Medium von Froschplasma und Milzextrakt gezüchtet werden. Nachdem die oben beschriebenen Vorbereitungen beendet sind, tropfen wir vorsichtig mit der Tropfpipette einen Tropfen Plasma auf das Deckgläschen und bringen so schnell wie möglich das vorbereitete Stückchen Froschhaut hinein. Diese Art des Kulturanlegens nennen wir Einschichtenkultur, weil wir nur eine Schicht des Nährmediums hergestellt haben. Fast in den meisten Fällen wird aber eine Zweischichtenkultur gebraucht, nämlich stets, wenn wir mit Extrakt arbeiten. Wir stellen uns eine Mischung von Plasma und Extrakt her, indem wir in einen hohlgeschliffenen Objektträger mit der Tropfpipette eine bestimmte Anzahl von Plasma tropfen. Wir wollen hier eine Mischung 3:1 vorbereiten. Wir nehmen also z. B. 9 Tropfen Plasma und tropfen dann 3 Teile Extrakt dazu. Von dieser Mischung geben wir 1 Tropfen auf das Deckglas und breiten ihn mit der stumpfen Nadel aus. In kurzer Zeit wird er halbfest, dann legen wir das Stückchen Haut hinein. Nachdem die Unterlage fertig ist, wird die Decke hergestellt. Wir tropfen einen kleinen Tropfen Plasma und Extrakt auf die Froschhaut. Das Medium breitet sich aus. Wir haben so eine Zweischichtenkultur hergestellt.

Die nach den eben geschilderten Vorschriften vorbereiteten Stückchen Froschhaut schwimmen jetzt mit der früheren Außenseite der Haut nach oben, dem Deckgläschen zu, in dem hängenden Tropfen. Das Hinzufügen des Milzextraktes ließ

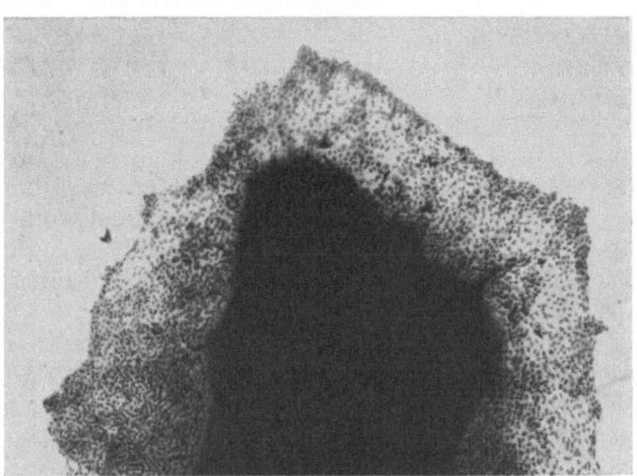

Abb. 13 zeigt den breiten Epithelrand am gefärbten Präparat.

den halbflüssigen Plasmatropfen schnell gerinnen, dies kann unter Umständen schon allein durch die Hinzufügung des Gewebestückchens geschehen.

Der Tropfen ist halbstarr und mit einem der Vertiefung des Objektträgers zugekehrten Oberflächenhäutchen versehen, das ein Auseinanderfließen des Tropfens verhindert, falls die Deckgläschen fettfrei sind. Staubsicher in den Drigalskischalen, bequemer in Aluminiumschalen mit vertieften Riefen (s. Abb. 5, S. 7) — hierdurch fällt die Anwendung von Glasstreifen, auf welche wir die fertigen Kulturen mit der Deckglasseite nach unten legen, damit sich das Gewebe ausbreiten kann, fort — an einem nicht zu hellen Ort werden die Kulturen bei Zimmertemperatur aufbewahrt. Wenn man nicht Kästen mit Rillen hat, muß man in die Kästen oder Drigalskischalen Glasstäbe legen, auf welche die Kultur mit dem Deckglas nach unten aufgehängt wird. Es empfiehlt sich bei allen Epithelkulturen einen „sitzenden" Tropfen zu machen. Abbildung 12 und 13 zeigen den frisch ausgewaschenen Epithelrand, der deutlich aus zwei verschiedenen Schichten besteht. Die Kultur auf Abb. 12 ist nach dem Leben photographiert. Die auf Abb. 13 stellt eine gefärbte Kultur mit großem Epithelrand dar;

Kerne der Zellen, Inhaltskörper, hier und da verstreutes Pigment sind erkennbar. Auch die Pigmentzellen, die mit in den Zellhof ausgewandert sind, sind sichtbar. Zur Weiterführung der Kultur kann man auf zwei verschiedene Arten vorgehen: entweder schneidet man den ganzen Epithelrand mit einem geringen Teil des Mutterstückes ab und setzt die Kultur in zwei Schichten um. Dann kann man in absehbarer Zeit eine Reinkultur von Epithel erhalten. Aber es ist ja nicht der Zweck der Übung, eine Reinkultur von Epithel zu gewinnen. Das wird auf S. 96 gezeigt. Bei der zweiten Methode verfährt man auf folgende Weise: genau wie beschrieben, wird eine Unterlage hergestellt. Dann nimmt man mit dem Epithelmesser das ganze Stück heraus, nachdem man vorher den Rand durch scharfe Schnitte unter der Lupe von dem festen Medium getrennt hat. Dann kommt die flüssige Decke auf das eingepflanzte Präparat. Es werden dadurch natürlich die äußeren Zellen des Hofes verletzt. Dieser Reiz genügt, um eine Neubildung und Weiterbildung des Hofes zu veranlassen. Einmal in der Woche kommt die Froschhaut auf ein neues Deckglas, alle drei Tage muß gefüttert werden. Erscheint nach drei Tagen das Medium fest, wird es mit einer Nadel angeritzt. Man wird dann sehen, daß es unter der Oberfläche flüssig ist. Diese Flüssigkeit saugt man mit der Capillarpipette ab und bringt neues Medium auf das, also auf dem alten Deckglas befindlichen, Hautstückchen. Man verfährt dann mit dem Präparat wieder wie gewöhnlich.

Was für Veränderungen wir in den beiden Serien von eingepflanzten Stücken zu erwarten haben, das Auswandern der Zellen, die sich teilen können im Rundhof oder Schleier, das Vordringen von Zellschichten zuerst in alle Teile des Mediums, in die primäre Wachstumszone, und später ein Absterben von Zellen in dieser und ein Vordringen von Zellschichten mehr zur Oberfläche des Tropfens in die sekundäre Wachstumszone zeigen Abb. 18 u. 19. In der Mitte bleibt unverändert der nicht reichlich mit dem Medium in Berührung kommende Teil des Gewebestückchens, der meistens nekrotisch wird, falls das Stückchen zu groß oder das Gewebe zu fest ist. Bei der Froschhaut ist Nekrose des Inneren selten, bei Warmblütlergewebe bei manchen Geweben häufig.

Es kann nicht genug darauf hingewiesen werden, daß, ehe das Züchten der Froschhaut beginnt, alle Elemente der Froschhaut bis aufs genaueste studiert werden und daß bei der Züchtung die vorher erkannten einzelnen Zellelemente, also hier Epithelzellen, Drüsenzellen, Basalzellen, kleine Melanophoren, große Melanophoren, Guanophoren, Lipophoren genau verfolgt werden. Die beigegebenen Bilder orientieren uns ausreichend über die einzelnen Elemente.

Man mache es sich zur unumstößlichen Regel, die cytologische Struktur des eingepflanzten Gewebes zuerst kennenzulernen, hier also der Froschhaut. Das beigegebene Flachpräparat (Abb. 14) zeigt die einzelnen Bestandteile, wie sie bei der Aufsicht entgegentreten, der Schnitt, Abb. 15, die Zellschichtenfolge der Froschhaut.

Nachdem das eingepflanzte Stück sich gut ausgebreitet hat, wird es gezeichnet und gemessen. Nach wenigen Stunden sieht man schon einige Basalzellen aus dem Rand sich hervorbewegen. Nach ein oder mehreren Tagen hat sich diese Schicht der Zellen vergrößert. Diese Neubildung oder der primäre Rand besteht aus Basalzellen in überwiegender Masse, kleinen Melanophoren und einigen wenigen Guanophoren. Ab und zu hat sich eine dem Bindegewebe eigene Chromatophore in das Plasmamedium gestreckt; man sieht deutlich die verzweigten Ausläufer, in denen sich die Pigmentkörnchen bewegen.

Schon gleich nach der Einpflanzung, aber auch oft später, kann sich ein Epithelhäutchen, das aus den oberen verhornten Schichten der Froschhaut besteht und das schon vorgebildet war, als dieses Häutchen in das Medium gelegt wurde, lösen. Es bleibt ohne Wachstumserscheinungen in dem Medium liegen; selbst wenn es in ein neues Medium verpflanzt wird, behält es seine Struktur und Form unverändert. Verhornte Epidermiszellen und kleine Melanophoren setzen es zusammen. Die Häutung des explantierten Stückes kann sich

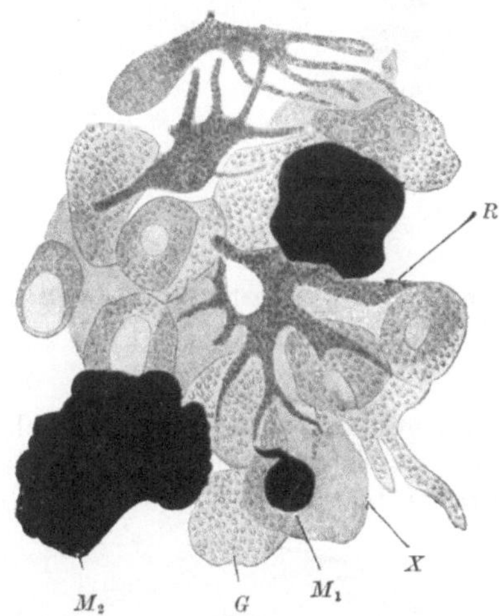

Abb. 14. Rana fusca nach W. J. Schmidt. 1920. (Anat. Hefte, Merkel und Bonnet, 58.) Rotzellen (*R*), Gelbzellen (*X*), Melanophoren (*M₁* und *M₂*) und Guanophoren (*G*) aus der Rückenhaut eines Weibchens (Balsamtotalpräparat). Die unter der Basalzelle gelegene Schicht ist eingestellt.

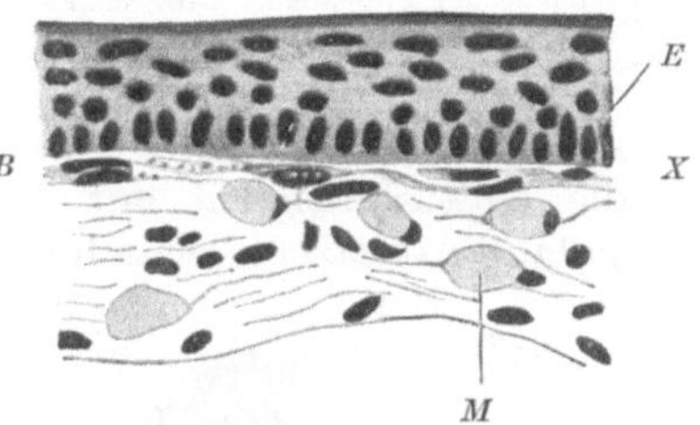

Abb. 15. Rana esculenta nach W. J. Schmidt. (Arch. f. Zellforschg 19.) Querschnitt durch den oberen Teil der Haut. Unter dem Epithel (*E*) die Schicht der Xantholenkosomen (*X*), darunter im Bindegewebe 5 durch Chlor gebleichte Melanophoren im Stadium der Ballung.

wiederholen. Sie entspricht einem dem Froschorganismus geläufigen Vorgang, der in der Kultur nur überstürzter und in kürzeren Perioden sich vollzieht. (Abb. 16 u. 17.)

Während der nächsten Tage der Züchtung erscheint nun auch der sogenannte sekundäre Rand um das Explantat herum, während der primäre Rand aus mehreren Zellschichten bestand, breiten sich dieselben Zellarten, oft ohne Zusammenhang, in dem reichlich zur Verfügung stehenden Medium aus. Je älter die Kultur wird, je zusammenhängender kann diese Schicht werden, so daß sie während der nächsten Tage wie ein runder Schleier das Ursprungsgewebe umgibt.

Fand sich reichlicher Zelldetritus, so mußte das Medium sofort gewechselt werden. Dies geschieht, indem man das Stückchen vorsichtig aus dem Medium herausnimmt, es in Ringerlösung auswäscht und es dann wieder auf ein neues Deckgläschen mit neuem Medium einpflanzt.

Dieser Wechsel des Nährmediums muß sich nun je nach dem Aussehen des Stückes wiederholen. Besser ist es, weniger oft zu wechseln, da mit jeder Änderung die schon gebildeten Zellen, soweit sie nicht mit dem Ursprungstück in Verbindung stehen, wieder zerstört werden.

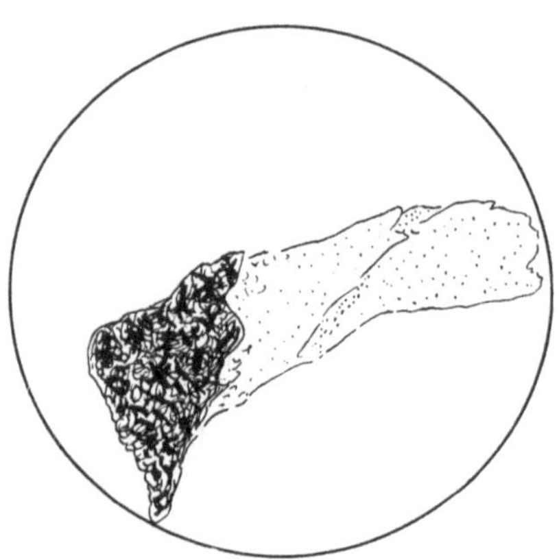

Abb. 16. Ablösung des Epidermishäutchens von der Oberfläche der Froschhaut, kurz nachdem sie in Gewebekultur gesetzt ist. Skizze nach dem Leben. (R. GASSUL, 1922, Arch. f. Entw. 1923.)

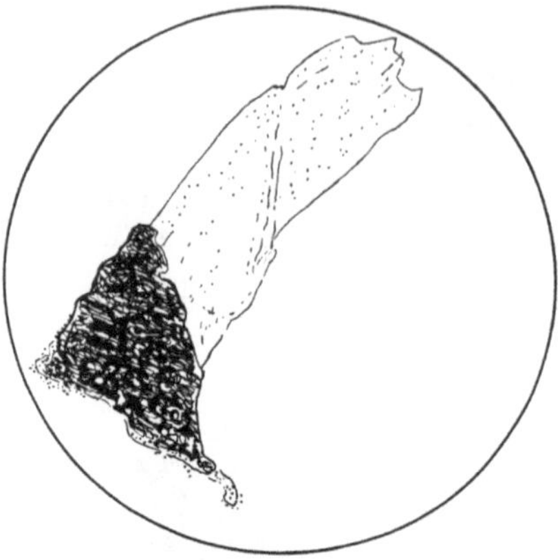

Abb. 17. Epidermishäutchen, das unverändert selbst nach Umpflanzung bleibt. Skizze nach dem Leben. (R. GASSUL, 1923.)

Hat sich schon ein großer sekundärer Hof gebildet, so kann man auch nur die Kulturflüssigkeit mit der Pipette absaugen und neue Nährflüssigkeit hinzusetzen. Die schönsten Präparate erzielt man gewöhnlich,

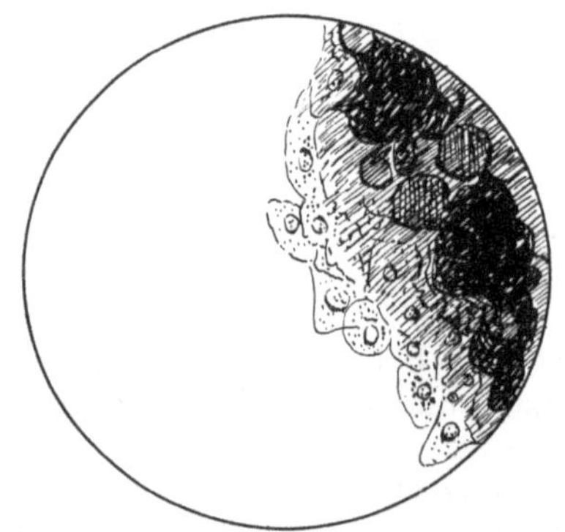

Abb. 18. Beginnende Epithelbewegung und Auswanderung der implantierten Froschhaut. Skizze nach dem Leben. (R. GASSUL, 1923.)

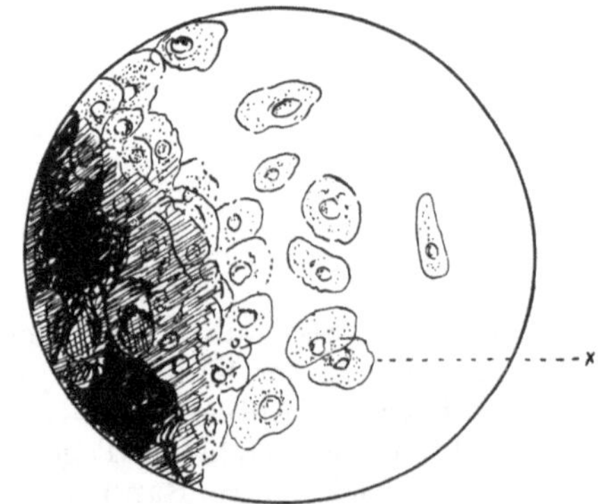

Abb. 19. Ausgewanderte Epithel- und Basalzellen im 4 Tage alten Präparat. Skizze nach dem Leben. (R. GASSUL, 1923.)

wenn man nach dem ersten oder zweiten Tage wechselt und dann den Kulturen eine Woche Ruhe gönnt. Will man die Froschhaut wochenlang züchten, so muß man bedenken, daß nach jedem vorsichtigen Wechsel sich der sekundäre Rand neubildet, daß aber gewöhnlich die zweite Bildung nicht so reichlich ausfällt wie die erste. Das eingepflanzte Froschhautstückchen ist während dieser Zeit durchsichtiger geworden, zum Zeichen, daß die Zellen, die den Rand bildeten, zum Teil aus den Zellschichten stammen, welche die Haut des Frosches bildeten.

In den ersten Tagen der Züchtung teilen sich diese Zellen mit unregelmäßigen Teilungsformen. Später erst findet die Zellvermehrung durch regelmäßige Mitosen statt, die deutlich im lebenden Präparat mit Immersion nachzuweisen sind und sich auch leicht färberisch darstellen lassen. Es empfiehlt sich, Totalpräparate (Abb. 20) und Schnittpräparate in bestimmten Abständen von diesen Stückchen herzustellen, Konservierung mit Orthscher Flüssigkeit und Färbung mit Hämatoxylin, und wenn man die Chromatophoren darstellen will, Fixierung mit 96 proz. Alkohol und Nachfärbung mit alkoholischem Safranin sind zu empfehlen. Beim Konservieren muß darauf geachtet werden, daß das Stückchen mit dem Medium zusammen konserviert wird. Es gelingt am besten, wenn man mit einer feinen Capillarpipette, nachdem man vorsichtig den Tropfen mit dem Deckgläschen umgedreht hat, die Konservierungsflüssigkeit an den Rand des Tropfens ringsherum verteilt und langsam mit dem Konservieren bis zur Mitte vorgeht. Ist das Plasma sehr fest, was die Regel nur bei Züchtung in Froschplasma mit Extraktzusatz ist, so kann man das Deckgläschen schwimmend auf die Konservierungsflüssigkeit legen. Es kommt hauptsächlich darauf an, alle ausgewanderten und neugebildeten Zellen mit zu konservieren. Dies gelingt erst nach einiger Übung. Das Einbetten geschieht in der

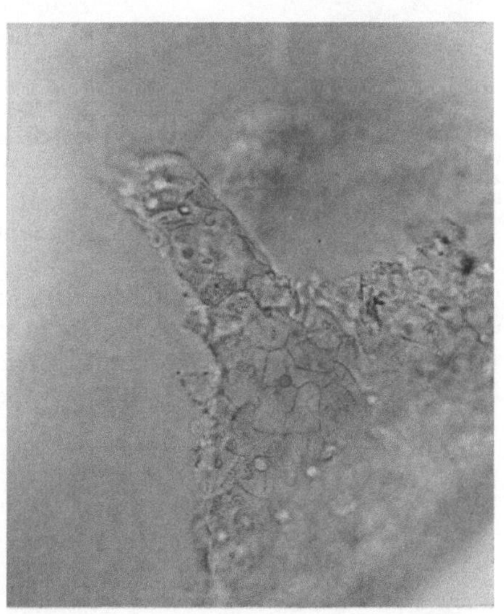

Abb. 20 zeigt die frei ins Medium herauswachsende Epithelzunge.

üblichen Weise; am besten nimmt man für die letzten Stufen Chloroformalkohol, Chloroformparaffin usw. Man muß aber darauf achten, daß die Haut beim Einbetten nicht zu lange in den betreffenden Flüssigkeiten liegt, weil sie sonst zu hart wird. Feine Schnitte der explantierten Froschhaut färben sich am besten mit Delafield, wobei die Zeitdauer des Verweilens in der Farbe ausprobiert werden muß. Sind die Gewebe, wie die nekrotischen inneren Teile des explantierten Stückes, schon tot, so ist keine Kernfärbung möglich. Sehr oft wird sich nur der Zellinhalt diffus färben. In den Randpartien sind Mitosen dann leicht nachzuweisen. Vielleicht sind Basalzellen, die zungenartig (Abb. 20) aus dem eingepflanzten Stück in das Medium hineinwachsen, zu sehen, die rote Blutkörperchen und sonstigen Zelldetritus in sich aufgenommen haben. Aus allen Seiten kommen aus dem Gewebsstück Zungen, vereinigen sich zu Brücken. Die Brücken füllen sich mit Zellen aus. So entsteht die

Zuwachszone. Man nennt dieses Wachstum das Arkadenwachstum. Es ist auch bei Säugetieren beobachtet worden, im lebenden Präparat ist eine solche Zunge auf Abb. 20 wiedergegeben. Die runden Zellen sind fast alle Abkömmlinge der Basalzellenschicht und der darüber-liegenden Epithelschichten. Daß wirk-lich die ausgewanderten Zellen von den Schichten der Haut, die über den Basal-zellen liegen, stammen, kann dadurch bewiesen werden, daß ein solches explan-tiertes Hautstück wieder implantiert wird. Ein Schnitt durch ein solches implantier-tes Explantat zeigt verminderte Anzahl Zellschichten über der Basalzellschicht.

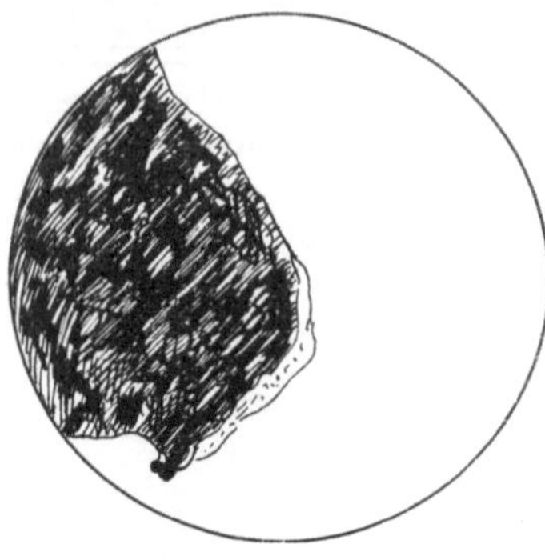

Abb. 21 zeigt den neugebildeten Epithel-rand der Haut von Rana esculenta, aus dem der Bindegewebssproß sich bildet. Mikrophotogr. nach R. Gassul, 1923. Gefärbtes Totalpräparat.

Die Rolle des Unterhautbindegewebes im Froschhautexplantat ist noch nicht ganz geklärt. Uhlenhuth behauptet, daß das Bindegewebe des Leopardfrosches keine oder nur geringe Wachstumserschei-nungen zeigt. Das Bindegewebe der hier gebrauchten Rana esculenta zeigt be-sonders in Froschlymphe oft Wachstums-erscheinungen, die sich nachweisen lassen (s. Abb. 21, 22 u. 23). Die Wundstellen der Bindegewebsfasern verdicken sich, kleinere Kerne las-sen sich im Leben beobachten. Langsam verlängern sich die Fasern nach der Peripherie hin, und die Kerne verteilen sich in ziemlich regelmäßigen

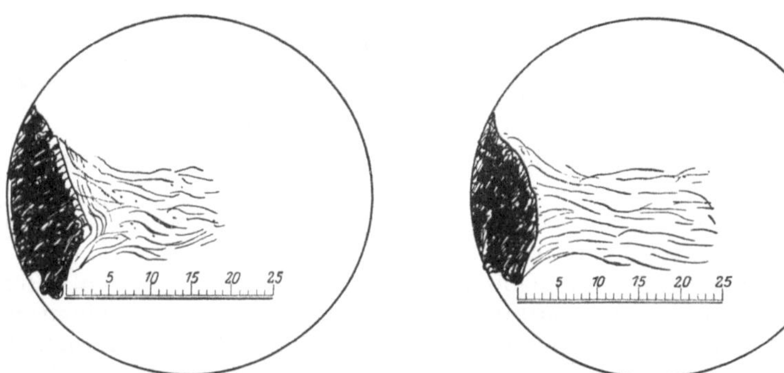

Abb. 22 und 23 zeigen das Auswachsen des Bindegewebes unter dem kleinen Epithelrand von Rana esculenta in zwei nacheinander folgenden Stadien. Mikrophotogr. nach R. Gassul, 1923. Gefärbtes Totalpräparat.

Abständen in dieser ausgewachsenen Faser. Das Längenwachstum er-folgt zögernd. Im beigegebenen Bilde ist ein Faserbündel abgebildet, das sich in 19 Tagen um 25 μ vergrößert hat. Eine Regelmäßigkeit, wann die Bindegewebe, wann die Epithelgewebe am stärksten auswachsen können, ist nicht festgestellt. Es scheint nicht an den verwandten Kultur-medien zu liegen. — Oft sind noch bei den ersten Umpflanzungen phagozytierende Zellen zu finden, die Abkömmlinge des Blutsystems sind.

Verhalten der Froschhaut in festen, halbfüssigen und ganzflüssigen Medien. 2. Teil der ersten Übung. Während des Studiums der Froschhaut, die sich nur in Plasmamedium und in Plasma und Milzextrakt befand, sind die anderen jetzt zu brauchenden Medien vorbereitet und sterilisiert. Außer den früher fertiggestellten Medien brauchen wir noch Hühnerplasma, das aber erst später von den Kursisten selbständig hergestellt wird. Jetzt wird es geliefert. Man hat also für den zweiten Teil der ersten Übung vorrätig: Hühnerplasma, Froschplasma, Milzextrakt und Ringersche Lösung für Kaltblütler. Dann setze man in der Weise, wie auf S. 18 bis 21 beschrieben, Kulturen an, vielleicht 18 Kulturen:

6 Kulturen in reinem Froschplasma,
3 Kulturen in Hühnerplasma,
3 Kulturen in Ringerscher Lösung,
6 Kulturen in Froschplasma und Milzextrakt im Verhältnis wie 3 : 1.

Gewöhnlich züchten wir, den natürlichen Verhältnissen möglichst entsprechend, in halbflüssigen Medien, also hier entspricht Froschplasma und Milzextrakt einem solchen. — Hühnerplasma allein, das jetzt verteilt wird zur Erweiterung der Übung, ist ein sehr starres Medium, Ringersche Flüssigkeit allein ein absolut flüssiges Medium und für die Kultur unbrauchbar. Beide werden nur als äußerste Kontraste benutzt. In dem einen können die Zellen sich nicht fortschieben, da kein Widerstand vorhanden, in dem steifen Hühnerplasma ist das auch nicht möglich, da das Medium zu starr ist und infolgedessen der Widerstand zu groß. Auswanderung von Zellen und Zellteilung sind hier fast nicht vorhanden, höchstens sind in das flüssige Medium einige durch das Zerschneiden des Gewebes aus dem Zusammenhang gelöste Zellen hineingeschwemmt, aber nicht aktiv hinausgewandert.

Die *Epithelzellen* haben in einem festen Medium gewöhnlich polyedrische Gestalt, von oben gesehen sind sie polygonal, im Schnitt kubisch; die Größe des Hofes ist gering, er besteht aus einer dichten Membran, erst nach 14 Tagen, wenn sich das Medium verflüssigt, nehmen die Zellen eine langgestreckte Form an den äußersten Rändern des Hofes an.

In einem halbflüssigen Medium bildet sich ein sehr großer Hof von Zellen, die um das Stück herum noch polygonal sind und zusammenhängen (Abb. 12). Je weiter nach außen man die Zellen beobachtet, je loser wird ihr Zusammenhang, je langgestreckter wird ihre Form, einzeln wandern sie dann in das noch unverbrauchte Medium hinaus. Nach 20 tägiger Züchtung sind viele Zellen stabartig, und das Plasma ist von schaumiger Struktur.

In einem flüssigen Medium (Milzextrakt und Ringer, besonders Ringer allein) nehmen alle Zellen zuerst eine gestreckte Gestalt an, die sich schon nach wenigen Stunden (18—24 Stunden) in eine runde verwandelt, in welcher die Zellen bis zu ihrem Tode verharren. Zu einer echten Hofbildung kommt es nicht, überall hin werden Zellen und Zellschleier getrieben. Alle diese Erscheinungen können nun in dem sich im Laufe der Zeit stets verflüssigenden Plasmamedium in *einer* Kultur beobachtet werden.

Weiter haben wir genau das Schicksal der einzelnen Zellarten verfolgt und gefunden: Die großen Melanophoren teilen sich nicht in der Gewebezüchtung. Nachdem sie in den ersten Tagen sich ausgestreckt haben, ziehen sie sich im Laufe der nächsten Tage zusammen und bleiben im Stadium der Ballung bis zu ihrem Tode, der oft sehr spät erfolgt. Sind sie gestorben, so werden die kleinen Pigmentkörnchen von vielen anderen Zellarten phagocytiert. Dies erschwert natürlich das Erkennen der anderen Zellgruppen. Die kleinen Melanophoren sind oft in aktiver Bewegung anzutreffen. Die Guanophoren teilen sich sicher, Basalzellen, und Drüsenzellen ebenfalls, Epithelzellen, soweit sie nicht verhornt sind. Über das Schicksal des Bindegewebes ist weiter oben berichtet, doch tritt bei Rana esculenta nicht das ein, was UHLENHUTH von dem Bindegewebe der Rana pipiens erzählt. UHLENHUTH findet, daß das Bindegewebe inaktiv bleibt und von den Epithelzellen überwuchert wird, so daß nach mehrwöchentlicher Züchtung eine Hohlkugel entsteht, die innen aus dem inaktiven Bindegewebe, außen aus neugebildeten Epithelzellen besteht.

Als Gewinn dieser Übung sollte an der lebenden Epithelzelle gezeigt werden, daß ihre *Form* eine *Funktion* der Festigkeit des Mediums ist und daß die Schnelligkeit der Auswanderung von Zellschichten und Zellen durch den gleichen Faktor bedingt ist.

Zweite Übung: Züchtung der Froschmilz zum Nachweis von Reticulumzellen und ihrer Verbindungen. Die Haut des Frosches ist das geeignete Objekt, die Behandlung lebender Kulturen zu erlernen. Die Milz dagegen, deren Züchtung jetzt geübt werden soll, stellt an den Bearbeiter andere Aufgaben. Sie dient am besten dazu, die Zellverbindungen gezüchteter Zellen zu beobachten. Die Zellen selbst, die sehr widerstandsfähig sind, fallen zum Teil durch ihre Größe auf. Die Beachtung auf dem heizbaren Objekttisch fällt fort, da die Kaltblütler- . zellen bei Zimmertemperatur ihre Bewegungen ausführen.

Die genaue Beschreibung der Froschmilz findet sich bei R. KRAUSE, 1925, S. 595. Nach ihm stellt die Milz des Frosches einen ungefähr bohnenförmigen braunen Körper von 6—8 mm größtem Durchmesser dar, der am Übergang des Dünndarms in den Enddarm, und zwar auf dessen linker Seite, in das Mesenterium eingelagert ist und vom caudalen Ende des Magens bedeckt wird. In neuester Zeit hat A. HARTMANN in der Z. Anat. **80**, 454—490 (1926) die Milz des Axolotls einer erneuten histologischen Untersuchung unterzogen. Hier finden sich wertvolle Einzelheiten.

Ein mit Biondilösung gefärbter Querschnitt durch das in Zenkerscher oder Carnoyscher Flüssigkeit fixierte Organ zeigt, daß die Milz umhüllt wird von einer 10—15 μ dicken Kapsel, der äußerlich das Serosaepithel aufliegt. Das von dieser Kapsel umschlossene Milzparenchym läßt schon bei schwacher Vergrößerung zwei verschiedene Bestandteile erkennen, nämlich ein aus groben und feinen Balken bestehendes, tief orangerot gefärbtes Netzwerk, die rote Milzpulpa, und eine die Maschen erfüllende, hellrote Substanz, die weiße Milzpulpa. Die Orangefärbung der Milzpulpa rührt her von ihrem Inhalt an Erythrocyten, die in lacunären, wandungslosen Räumen enthalten sind. Die Lacunen sind eingelassen in das Milzreticulum, ein Maschenwerk anastomosierender, verästelter Zellen, das mit der Milzkapsel und den dünnen, von letzterer ausgehenden Milzbälkchen in Verbindung steht. Dieses Milzreticulum steht also in offener Verbindung mit den Lacunen der roten Pulpa und enthält in seinen Maschen neben Erythrocyten kleine und große Lymphocyten und basophile Leukocyten. Ein weiterer charakteristischer Bestandteil der roten Milzpulpa tritt schon bei schwacher Vergrößerung durch seine intensiv gelbbraune Färbung hervor. Es sind größere oder kleinere Haufen von Pigmentzellen, die sich teils im Reticulum, teils in den Lacunen befinden. Das Aussehen dieser Pigmentzellen ist sehr verschieden. Hier tritt das Pigment in feinen Körnchen, dort in großen Schollen auf, und an einer dritten Stelle liegt nur eine einzige Scholle mit mehr oder weniger gut erhaltenem Kern in der Zelle. Es sind Erythrocyten, die in der Milz massenhaft zugrunde gehen. Sie werden von Phagocyten aufgenommen und weiter verarbeitet.

Die weiße Milzpulpa füllt die Maschen der roten Pulpa und erscheint teils in Form kugliger, malpighischer Körperchen, teils mehr strangförmig angeordnet. Das Milzreticulum durchsetzt auch die weiße Pulpa, hier sind aber die Reticulummaschen fast ausschließlich von Lymphocyten erfüllt.

Um die Zellverbindungen zwischen den einzelnen Zellen zu studieren, empfiehlt es sich, Kulturen der Froschmilz in sogenanntem „Carminplasma" anzusetzen.

Carmin (nach KIJONO): Kalte, gesättigte wässerige Lösung von kohlensaurem Lithium, dazu 5 Gewichtsprozent Carmin rubrum optimum (GRUEBLER), diese Lösung 10—15 Minuten im Wasserbad kochen. (Bilden sich Niederschläge, filtrieren.)

Man nehme einen möglichst kleinen Frosch, aus dem man die Milz steril entnimmt. Vorher hat man sich geeignetes Carminplasma nach KIJONO hergestellt; dazu hat man und zweimal 1 ccm der oben angegebenen Lösung in den lebenden Frosch nacheinander gespritzt. Die ungefärbte Milz wird in kleine Stückchen geschnitten. Die Hilusgegend wird möglichst nicht genommen. Sind die Kapselwände zu derb, so werden diese auch abgezogen. Ohne Milzextrakt werden in diesem Carminplasma die Stückchen eingebettet. Man kann auch den Versuch so variieren, daß man die Milz eines mit Carmin injizierten Frosches in normales Plasma mit Milzextrakt legt. Die jungen Reticulumzellen der Milz kommen nach einigen Tagen in großer Menge aus dem eingepflanzten Stück heraus. Da sie sich ja in Carminplasma befinden, haben sie sich mit dem rötlichen Plasma gefüllt. Jetzt bettet man das Präparat um in ungefärbtes Plasma. Die Zellen vermehren sich weiter, und die schon gefärbten Zellen geben bei der Teilung von ihrem rötlichen Zellinhalt den sich neu teilenden Zellen ab. Die Reticulumzellen verbinden sich mit ihren Ausläufern sehr oft und man kann dann unter dem Mikroskop sehen, wie innerhalb des Zellplasmas der gefärbte Inhalt durch die kleinen Fortsätze strömt. (LASER, 1925.) Da die Zellen selbst ziemlich groß sind, so ist diese einfache Beobachtung des *lebenden* Objektes immer möglich.

II. Lebensäußerungen der Zellen und Gewebe in verschiedenen Medien.

Unter den Lebensäußerungen der Zelle während ihres Verweilens in dem Kulturmedium sind zwei Gruppen zu unterscheiden, solche, die der Zelle auch im früheren Gewebsverbande eigen sein würden und solche, die sich in dem Kulturmedium neu oder erneut zeigen. Als Zeichen des auch in der neuen Umgebung weiter ablaufenden Zellgeschehens werden die Fortsatzbildung der Zellen, die aktive Wanderung, die Fähigkeit zu phagocytieren, die sofortige Bildung von indirekten Teilungsfiguren bei embryonalen Zellen, das Durchführen der Zelldurchschnürung und die Weiterbildung der schon vorhandenen Zellstrukturen angesehen werden müssen.

Als Zellgeschehen, das sich nur in dem neuen Medium abspielt, werden wir die Entdifferenzierung oder den Abbau des Gewebes oder des Zellinhaltes ansehen. Das fortgesetzte Teilen des sich nicht abgebaut habenden, oder wenn das vorkommen sollte, das fortgesetzte Teilen der abgebauten, erwachsenen im Gewebeverbande unter normalen Umständen sich *nicht* teilenden Zellen, das Auftreten direkter oder indirekter Teilungen auf das Neubilden von Zellstrukturen in vorher abgebauten Zellen können in vivo und in vitro vor sich gehen, — im Leben, nach einsetzender Regeneration also — und in der Kultur.

Als Anpassungs- oder auch als Absterbeerscheinungen werden die Speicherung von Fett, Fettsäuren, und die Bildung von Vakuolen und der sog. Degenerationsgranula angesehen werden müssen, wenn sie nicht ursprünglich in der Zelle vorkommen.

In diesem Abschnitte sollen einzeln das Auswandern, das Sichumwandeln, das Sichteilen von lebenden Zellen der verschiedensten Art in *verschiedenen* Medien beschrieben werden und die Fähigkeit der Zelle zur Riesenzellbildung und zur Phagocytose experimentell gezeigt werden. Dabei wird die Beobachtung der lebenden Zelle mit ihren Inhaltskörpern und die Darstellung derselben besonders betont. Ein Versuch wird gemacht, lebende und tote Zellen zu unterscheiden. Zu diesem Zweck werden wir uns erst die Mediumgewinnung bei Warmblütlern, Vögeln oder Säugern ganz zu eigen machen.

Obgleich in der modernen experimentellen Chirurgie nur Äther für die Inhalationsnarkose benutzt wird, nehme ich bei der Rattennarkose sehr gern Chloroform. Gerade bei den Ratten habe ich gefunden, daß die Narkose ruhiger verläuft, wenn eine schwache Chloroformnarkose gemacht wird, während das Tier auf dem Operationsbrett festgebunden wird. Wenn man recht schnell arbeitet, ist ein Nachnarkotisieren nicht nötig. Für das Huhn mische ich gern Äther und Chloroform. Beim Meerschweinchen wird Äther gebraucht. Die Vorbehandlung mit Urethan habe ich hier und da versucht, aber keine größeren Vorteile im Vergleich zur Inhalationsnarkose für das Plasmamachen gefunden. Für alle weiteren wichtigen Fragen empfehle ich: HABERLAND. „Die operative Technik des Tierexperimentes", Berlin: Julius Springer 1928.

Durch die Verwendung von Heparin ist die Plasmagewinnung erleichtert. Heparin ist eine aus der Leber gewonnene, gerinnungshemmende Eiweißverbindung. Zuerst führte CRACIUN 1926 das Heparin in die Methode der Gewebezüchtung ein, es wird jetzt von den chemischen Fabriken für den Verkauf hergestellt, von denen es auch direkt zu beziehen ist. Obgleich das Heparin teuer ist, empfiehlt es sich doch, mit ihm zu arbeiten, da für die geringen Konzentrationen nur wenig Substanz gebraucht wird. Erst mit Hilfe des Heparins kann jeder bequem jetzt Plasma machen. Die Verwendung von Heparin geschieht nun in folgender Weise: Man kann, aber es ist nicht zu empfehlen, mit Gefäßen arbeiten, die nicht ausparaffiniert sind, besser ist es aber, bei Ausparaffinierung der Gefäße, wie früher auf S. 9 beschrieben, zu bleiben. Man macht sich vorher eine Stammlösung aus Ringerscher

Lösung und Heparin im Verhältnis wie 1:100. Diese Stammlösung wird entweder mit einer Warmblütler-Ringerlösung oder einer Kaltblütler-Ringerlösung angesetzt. Für den Gebrauch (1:10000) verdünnt man diese Lösung noch einmal mit der gewünschten Menge Ringer und kocht sie auf. Kalt geworden werden auf je 3 ccm Blut $^1/_3$ ccm Heparinlösung gegeben. Es empfiehlt sich, bei jeder Neubestellung von Heparin[1] die Konzentration neu auszuprobieren, da das Heparin nicht immer gleichmäßig ausfällt. Zuviel Heparin macht das Blut hämolytisch, bei zu wenig Heparin kann leicht die gefürchtete Gerinnung eintreten. Froschplasma braucht im allgemeinen nicht mit Heparin hergestellt zu werden, nur bei sehr langsamem Arbeiten muß man zu diesem Hilfsmittel greifen. Auch das Hühnerplasma kann ohne Heparin gewonnen werden.

Es empfiehlt sich aber, bei jedem *pharmakologischen* Experiment das Heparin fortzulassen und das Plasma nach den früher beschriebenen Methoden allein zu gewinnen. Plasma mit Heparin gewonnen erhält sich über Monate hinaus flüssig und gebrauchsfertig.

Es ist nicht nötig, die Spritzen zu vaselinieren, besser geschieht es aber doch, schon, um durch den dünnen Vaselinmantel eine absolute Neutralität des Glases zu erzielen. Es bleibt aber doch nötig, die Zentrifugengefäße und die Aufbewahrungsgefäße des Plasmas zu paraffinieren. Im Winter kann die Verwendung von Eis beim Zentrifugieren unterbleiben. Im Sommer möchte ich immer dazu raten, doch in Eis zu zentrifugieren.

Für das Ausparaffinieren der Gefäße empfiehlt A. FISCHER einen von ihm erfundenen Apparat. Die Röhrchen werden in diesen Ständer gesetzt, der ganze Ständer in kochendem Paraffin umgedreht und die Röhrchen gestöpselt. Für Massengebrauch ist dieses zu empfehlen. Von TIMOFEJEWSKY wird folgendes Verfahren zum Ausparaffinieren der Röhrchen empfohlen: Ein kleines Stück Paraffin wird in das trockene Röhrchen gelegt. Aus steifem Briefpapier wird ein kleiner Trichter zusammen mit einer aus Briefpapier geschnittenen Bedeckung über die Öffnung gebunden und das Röhrchen so sterilisiert. Spritzt man nachher das Blut hinein, so entfernt man den oberen Papierdeckel und sticht durch den Trichter hindurch. Infolgedessen kann das Blut nicht infiziert werden. Bei den von ERDMANN gebrauchten Wattestöpseln, die mit Gaze bezogen sind, oder bei den von CARREL und A. FISCHER gebrauchten Gummistöpseln kann dies unter Umständen eine Fehlerquelle sein. Im allgemeinen wird aber sehr selten beim Einfüllen des Blutes Infektion eintreten, weil die kalte Luft aus dem Röhrchen aufsteigt und das Eindringen der warmen, infizierten Zimmerluft verhindert.

Ich gebe einige kurze Anleitungen für die später zu gebrauchenden Tierarten: Katze, Ratte, Huhn, Meerschweinchen, Maus, Hund und Mensch.

Katzenplasma: Die junge Katze muß vor der Operation narkotisiert werden. Man setzt sie entweder unter eine Glasglocke, in die zugleich ein mit Äther getränkter Wattebausch gebracht wird, oder man fertigt besser aus einem Stück Verbandstoff eine Maske, in die man zwischen trockener Watte das mit Äther getränkte Wattestück legt, ähnlich wie bei der Narkose beim Menschen und kontrolliert den Fortgang der

---

[1] Firma Ernst Leitz, Mikroskope und Laboratoriumsbedarf, Berlin NW 6, Luisenstr. 45.

Narkose durch Prüfen der Herzschläge. Wählt man dieses Verfahren, so muß man vorher die Katze an allen vier Pfoten am Operationstisch anbinden und eben vor Beginn der eigentlichen Operation narkotisieren. Hat man keinen kräftigen Diener zur Hand, so narkotisiert man leicht unter der Glasglocke an und bindet dann zwecks tieferer Narkose das Tier fest. Die Narkose soll so tief sein, daß das Tier still liegt, jedoch soll jedes unnütz starke Narkotisieren vermieden werden, weil Gewebe von stark narkotisierten Tieren schlecht wächst und zu starkes Narkotisieren auch nachteilig auf das Plasma selbst einwirkt. Es müssen reichlich viel Röhrchen und große Röhrchen zum Auffangen

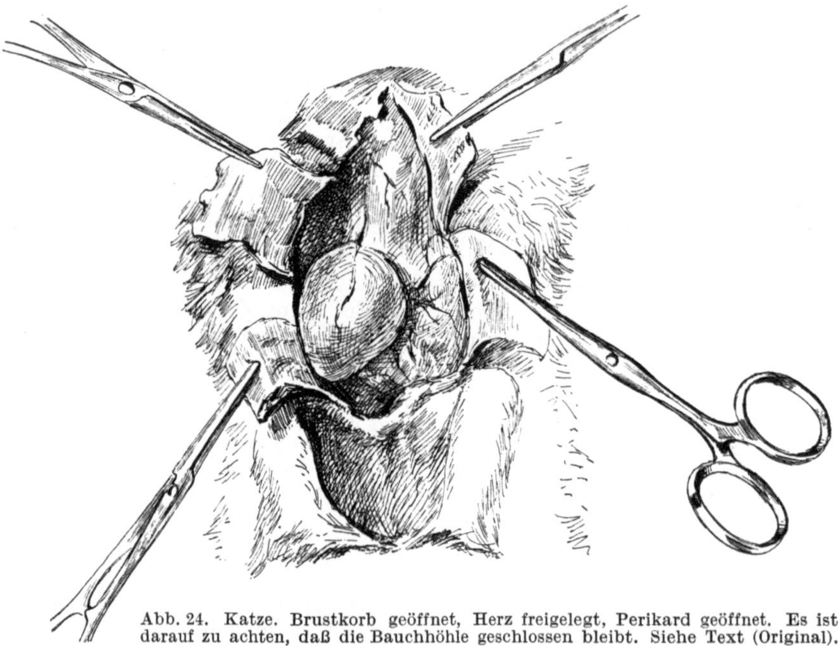

Abb. 24. Katze. Brustkorb geöffnet, Herz freigelegt, Perikard geöffnet. Es ist darauf zu achten, daß die Bauchhöhle geschlossen bleibt. Siehe Text (Original).

des Blutes und des Plasma fertiggestellt werden, ebenso muß ein reichliches Instrumentarium bereit sein. Man gebraucht: mehrere gutgeschliffene Knopfscheren, Klammern zum Festklemmen des geöffneten Brustkorbes, große und kleinere Pinzetten, dabei eine mittelgroße Pinzette mit stumpfen Enden zum Hochheben des Herzens. Die Haut wird am Brustkorb mit Wasser, um die Haare festzuhalten, abgerieben, über dem Brustbein eingeschnitten, zur Seite geklappt und festgeklemmt. Die freigelegte Muskulatur wird mit Ringerscher Lösung abgespült. Nun hebt man vorsichtig das Sternum hoch am Processus xiphoideus und schneidet mit dem stumpfen Ende der Knopfschere nach unten mittels eines Medianschnittes in den Brustkorb ein, bis nahe an den Hals. Die beiden Hälften des Brustkorbes (Abb. 24) werden durch einen Transversalschnitt weiter geöffnet, wobei man die dort liegenden Gefäße beachten muß und so unblutig wie möglich

arbeiten soll, und dann zur Seite hin festgeklemmt. Man soll so rasch
wie möglich arbeiten, damit man die Narkose nicht zu lang auszudehnen
braucht und schnell in das schlagende Herz einstechen kann. Mit
einer kleinen Knopfschere eröffnet man den Herzbeutel, stützt das
Herz von unten mit der stumpfendigen Pinzette und sticht mit der
Kanüle in den Ventrikel ein. Es ist gleich, an welcher Stelle man
einsticht, da durch das Einstechen mit der verhältnismäßig starken

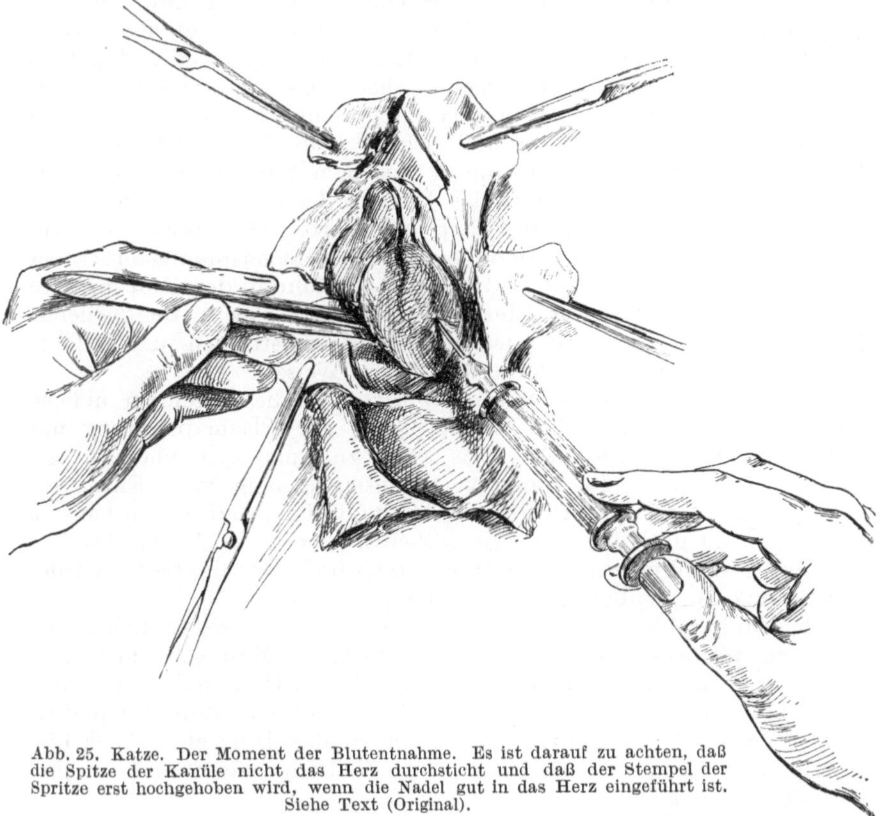

Abb. 25. Katze. Der Moment der Blutentnahme. Es ist darauf zu achten, daß
die Spitze der Kanüle nicht das Herz durchsticht und daß der Stempel der
Spritze erst hochgehoben wird, wenn die Nadel gut in das Herz eingeführt ist.
Siehe Text (Original).

Kanüle der Ventrikel so heftig verletzt wird, daß von jeder Stelle das
Blut in die Spritze einströmt (Abb. 25).

Alle weiteren Handgriffe erfolgen genau so, wie sie schon beim
Frosch beschrieben sind, mit dem wichtigen Unterschied, daß noch
größere Schnelligkeit notwendig ist, eine Hauptbedingung zur Gewinnung einer guten und reichlichen Menge Plasma, besonders wenn
man ohne Heparin arbeitet. Zwischen Blutentnahme und Zentrifugieren
darf höchstens ein Zeitraum von Sekunden vergehen. Das gewonnene
Plasma wird in die schon früher beschriebenen dickwandigen Reagenzröhrchen abpipettiert, steril verschlossen. Gebraucht man das Plasma
nicht gleich, so kommt es in eine Thermosflasche mit Eis, das man

einen Tag über den anderen wechselt. Bei heißem Wetter muß jeden Tag gewechselt werden. Dies fällt fort, wenn ein Frigidaire vorhanden. Das Plasma ist, wenn ohne Heparin hergestellt, bis zu 8 Tagen lang brauchbar, sonst bis zu 2 Monaten. Wenn man Versuche anstellt, bei denen es auf eine bestimmte Hydrogen-Ionen-Konzentration ankommt, soll es besser vermieden werden, lange vorher gewonnenes Plasma zu gebrauchen.

Bei großen Tieren wird man zur Plasmagewinnung nur dann das Herz benutzen, wenn sehr viel Plasma gebraucht wird (etwa zu Kurszwecken). Sonst empfiehlt es sich, Blut aus der Carotis oder Jugularis in der üblichen Weise zu entnehmen, nachdem das Gefäß mobilisiert und das Blut gestaut worden ist. Ich lasse den Kursisten *selbst* von Anfang an alle Operationen ausführen und ziehe deshalb als ersten Versuch der Plasmabereitung die Blutgewinnung aus dem Herzen der *Ratte* vor.

Beim *Hund* entnimmt man das Blut für die Plasmagewinnung aus der vorderen Brustvene mittels der vaselinierten Hohlsonde. Das zuerst ausfließende Blut läßt man unbenutzt, da leicht gerinnungsfördernder Gewebssaft mit einfließt, der durch das Einführen der Blutnadel in die Venenwand mit in das Blut gelangen kann. Das später quellende Blut läßt man in die paraffinierten Röhrchen einströmen und verfährt weiter in der schon geschilderten üblichen Weise.

Bei der Blutentnahme vom *Kaninchen* ist die allgemein übliche Art, aus der Ohrvene Blut zu gewinnen, zur Plasmabereitung nur selten mit Erfolg anwendbar. Es währt zu lange Zeit, ehe man genügend Blut erhält. Bei dieser verhältnismäßig langsamen Entnahme erwärmt die Hand zu stark die eisgekühlte Spritze, und in den meisten Fällen gerinnt das Blut schon beim Zentrifugieren. Will man das Tier schonen, so muß man auch hier die Carotis freilegen; die beste Art der Gewinnung für Geübte bleibt die Herzpunktion.

Die Punktion bei *Kaninchen* und *Meerschweinchen*, sogar auch Ratte, kann in folgender Weise ausgeführt werden: Man schneidet über dem Herzen die Haare ein wenig ab und reibt die Hautstelle mit Ringer ein. Man tränke die ausvaselinierte Nadel mit Paraffinum liquidum und stecke mit der Spritze wie üblich in das Herz ein. Auch hier nehme man nicht das erste Blut, weil vielleicht Gewebssaft in ihm enthalten sein kann.

Aus Sparsamkeitsrücksichten werden oft *tragende* Tiere zur Plasmagewinnung benutzt, man meint, zugleich mit der Plasmagewinnung auch die Embryonen verwenden zu können. Ich möchte dies Verfahren nur dann empfehlen, wenn das Tier erst im Beginn der Trächtigkeit sich befindet. Stark trächtige Tiere erweisen sich für die Narkose sehr ungeeignet. Auch habe ich oft empirisch festgestellt, daß das Wachstum im Plasma tragender Tiere sehr minimal ist. Vielleicht aber ist auch das bei diesen Tieren nötige starke Narkotisieren die Ursache, daß Gewebe in dem Plasma tragender Tiere nicht wachsen.

Bei der *Ratte* und dem *Meerschweinchen* verfahre man zur Blutentnahme aus dem Herzen wie bei der Katze beschrieben ist, mit Ausnahme des Einschneidens in den Brustkorb. Bei den eben genannten

Tieren eröffnet man den Brustkorb nicht durch Medianschnitt, sondern man schneidet beiderseitig beim Rippenknick ein (Abb. 26), den Knopf

Abb. 26. Ratte. Im Gegensatz zur Katze ist hier mit zwei Seitenschnitten der Brustkorb geöffnet und das Brustbein mit dem Teil der ihm anliegenden Rippen zurückgeklappt. Siehe Text (Original).

der Schere nach unten gerichtet, klappt dann das gelöste Stück kopfwärts zurück und befestigt es mittels einer Klammer. Alle weiteren Handgriffe sind denen bei der Katze beschriebenen gleich.

Beim Menschen *benutzt* man, wie sonst bei der Blutentnahme üblich, die Armvene. Das Menschenplasma, das ohne Narkose bequem gewonnen werden kann, wie auch ja bei dem Hund, verflüssigt sich leicht; ohne Zusatz von Hühnerplasma ist es unbrauchbar.

Besonders eingehend möchte ich die Gewinnung von *Hühnerplasma* schildern. Da das ganze Jahr *Hühnerembryonen* zu haben sind und

Abb. 27. Huhn zur Operation vorbereitet. Die Rolle, welche den Flügel hebt, ist nicht sichtbar. Auch das den Kopf bedeckende Tuch ist fortgelassen. Siehe Text (Original).

man mindestens dreimal dasselbe Huhn zur Plasmagewinnung brauchen kann, so empfiehlt es sich, diese besonders zu üben.

Man soll sich zur Regel machen, daß man alle Tiere, welche man zur Plasmagewinnung gebrauchen will, mindestens einige Tage vor der Operation im Stall selbst beobachtet. Man füttere sie in dieser Zeit mit Nahrung, die viel Wasser enthält. Wenn man seine Tiere selbst aufzieht, was ja bei der zumeist gebrauchten Ratte sehr leicht ist, wird man am sichersten sein, normale, noch zu keiner anderen Operation gebrauchten Tiere zu erhalten.

Operation am Huhn: Beim Huhn gewinnt man zunächst Plasma durch Blutentnahme aus einer Flügelvene, um das Tier zu schonen und für mehrere Blutentnahmen zu gebrauchen. Man legt das Tier auf den Rücken auf den Operationstisch nieder, nachdem man ihm sorgsam ein flaches Wattekissen untergelegt hat, damit es nicht zu sehr auskühlt. Nun bindet man die Beine und darnach die Flügel mit Binden fest, recht behutsam, ohne das Blut zu stauen (Abb. 27). Unter den Flügel, in den man hineingehen will, legt man eine Watterolle, um ihm eine erhöhte sichere Lage zu geben. Die Operationsstelle befreit man vorsichtig von allen Federn, die man nicht abreißen, sondern abschneiden soll. Sodann reibt man das Operationsfeld kräftig mit einem Wattebausch und steriler Kochsalzlösung ab, um allen etwa anhaftenden Schmutz zu entfernen. Nachdem man das Huhn beruhigt, im Notfalle ihm eine leichte Chloroform-Äther-Narkose gegeben hat, hebt man die Flügelhaut mit der Pinzette auf und schneidet mit einer scharfen Knopfschere (Abb. 28) über dem Gefäß in die Haut ein, drängt stumpf ab und klemmt links und rechts mit je einer Péanschen Klammer die Hautränder fest.

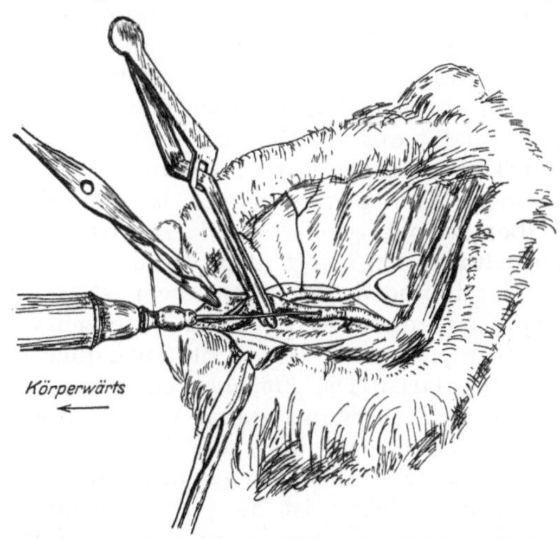

Abb. 28. Flügelvene des Huhnes zur Blutentnahme vorbereitet. Die beiden Péanschen Klammern rechts und links klemmen die abpräparierte Haut zurück. Die zum Stauen des Blutes benutzte Arterienklemme darf nicht zu massiv sein. Siehe Text (Original).

So erhält man eine ziemlich weit offene Operationsstelle, an der man das Gefäß deutlich liegen sieht. Das Gefäß wird nun vorsichtig hochgehoben und der Blutstrom mit einer Arterienklemme abgestaut. Bevor man nun zur Blutentnahme einsticht, wird es nötig sein, die Narkose zu verstärken. Man muß das Tier gut beobachten und die Stärke der Narkose genau austarieren, so daß das Tier zwar ruhig liegt, aber auch die Narkose gerade so leicht wie möglich ist. Schnarcht das Huhn, so ist die Narkose gut gelungen. Sobald der Blutstrom angestaut ist, sticht man mit der eisgekühlten Spritze dem Blutstrom entgegen in das Gefäß ein und löst im gleichen Augenblick die Klammer, so daß das Blut schnell in ziemlich großer Menge einströmt. Die Zentrifugenröhrchen, welche zum Auffangen des Blutes dienen, müssen beim Huhn in größerer Anzahl bereitgestellt werden. Man nimmt auch etwas größere Plasmaröhrchen, da man mit vermehrten Blutmengen zu rechnen haben wird.

Im allgemeinen unterscheiden sich die einzelnen Handgriffe und die Art der Arbeit nicht wesentlich von der Art der Plasmagewinnung, die vorher schon bei anderen Tieren beschrieben ist, bis auf alle die Einzelheiten, die durch die Beschaffenheit des Tieres *selbst* bedingt werden. Zu sagen wäre nur noch, daß beim Huhn, ganz gleich, ob man aus einem Gefäß oder aus der Carotis oder Jugularis ohne Heparinzusatz das Blut gewinnt, noch rascher gearbeitet werden muß, als etwa bei der Ratte, da die Temperatur des Hühnerblutes 38° C ist. Ist das Tier sehr jung, so braucht man beim Blutentnehmen aus den Gefäßen meist nicht die Muskulatur auseinander zu präparieren, bei älteren Tieren dagegen muß das Gefäß stumpf und unblutig freigelegt werden. Zu junge Tiere sind für die Operation ungünstig, weil ihre Haut zu leicht einreißt, am besten verwendet man 7—8 Monate alte Tiere. Dasselbe Huhn kann öfter zur Blutentnahme genommen werden. Man entnimmt aus den Flügelgefäßen erst an einer, dann an der anderen Seite und zuletzt aus den Gefäßen, Carotis oder Jugularis. Am besten wird das Tier nach der Entnahme aus dem Gefäß sofort genäht und verbunden. Man läßt es bis zur nächsten Entnahme etwa $^1/_2$ Jahr laufen. Dabei gelingt es, daß man ein paarmal aus demselben Gefäß Blut entnehmen kann, oft aber vernarbt die schon früher benutzte Stelle nicht gut und die Verwachsungen stören, besonders am Flügel, dann, wenn man diese Stelle wieder benutzen will.

Bequemer noch als die Blutentnahme aus der Flügelvene ist die aus der Jugularis. Die Forscher entnahmen früher aus der Carotis, dies wurde von BURROWS zuerst geübt. Aber die Carotis liegt sehr tief, infolgedessen muß auch die Narkose tief sein, A. FISCHER benutzt ein eigens dazu konstruiertes Operationsbrett, das nicht alle Laboratorien besitzen. Leichter ist die jetzt vielgeübte Methode der Blutentnahme aus der Jugularis, von ERDMANN und ICHIDA zuerst eingeführt. [ERDMANN u. ICHIDA: Arch. exper. Zellforschg **3**, 212 (1926)].

Das Huhn wird auf dem Operationstisch so festgelegt, daß der Körper bei der Blutentnahme aus der Jugularis höher liegt als der Kopf. Erhält das Tier eine Narkose, so ist darauf zu achten, daß die Bauchatmung regelmäßig erfolgt. Mit Hilfe der Péans wird das sterile Tuch, in das man nach der Lage der Jugularis einen Spalt schnitt, befestigt. Mit dem Messer ritzt man nun längs der Jugularis die Haut auf, die Péans ziehen die entstandene Wunde auseinander. Die Jugularis wird nun stumpf freigelegt, wobei man vermeiden muß, einen Nerv zu zerren. Nun wird das Gefäß nach dem Herzen zu abgeklemmt, die Kanüle in die Jugularis vor der Klemme eingeführt, und dann läßt man das Blut in die Spritze fließen. Zu beachten ist besonders, daß die Blutentnahme so schnell und mit so kalten Gefäßen wie möglich erfolgen muß. Um dies zu erreichen, wurden die Zentrifugenröhrchen, mit sterilem Stopfen verschlossen, auf Eis gestellt und die Spritze, mit einem sterilen Tuch überdeckt, über Eis aufbewahrt. Wenn es notwendig ist, legt man bei der Blutentnahme ein Eiskissen unter die Spritze. Das Blut wird aus der Spritze in die Zentrifugenröhrchen entleert, die sogleich in eine Gefriermischung gestellt werden. In dieser Mischung bleiben die Röhrchen vor dem Zentrifugieren 2 Minuten, damit das Blut gut ausgekühlt ist. Die weiteren Prozesse erfolgen wie oben beschrieben.

In neuester Zeit hat M. LEWIS vorgeschlagen, an Stelle der Blutentnahme aus dem Flügel das Blut auch beim Huhn durch Punktion zu entnehmen. Es erscheint im ersten Moment schwierig, durch den starken

Brustkorb des Huhns mit der Kanüle einen Weg zu finden. Aber beim Einhalten folgender Vorschrift [Arch. exper. Zellforschg **82**, 7 (1928)].

Das Huhn wird in der abgebildeten Weise festgebunden. Ein wenig Alkohol wird genommen, um die Federn über dem Herzen anzufeuchten. Kleinste Federn werden gerupft. Die größeren Federn der Brust brauchen nicht fortgenommen zu werden, sondern werden nur, nachdem sie befeuchtet sind, von der Einstichstelle entfernt. Wenn man dies getan hat, sucht man die große Vene, welche von dem Sternum nach der Schulter läuft und die als Merkzeichen dienen soll. Von ihr aus sollte die Nadel nach hinten, aber nicht vor der Vene eingeführt werden. Man kann leicht eine dreieckige Stelle finden, welche zwischen der 2. und 3. Rippe liegt und welche durch die Ränder des Processus uncinatus der 2. Rippe, durch das sternale Ende der 2. Rippe und den 2. und 3. Teil der Rippe, welche der vertikalen Seite anliegt, bestimmt wird. Hat man diese ungefähr dreieckige Stelle noch *nicht* gefunden, so kann man nicht anfangen. Es ist nicht die Stelle, durch die die Nadel eingeführt wird, aber es ist der Ort, von welchem man ausgehen muß, um ganz genau die Region über dem Herzen, in welche man die Nadel einführen will, zu bestimmen. Jetzt lege man den Finger auf die dreieckige weiche Stelle, streiche über diese Stelle nach dem sternalen Ende der 2. Rippe, bis man eine andere ebenso weiche Stelle an der ventralen Seite nach dem sternalen Ende der 2. Rippe und vor dem Rand des sternalen Teiles der 3. Rippe erreicht. Der zweite weiche Punkt liegt über dem Herzen des Huhns. Er ist nur dann tastbar, wenn der erste gefunden worden ist. Jetzt wird eine Spritze, die vorher ausgekocht, gekühlt und mit $^1/_2$ ccm Heparin versehen ist, in die rechte Hand genommen, ein wenig 80 proz. Alkohol über die weiche freigelegte Stelle gegossen, und dann stößt man die Nadel sanft und langsam gerade herunter, in vertikaler Richtung, bis man das Herz fühlt. Bis man die Nadel in das Herz gestoßen hat, kann man die linke Hand fest auf das Tier legen. Mitunter bewegt sich das Huhn in dem Moment, wenn die Nadel in das Herz eindringt. 15 oder 20 ccm Blut können ruhig aus dem Herzen gezogen werden, doch muß ebenso viel physiologische Kochsalzlösung in den Brustmuskel gleich eingespritzt werden.

Wenn man zu schnell stößt, so kann man durch das Herz stoßen. Dann muß die Nadel langsam nach oben gezogen werden, indem man langsam an der Spritze zieht. Die Nadel, welche gebraucht wird, soll ungefähr 4 cm lang sein. Wenn man nicht mit Eis abkühlt, so muß man eine Lösung von Heparin 1 : 1000 gebrauchen, während sonst $^1/_2$ ccm von einer Lösung 1 : 5000 10 ccm Hühnerblut flüssig erhalten. Die anderen Prozesse erfolgen wie gewöhnlich. Die ganze Operation geht sehr schnell vor sich und kann unter Umständen von einer Person *allein* ausgeführt werden.

Herstellung von Wasch- und Züchtungsflüssigkeiten. Viele Lösungen sind in Gebrauch:

1. Ringersche Lösung.

2a) Lockelösung.

2b) Locke-Lewis-Lösung.

3a) Tyrodelösung.

3b) Tyrodelösung nach Fleisch. Sie werden zum Abwaschen der Gewebe oder als Verdünnungsflüssigkeiten für Extrakte und Medien verbraucht.

Ringersche Lösung:			Lockelösung:		
NaCl	0,85	g	NaCl	0,85	g
KCl	0,025	g	KCl	0,042	g
CaCl$_2$	0,3	g	CaCl$_2$	0,025	g
Aqua dest.	100,0	ccm	NaHCO$_3$	0,02	g
			Aqua dest.	100,00	ccm

Beide Lösungen werden zum Verdünnen des Plasmas und als Waschflüssigkeiten benutzt.

Als Züchtungsflüssigkeit für kürzere Perioden kommt die Locke-Lewis-Lösung in Betracht:

$$
\begin{aligned}
&\text{Lockelösung} \dots\dots\dots 90 \quad \text{ccm}\\
&\text{Hühnerbouillon} \dots\dots 10 \quad \text{ccm}\\
&\text{Glucose} \dots\dots\dots 0{,}25\ \text{g}
\end{aligned}
$$

85 oder 90 ccm der Lockelösung sind hier so vorbereitet ($NaCl$ 0,9 g, KCl 0,042 g, $CaCl_2$ 0,025 · $NaHCO_3$ 0,02, H_2O 100 ccm). Dazu werden dann 15 oder 10 ccm Hühner- oder Rindfleischbouillon, wie 0,25—1% Dextrose gesetzt. Diese Lösung kann ohne Plasma und Embryonalextrakt benutzt werden.

Tyrodelösung:

$NaCl$	8,0 g	NaH_2PO_4	0,05 g
KCl	0,20 g	$NaHCO_3$	1,00 g
$CaCl_2$	0,20 g	Glucose	1,00 g
$MgCl_2$	0,10 g	H_2O	1000,00 ccm

Die Lösung muß durch ein Berkefeldfilter (nicht im Autoklaven) sterilisiert werden.

Will man große Mengen Tyrodelösung sterilisieren, nimmt man am besten das Seitzfilter. In den Metallaufsatz wird ein frisches Filterscheibchen eingesetzt, die Verbindungen werden geschlossen (nicht zu fest anziehen) und der Aufsatz auf die Saugflasche aufgesetzt. Aufsatz wird mit Watte verschlossen. Das Ganze wird in Papier eingewickelt, zugebunden und im Autoklaven sterilisiert.

Die fertige Lösung hat ein p_H von 7,5—7,6. Nach der Analyse von PLIMMER aus Practical Organic Biochemistry 1914 ist die Verteilung der Säuren und Basen in der künstlichen Lösung und in dem Blutplasma in ziemlich genauer Übereinstimmung.

VETTER (1923) untersuchte, ob Ringer- oder Tyrodelösung bessere Resultate gebe, er sagt: Erfahrungen konnten an mehreren hundert Kulturen gemacht werden, daß bei der Verwendung der Tyrodelösung das Wachstum ein besseres ist als bei Ringerlösung. Als Nachteil muß es empfunden werden, daß beim Sterilisieren der Lösung Phosphate ausgefällt werden, die sich allerdings in der Kälte zum Teil wieder lösten. Dadurch ging die Homogenität des Nährmediums verloren, was besonders störend empfunden werden mußte bei Zellstudien mit starker Vergrößerung und namentlich dann bei Anwendung der Vitalfärbung. Das Ausfallen von Phosphaten bedingt aber auch eine Änderung der Wasserstoffionenkonzentration und eine Verminderung des Wertes der Lösung als Puffergemisch, wo gerade solche Gesichtspunkte zur Anwendung der Tyrodelösung führten, ein Fehler, der noch erhöht wird dadurch, daß beim Kochen der Lösung Kohlensäure ausgetrieben wird.

Verbesserte Herstellung der Tyrodelösung nach *Fleisch*.

Lösung I		Lösung II	
$NaCl$	8,0 g	$CaCl_2$	0,2 g
KCl	0,2 g	$MgCl_2$	0,1 g
$Na_2CO_3\ \dfrac{N}{1}$	20,0 cm	$HCl\ \dfrac{1\,n}{1}$	8,0 ccm
		$H_3PO_4\ \dfrac{1\,n}{1}$ . . .	3,5 ccm
Aq. dest. ad . . .	500,0 ccm	Dextrose	1,0 g
		Aq. dest. ad . .	500,0 ccm

Diese beiden Stammlösungen I und II können beliebig oft gekocht werden, es tritt keine Änderung der Wasserstoffionenkonzentration und keine Trübung auf. Lösung II verpilzt aber bei längerem Aufbewahren, so daß nur kleine Mengen zuzubereiten sich empfiehlt. Zur Herstellung der gebrauchsfertigen Fleischschen Lösung werden von den erkalteten Stammlösungen gleiche Teile zusammengegossen und zwar Lösung I in Lösung II.

Diese fertige Fleisch'sche Lösung darf nicht mehr gekocht werden, sie enthält pro Liter:

$$NaCl \dots \dots \dots \dots \quad 8,0 \text{ g}$$
$$KCl \dots \dots \dots \dots \quad 0,2 \text{ g}$$
$$CaCl_2 \dots \dots \dots \dots \quad 0,2 \text{ g}$$
$$MgCl_2 \dots \dots \dots \dots \quad 0,1 \text{ g}$$

CO_3 Konzentration 0,01 Mol. (im Serum 0,009)
PO_4 Konzentration 0,001 Mol. (im Serum 0,0066).

Es besteht in dieser Lösung die Wasserstoffionenkonzentration $(H^{·}) = 0,3 \cdot 10^7$ oder was gleichbedeutend $p_H = 7,52$).

Für die richtige Zusammensetzung des Mediums in bezug auf die *Hydrogenionenkonzentration* sind die folgenden Arbeiten zu erwähnen: MICHAELIS, L.: Die allgemeine Bedeutung der Wasserstoffionenkonzentration für die Biologie. In OPPENHEIMER, C.: Handbuch der Biochemie der Menschen und der Tiere. Jena 1913, Suppl. 10; Die Wasserstoffionenkonzentration. Berlin 1914; Die Bedeutung der Wasserstoffionenkonzentration des Blutes und der Gewebe. Dtsch. med. Wschr. **40**, 1170 (1914). — FELTON, L. D.: The Colorimetric Method für Determining the Hydrogen Ion Concentration of Small Amounts of Fluid. From the Patholog. Laborat. Johns Hopkins Med. School. Baltimore 1921, Febr. 1, 299—305. MISLOWITZER, E.: Die Bestimmung der Wasserstoffionenkonzentration von Flüssigkeiten. Berlin 1928.

Die Herstellung von Extrakten. Die verschiedensten Methoden sind zur Herstellung von Embryonalextrakten üblich. Die von CARREL und seinen Mitarbeitern gebrauchte Art, Embryonalextrakt herzustellen, ist folgende:

Das embryonale Huhn (zwischen dem 7. bis 10. Tag) wird steril aus dem Ei genommen. Es empfiehlt sich, entweder auf einem heizbaren Objekttisch zu arbeiten, der auf Bluttemperatur eingestellt ist, oder auf Eis. Wenn man keinen Arbeitsraum hat, der ständig auf 25° erwärmt werden kann, so ist der heizbare Objekttisch (Abb. 29) — falls man in der Wärme arbeiten will — zum Extraktmachen und Ansetzen der Kulturen (System Chicago Surgical and Electrical

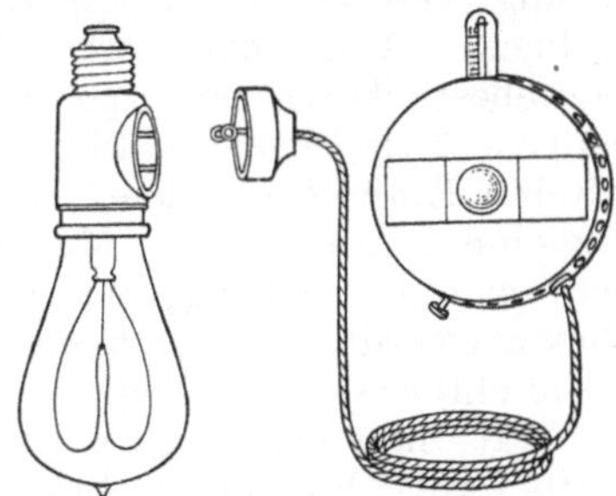

Abb. 29. Heizbarer Objekttisch, besonders beim Durchmustern von Kulturen zu empfehlen.

Co.) ausreichend, der auf 37,5°C eingestellt ist. Man darf aber nicht vergessen, auch die Salzlösungen auf Bluttemperatur zu erwärmen. Auch Zimmer auf Bluttemperatur zu regulieren, ist versucht worden, aber für den darin Arbeitenden ist das auf die Dauer unangenehm. Da die meisten Institute diese Einrichtung nicht besitzen, so wird gewöhnlich der Embryonalextrakt auf Eis hergestellt.

Nachdem der Hühnerembryo (7—10 Tage) steril entnommen ist, wird er in einer der oben beschriebenen Salzlösungen, mit der man die Gewebe ansetzen will, häufig gewaschen und von dem ihm etwa anhaftenden Dotter und Blut befreit. Es empfiehlt sich, den Embryo mit dem Spatel und einer stumpfen Pinzette herauszunehmen, damit das weiche, noch gelatinöse Tier nicht zerrissen wird. Es wird dann in sterilen Glasgefäßen zerstückelt. Man kann sogar die stark pigmentierten Augen des Huhnes mit zerschneiden, da ja die Embryonen zu der Zeit außerordentlich große Augäpfel haben. Ist man gezwungen, sehr alte Embryonen zu nehmen, so zieht man sorgsam die Haut mit dem entstehenden Federkleid ab, schneidet die Fuß- und Flügelknochen, den Kopf, Eingeweide heraus und nimmt eigentlich nur die Muskulatur. Besser ist es natürlich, junge Embryonen zu verwenden. Extrakt noch jüngerer Tiere (also von 4—6 Tagen) wirkt stark explosiv. Man bekommt häufig bei Anwendung eines solchen Embryonalextraktes an Stelle von Wachstum nur auseinandergetriebene Zellen, wenn man nicht ganz wenig von dem Extrakt der jüngsten Stadien nimmt. Der Extrakt jüngster Embryonen scheint wie Extrakt aus Tumoren zu wirken, da auch dieser explosiv wirkt.

Nachdem der Embryo also steril zerkleinert ist, wird er mit einem Spatel in kleine Röhrchen gefüllt und diese 10 Minuten zentrifugiert. Es ist nicht nötig, bei Embryonen bis zu 10 Tagen irgendeine Salzlösung zuzusetzen, im Gegenteil ist es besser, das zerstückelte embryonale Gewebe wird so zentrifugiert, wie es ist.

Nach dem Zentrifugieren steht eine milchige gelatinöse Flüssigkeit über den abgesetzten Gewebeteilen. Man zieht diese mit der sterilen Pipette heraus und kann dann, wenn man Kulturen ansetzen will, diese Flüssigkeit bequem in dem betreffenden Verhältnis mit der Salzlösung verdünnen. (Zu Forschungsarbeiten graduierte Pipetten benutzen.) Wenn man vorher Salzlösung zu dem zu zentrifugierenden Gewebestückchen setzt, so ist es nicht ganz genau möglich, das Verhältnis zwischen Extrakt und Salzlösung zu bestimmen. Aber bei älteren Embryonen ist es notwendig, doch Salzlösung vor dem Zentrifugieren hinzuzusetzen. Man kann den einmal abpipettierten Embryonalbrei nun mit Ringer 1:1 verdünnen, zum 2. Mal zentrifugieren und dies als verdünnten Embryonalextrakt benutzen. Bei Epithelkulturen empfiehlt es sich, die Decke mit diesem verdünnten Extrakt herzustellen.

Hat man den Embryonalextrakt gewonnen, so wird er auf Eis aufbewahrt bis zum Gebrauch. CARREL hat 1923 in exakten Versuchen gezeigt, daß der Embryonalextrakt je frischer, je besser zur Wachstumsanregung benutzt werden kann. Nach 14 Tagen ist auf Eis gestellter Embryonalextrakt nicht mehr wachstumsfördernd. A. FISCHER empfiehlt eine an eine Obstpresse erinnernde, aus Metall hergestellte, Preßmaschine (Abb. 30). Der früher zur Gewinnung von Preßsäften aus Geweben gebrauchte Latapieapparat empfiehlt sich nicht, da er sehr schlecht sauber zu halten ist. Die Presse von FISCHER hat den selben Nachteil, nur ist sie etwas handlicher. Bei großen Mengen wird es sich aber doch empfehlen, diese zu benutzen. Bei der Gewinnung von kleinen

Extraktmengen genügt das auf S. 43, 44 beschriebene Schneiden in feine
Stückchen und Zentrifugieren. CARREL empfiehlt jetzt, nur 10 Minuten
zu zentrifugieren. Es ist aber wichtig, wenn man fortlaufende Kulturen
hat, den Extrakt vorher allein durch Bebrütung zu prüfen und zu sehen,
ob nicht doch noch Zellen oder Bakterien sich im Extrakt befinden.

Die Embryonen (Maus, Ratte), nachdem sie steril aus dem Uterus
entnommen, werden gründlich von Blut befreit. Embryonen vor der

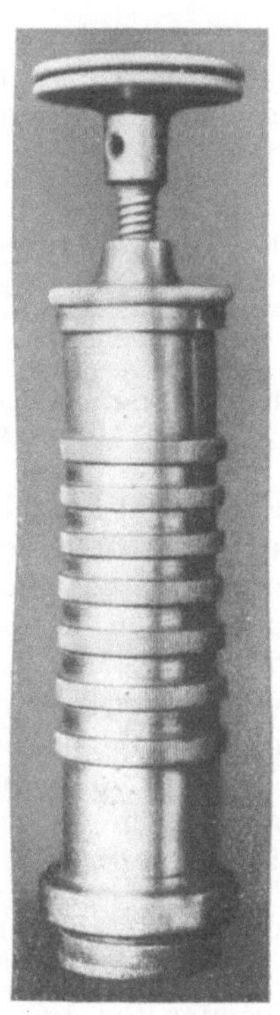
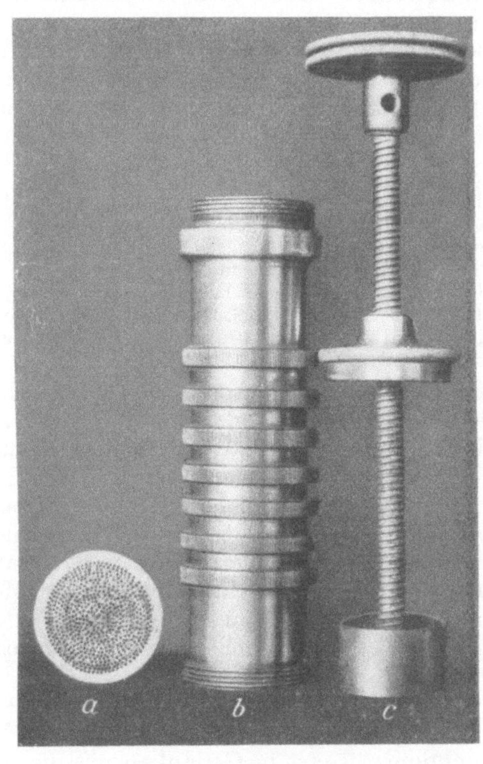

A   B
Abb. 30. Druckpresse nach A. FISCHER, um Extrakte von Organen für Gewebekulturen anzufertigen. A = unzerlegt, B = zerlegt (vor dem Sterilisieren). a = durchlöcherte Platte, b = Zylinder,
c = Pumpenkolben.

Haarbildung sind nur benutzbar. Man schneidet Mäuse- und Ratten-
embryonen in feine Stückchen und bringt sie in ein wenig Waschflüssigkeit. Diesen Brei läßt man 2—3 mal frieren und auftauen, damit die Zellen
soviel wie möglich sich aus dem Verbande lösen. Dann zentrifugiert man,
bis eine klare oder schwach opaliszierende Flüssigkeit sich absetzt.

Muskel- und Knochenmarkextrakt können ähnlich hergestellt
werden, wie der Embryonalextrakt. Beim Knochenmarkextrakt ist
darauf zu achten, daß, nachdem die Knochen mit einer sterilen Knochenschere gespalten und mit einer Hohlsonde ausgekratzt worden sind,
das Knochenmark nicht austrocknet. Infolgedessen muß man gleich die

betreffende Salzlösung hinzusetzen und wie gewöhnlich dann zentrifugieren. Lymphocytenextrakt kann hergestellt werden wie nach CARREL und EBELING (1923).

In Tyrodelösung leben Lymphocyten 7—10 Tage, in Blutserum, in welches mit einem kleinen Stückchen Milz die Lymphocyten hineingesetzt werden können, 34 Tage. Sie zeigen noch Bewegung und Vermehrung. Die überstehende Flüssigkeit kann abgesogen und mit den sie enthaltenden Leukocytenstoffwechselstoffen zentrifugiert und zum Gebrauch abgefüllt werden.

Bei der Anwendung von Extrakten empfiehlt es sich, spezieseigene Extrakte zu nehmen, obgleich für kurze Zeit auch artfremde Extrakte (CARREL 1923) nicht schädlich wirken. Sie sind nach A. FISCHER sogar förderlich für das Wachstum von Tumorzellen (1927).

Serumbereitung.

Man mache es sich zur Regel, daß man aus dem Herzen des Tieres, von dem man schon 2—4 Röhrchen Blut zur Plasmagewinnung entnommen hat, noch Blut für die Serumgewinnung entnimmt. Nach ein paar Minuten hat sich gewöhnlich das Herz so voll geschlagen, daß man Blut für die Serumgewinnung entnehmen kann. Dies kommt in ein nicht mit Paraffin ausgekleidetes steriles Zentrifugenröhrchen. Man läßt das Röhrchen $^1/_2$ Stunde lang kühl stehen, sticht dann mit einer ausgeglühten Platinnadel den Blutkuchen ab, zentrifugiert, pipettiert ab und verwahrt das Serum auf Eis.

Auch kann man, wenn man Plasma desselben Tieres nicht herstellen kann, sei es, daß das Tier zu klein ist, oder man zu wenig Tiere dieser Spezies im Augenblick hat, artfremdes Plasma nehmen. Es empfiehlt sich besonders für Züchtung von manchen Säugetiergeweben, dem betreffenden Plasma, also auch bei dem sehr flüssigen Plasma des Menschen, Hühnerplasma in Prozentsätzen zu gebrauchen, da dieses anscheinend nicht toxisch ist. Hühnerplasma z. B. zusammen mit Rattenplasma und Rattenembryonalextrakt gibt ein gutes Medium für das embryonale Rattengewebe, ist auch unbedingt nötig zur Tumorzüchtung. Meerschweinchen- und Kaninchenplasma brauchen keine Versteifung.

A. Auswanderung und Umwandlung der eingepflanzten Zellen gezeigt an der Milz.

Nachdem wir erst in Gedanken uns die nachfolgenden Schritte des Experiments zurechtgelegt, alle Instrumente und Lösungen bereitgestellt haben, nehmen wir die Milz einer eben geborenen Ratte. Gerade hier ist die Auswanderung und Umwandlung der Zellen am besten zu beobachten, und die Anfertigung von Deckglaskulturen ist verhältnismäßig bei der Milz und auch bei dem Knochenmark leicht. Will man Tiere sparen, benutzt man dasselbe Tier zuerst zur Plasmagewinnung, nimmt die Milz dann steril heraus (sterile Tücher auf die Eingeweide legen) und bewahrt sie, bis man sich die Glasschalen, sterile Instrumente und Lösungen zum Kulturenansetzen zurechtgestellt hat, auf Eis auf. Doch muß man beachten, daß die hier geschilderten Vorgänge sich leichter an der Milz des *eben* geborenen Tieres beobachten lassen. Hat man 2 Zimmer zur Verfügung, so stellt man diese Dinge schon vor der Operation auf. Je schneller man arbeitet, um so besser. Man verwendet entweder Katzen-, Ratten-, Meerschwein- oder Hühner*milz*, nur nicht Mäusemilz, weil die Zellen sehr klein sind. Wir bereiten die Milz der eben geborenen Ratte, die sich durch Bindegewebsarmut auszeichnet, ebenso vor, wie das S. 16 bei der Froschmilz be-

schrieben ist, d. h.: Die Milz wird steril aus dem jungen Tier entnommen, welchem man eine leichte Narkose gegeben hat; man wäscht dann mit Ringer die Milz ab, schneidet die beiden oberen Pole der Milz ab; ebenso entferne man die Mitte mit dem Hylus, da hier zu viele Blutgefäße einmünden. Hierauf

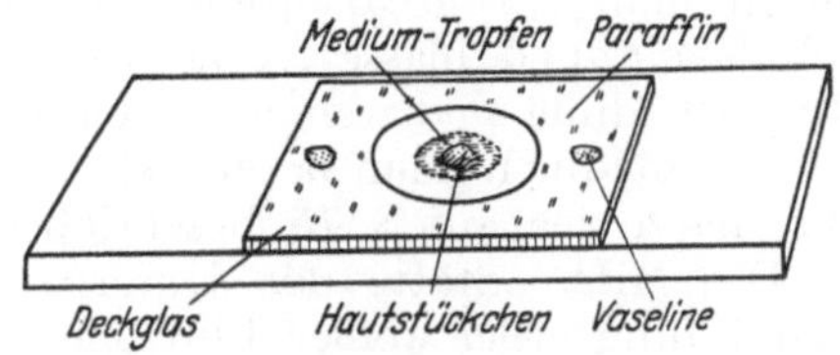

Abb. 31. Fertige Tropfenkultur für unterbrochenes Kulturverfahren.

schneidet man mit der Schere an beiden Längsseiten der Milz feine Streifchen ab, so daß die Kapsel an den Längsseiten entfernt ist. Jetzt zerteilt man die Milz in kleine, möglichst gleichgroße Stückchen. Es ist dringend darauf zu achten, die Milz zu zerschneiden, aber nicht zu zerreißen. Hierauf setzen wir die Milzstückchen in verschiedene Medien ein:

12 Stückchen in arteigenes Plasma,
12 　　,,　　in Plasma und Embryonalextrakt,
6 　　,,　　in Serum,
6 　　,,　　in reiner Ringerscher Lösung.

Dann macht man Kontrollen der gebrauchten Medien: Ein Tropfen Plasma, ein Tropfen Embryonalextrakt, ein Tropfen Serum, ein Tropfen Ringersche Lösung, so daß man 40 Kulturen in den Brutofen stellt. Eine fertige Tropfenkultur ist auf Abb. 31 gezeigt. Sofort nach 2 Stunden nimmt man 9 der Kulturen, welche im arteigenen Plasma gewesen sind, heraus und bettet sie wieder in neues Plasma um. Man wähle am besten möglichst gleichgroße Stückchen, damit man später einen Anhalt hat, wie stark die Auswanderung der Zellen stattgefunden hat.

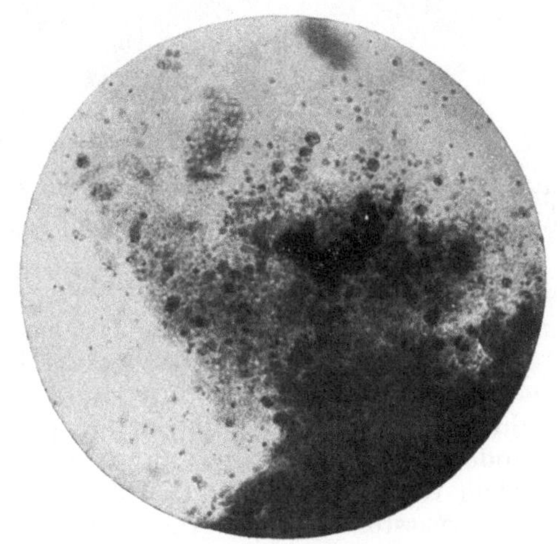
Abb. 32. Auswanderung der Zellen der erwachsenen Katzenmilz in homogenem Plasma. 3tägige Kultur, ein Teil des Hofes ist zwecks Umpflanzung schon abpipettiert und auf ein neues Deckglas gebracht (im Präparat links). Mikrophotogramm nach dem Leben (Original).

Am nächsten Tage wird man deutlich, schon mit bloßem Auge, weißliche Ringe um die eingepflanzten Stückchen sehen können. Der Durchmesser dieses Kreisringes ist wahrscheinlich größer bei den in Serum eingepflanzten Stückchen. Gerade hier wandern die Zellen am schnellsten aus. Am dichtesten ist der Zellenkranz bei den Plasmamedien, auch haben hier die Zellen ein normales Aussehen, während sie in dem Serum abenteuerliche Pseudopodien, stark ausgezogenes Zellplasma und blasse Kerne haben. Viele Zellen sterben ab, in dem Ringermedium sind wenige Zellen ausgewandert, auch im Plasma- und Extraktmedium. Man bereite sich von jeder Gruppe ein Totalpräparat vor, nach den auf S. 75 beschriebenen Regeln.

Die Milz, „Stätte des Unterganges vieler Erythrocyten und der Neubildung vieler weißer Blutzellen“ enthält außer Bindegewebszellen, über die hier nicht gesprochen wird, viele junge und alte Blutgewebszellen, infolgedessen viele Erythrocyten und viele weiße Blutzellen. Dazu kommt — und das ist für uns besonders wichtig —, ein verzweigtes Venen- und Arteriensystem. Die Wand der kapillaren Milzvenen ist eine durchbrochene. Sie enthält retikulär angeordnete Zellen, welche ein Maschenwerk bilden (Netzsyncytium). Betrachten wir unser eingebettetes Stück am ersten Tag, so finden wir eine ganze Reihe von großen blasigen Zellen, deren Kern sich mit Giemsa blau färbt. Diese Zellen sind Zellen

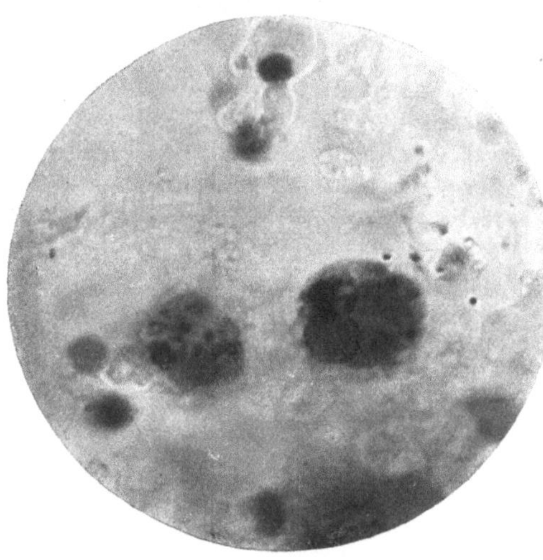

Abb. 33. Katzenmilz. Zellen des Reticulums aus der Peripherie des Hofes. Mikrophotogramm nach einem mit Giemsa gefärbten Totalpräparat (Original). Phagocytierende Reticulumzellen.

aus dem Reticulum. Sie können phagocytieren. Am 2. Tage findet man in ihnen sehr häufig die Reste roter Blutkörperchen (Abb. 33).

Sowohl die eosinophilen Leukocyten der Milz als auch die des Knochenmarks teilen sich schnell hintereinander in den ersten drei von uns gewählten Medien bis sie als kleine, punktgroße Einheiten endlich zugrunde gehen. Sie können auf zweierlei Arten sterben. Entweder sie sterben durch Ausstoßen sämtlicher eosinophiler Granula oder auch durch Ausstoßen des Kernes, der vorher pyknotisch geworden ist. Man hüte sich, Milzläppchen mit etwas Fett einzupflanzen, weil dadurch die an sich schon schwierige mikroskopische Deutung der Bilder noch kompliziert wird. Die dem eingepflanzten Milzstückchen *eigenen* Riesenzellen wandern sehr selten in den freien Zellhof. Man findet sie aber noch in Schnitten durch das im Plasma eingepflanzte Stück.

Man kann nun auf *zwei* verschiedene Weisen die Züchtung der Milz weiterführen. Man schneidet am zweiten Tage die herausgewachsenen

Fasern an den Spitzen ab und bettet das ganze Stückchen, ohne es zu waschen, in ein neues Medium. Dann muß aber das Medium immer sehr wenig Embryonalextrakt enthalten (9 : 1). Wenn man dies fortsetzt, kann man Reinkulturen von retikulärem Bindegewebe erhalten. Bei Anwendung des sehr flüssigen Rattenplasmas mit Milzextrakt (4 : 1) stellen sich andere Prozesse ein. Man kann nach 2 Tagen

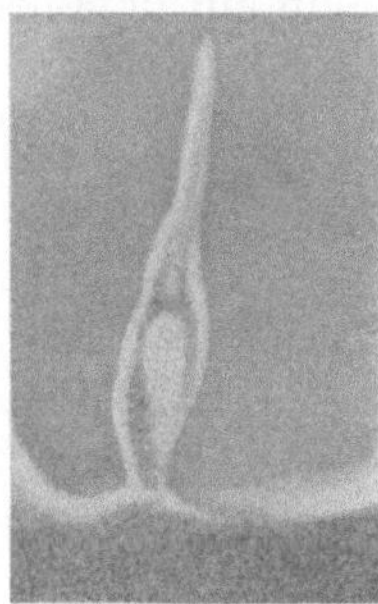

Abb. 34a zeigt eine junge Zelle, die eben aus dem Mutterstück hervorsprießt mit Kern (aus der Kultur einer jugendlichen Milz, Tier 4 cm lang, 4 Tage gezüchtet, einmal umgebettet). Veränderungen der aus den Zellen des Sinus-Endothels und der Uferzellen entstehenden Formen. Sie zeichnen sich alle noch nach den ersten Teilungen durch ihre Form aus, die keulig, fächerförmig, mit langen derben Fortsätzen, erscheint. Nach späteren Teilungen entstehen in der Kultur auch aus diesen Formen runde kleinere Zellen (Abb. 34c). Sie haben immer einen gedrungenen Kern und speichern stets nur stäubchenförmige Granula, nicht dicke derbe Granula, wie die älteren Reticulumzellen, Lebendes Totalpräparat. Randteil.

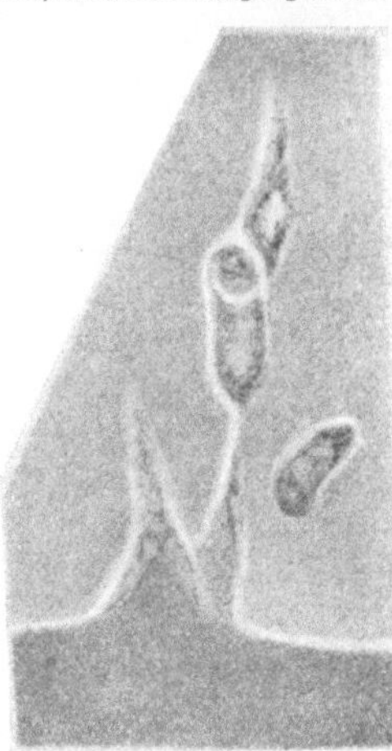

Abb. 34c zeigt den Zerfall der Zellen. Die Zerfallsprodukte, die kleinen rundlichen basophilen Zellen, können zu Reticulumzellen und später zu Makrophagen auswachsen.

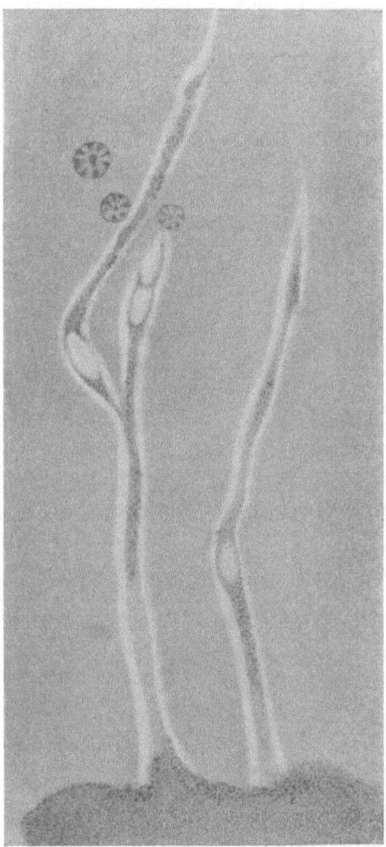

Abb. 34b. Die faserartigen Syncytien sind vergrößert, man sieht deutlich vielkernige Zellen.

das flüssige Medium mit einer sterilen Capillarpipette entfernen und neues Medium hinzufügen. (Wir nennen diesen Prozeß kurz *füttern*.) Hierauf legt man ein solches Präparat, nachdem es einmal gefüttert ist, am 3. oder 4. Tag auf den heizbaren Objekttisch. Man sieht oft lange unverzweigte faserartige Zellen. Diese Syncytien (Abb. 34a—c), die mehrkernig sind im gefärbten Präparat, zerfallen in Zellen. Diese Zellen haben blasige Kerne und können phagocytieren. Sie sind basophile Reticulumzellen. Das Abschnüren dieser Zellen auf dem heizbaren Objekttisch ist leicht zu beobachten.

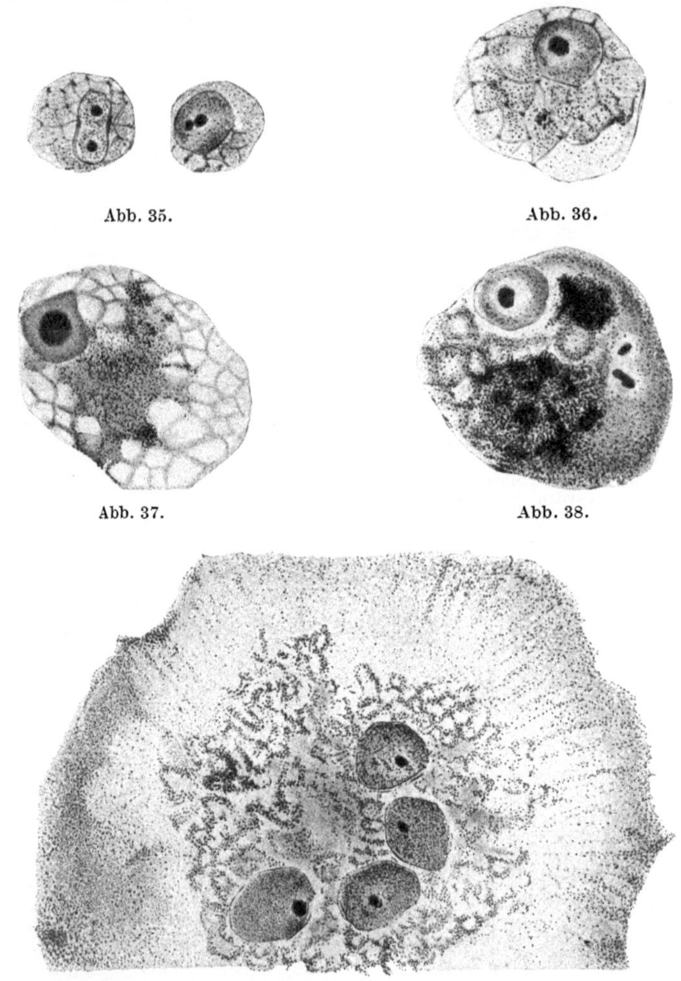

Abb. 35.

Abb. 36.

Abb. 37.

Abb. 38.

Abb. 39.

Abb. 35—39 stellt die Entwicklung von Makrophagen und Riesenzellen aus kleinen, basophilen Zellen dar. Das Tier, aus welchem die Milz stammte, war vorher mit Tusche injiziert. Beachte die Sphäre neben dem Kern in Abb. 37. Totalpräparat mit Giemsa gefärbt.

Die faserartigen Zellen also der Milz der eben geborenen Ratte sind, soweit sie in einzelne Zellen zerfallen können, *keine* Bindegewebszellen. Nicht immer findet dieser Zerfall des retikulären Gewebes statt, nur gewöhnlich, wenn das Medium etwas flüssig ist, also hier in Rattenplasma und Milzextrakt.

In den Präparaten, welche sogleich nach 2 Stunden umgebettet sind, sind fast alle roten Blutkörperchen und viele eosinophile Zellen auf dem alten Deckglas geblieben, daher sehen wir auf solchen Präparaten die Umbildung der Reticulumzellen in Riesenzellen und Makrophagen am leichtesten. Auch die Phagocytose, die reichlich (Abb. 37 und 38) in der Kultur ausgeübt wird, ist hier zu beobachten, mit ihr zugleich die Bildung von vielkernigen Riesenzellen. In nicht gereinigten Kulturen, also die nicht nach 2 Stunden umgebettet sind, und die ein rötliches Aussehen wegen des Zerfalls der roten Blutkörperchen haben, zeigen sich nach 2 Tagen schon viele Makrophagen, die in gereinigten Kulturen erst am 3. bis 5. Tag auftreten. Man kann nun (Abb. 32) die Zellhöfe der Milzstücke abpipettieren, auf neue Deckgläser bringen und weiter züchten. Im allgemeinen erhält man dann nach einigen Tagen eine Reinkultur von Makrophagen, die in dünner Schicht dem Deckglas anhaften. Zu feinen cytologischen Untersuchungen sind diese Präparate von sog. freien Zellen besonders geeignet. Pflanzt man das Originalstück wieder ein, so kann man planmäßig studieren, welche Zellarten nacheinander auswandern. Über progressive Blutbildung und Bindegewebszellenbildung wird hier nicht gehandelt. Blutbildung kann in der Kultur stattfinden.

Die Züchtung der Rattenmilz eines jungen Tieres, ungefähr 8 cm groß, gestaltet sich nach einem alten Protokoll wie folgt:

18. 6. 27. Kulturen angesetzt in Plasma und nach 2 Stunden umgebettet in Plasma 3 Teile, Milzextrakt 1 Teil.

20. 6. 27. nachgefüttert mit derselben Mischung.

22. 6. 27. Plasma flüssig, gewaschen und umgebettet in dieselbe Mischung.

24. 6. 27. gefüttert mit derselben Mischung.

27. 6. 27. fixiert mit Zenkerformol, gefärbt nach MAXIMOW.

Bei solchen Präparaten sieht man sehr gut die abgebildeten Reticulumzellen mit ihrem blasigen, schwach chromatinhaltigen Kern.

Gibt man der Milz ein Medium, das aus Plasma und Embryonalextrakt wie 9:1 besteht, und schneidet man die äußersten Spitzen ab (vgl. S. 69), so kann man ein faserartiges Gewebe, das wahrscheinlich den Reticulinfasern entspricht, herauszüchten. Die Reticulinfasern unterscheiden sich von gewöhnlichen Bindegewebsfasern dadurch, daß sie Netzmaschen in der Kultur bilden.

Da die Milz sehr häufig als Testobjekt bei der Lösung verschiedener Fragen gebraucht wird, muß noch einmal auf folgende Punkte zurückgekommen werden: Setze ich zwei *gleich* große Stückchen Milz in das gleiche Medium, so kann doch der das Stückchen umgebende Hof verschieden groß sein. Von vielen Forschern wird direkt der Hof der auswandernden Zellen gemessen. Aber das ist unstatthaft. Die Milz kann nur dann als Testobjekt gebraucht werden, wenn nach 2 bis 3 Stunden Aufenthalt der Milzstückchen in dem Ausgangsmedium die Stückchen geteilt werden. Jede Hälfte wird in die verschiedenen zu prüfenden Medien wieder eingepflanzt. Nur dann ist man sicher, daß man annähernd gleiches Ausgangsmaterial hat.

Eine sehr gute Übung für Geschicktere besteht also darin, daß die Milzen der jungen eben geborenen Ratten in den ersten Schritten ebenso behandelt werden, wie in dem vorstehenden Verfahren geschildert; nach dem ersten Umbetten aber, wenn das Medium noch nicht flüssig geworden, werden die Milzstückchen geteilt,

die eine Hälfte in Serum,
die andere Hälfte in Plasma,

bei einem zweiten, die eine Hälfte in Plasma und Embryonalextrakt,
die andere Hälfte in Plasma und Knochenmarkextrakt,

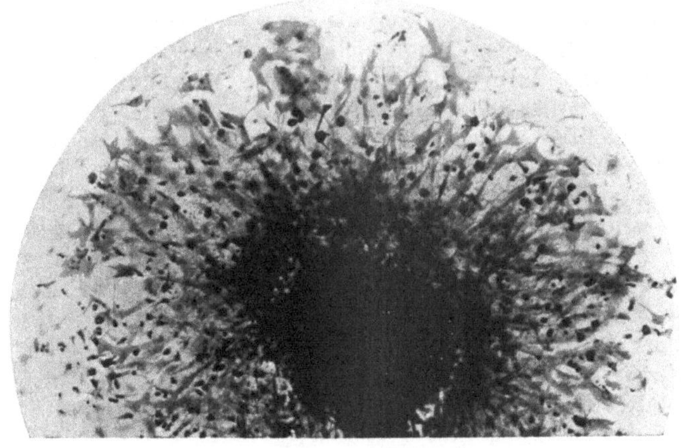

Abb. 40a und b. Milz einer eben geborenen Ratte, die eine Hälfte in Plasma und Milzextrakt (Abb. 40a) gezüchtet, die andere Hälfte in Plasma und Knochenmarkextrakt (Abb. 40b). Abb. 40a. Hier ist die Bildung von Makrophagen häufiger, faserartige Endothelzellen sind seltener, wohl aber flächenhaft ausgebreitete Endothelzellen.

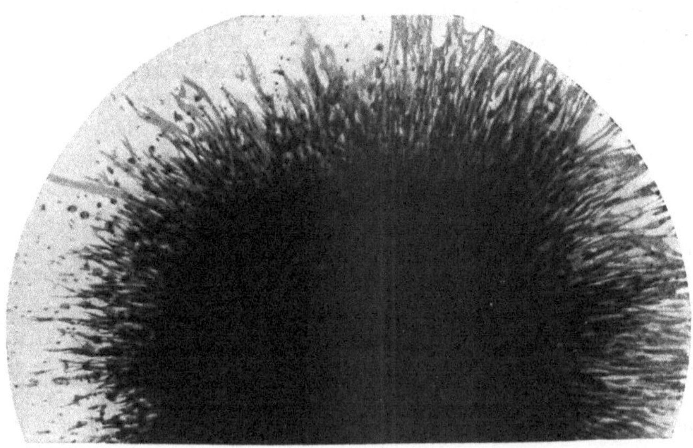

Abb. 40b. Hier finden sich die starren, nicht flächenhaft ausgebreiteten, faserartigen Endothelzellen häufiger, doch sind auch Makrophagen vorhanden.

bei einem dritten die eine Hälfte in Plasma und Embryonalextrakt,
die andere Hälfte in Plasma und Milzextrakt.

Man wird dann später in die Augen fallende Unterschiede bemerken, von denen das Erscheinen von endothelartigen Zellen bei Hinzufügen von Knochenmarkextrakt (Abb. 40b) das Interessanteste ist, während bei Hinzufügen von Milzextrakt viel mehr Makrophagen (Abb. 40a) sich zeigen. Also bei Anwenden verschiedener Extrakte werden verschiedene Zellarten zur starken Vermehrung angeregt.

Totalpräparate färbt man mit Giemsa, noch besser nach MAXIMOW oder auch Hämatoxylin und Sudan III. Es empfiehlt sich, auch Schnitte durch das eingepflanzte Stück zu machen (S. 75—80).

B. Umbildung der Knochenmarkzellen.

Die Übung an der Säugetiermilz und an dem Hühnerknochenmark sollen die Behandlung der Warmblütlerzelle und das sterile Arbeiten mit ihr lehren.

Die Methode des Ansetzens der Knochenmarkkulturen ist die gleiche wie bei der Milz, nur muß darauf geachtet werden, daß das Knochenmark direkt aus dem getöteten Tier in das Nährmedium ohne Ringerzusatz gebracht wird. Zu diesem Zweck wird es sich empfehlen, das Gewinnen des Knochenmarks des Huhnes, welches wir für die fünfte Übung brauchen, auf folgende Weise zu bewerkstelligen. Dem leicht narkotisierten, vorher **gefastet** habenden Huhn wird mit einem scharfen Skalpell die Flügelhaut eingeritzt. Mit einer scharfen Knochenschere wird der Knochen in der Mitte durchgeschnitten,

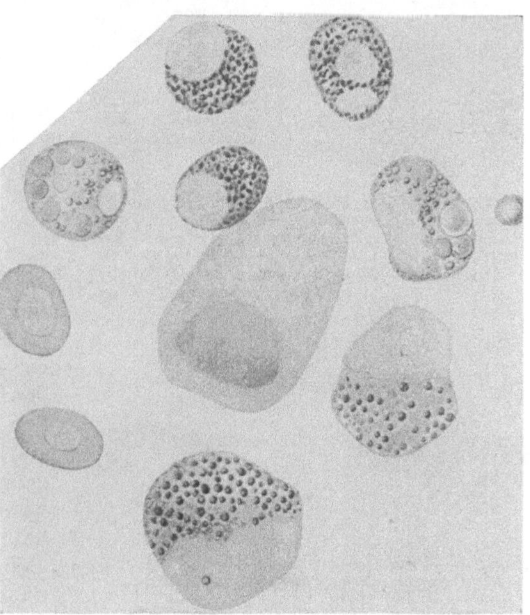

Abb. 41. Knochenmark des erwachsenen Huhns 1 Tag im Plasma gezüchtet. Ausgewanderte Zellen in dem Zellkranz. Oben 3 eosinophile Leukocyten, einer in Teilung (Stäbchenform), unten 2 granulierte Formen, in der Mitte ungranulierte Form. Links und rechts oben 2 Fettzellen. Nach dem Leben, Original.

mit einer Hohlsonde das Knochenmark herausgenommen und sofort in das Kulturmedium gebracht. Man wähle sich ein junges Tier, dessen Knochen reichlich rotes Knochenmark enthalten, da das weiße Knochenmark durch seinen Fettgehalt kein gutes Beobachtungsobjekt bietet. Zuerst studiere man das Knochenmark in einem Tropfen Plasma, nachdem es ca. $^1/_2$ Stunde im Thermostaten gewesen ist, damit man sich die vorhandenen Elemente des Knochenmarkes einprägt. Man kann *lebend* folgende Elemente unterscheiden (Abb. 41):

Die ausdifferenzierten Formen des Knochenmarks zerfallen sehr leicht, sind aber im Innern des eingepflanzten Stückchens auch später noch unverändert zu erkennen. Die Erythrocyten des Huhnes unterscheiden sich von den Erythroblasten durch das vorhandene Hämoglobin. Bei den Erythroblasten, deren Kern und Plasma rundlich ist, findet sich das Hämoglobin nur in Spuren. Die eosinophilen Leukocyten fallen durch ihre Granulierung auf. Beim Huhn sind sowohl stabförmige wie rundliche Granulationen vorhanden. Auch Fettzellen lassen sich lebend unterscheiden (Abb. 41).

Die Schicksale dieser verschiedenen Zellarten im Plasmamedium sind folgende. Die eosinophilen Leukocyten wandern mit großer Schnelligkeit aus und teilen sich mehrmals hintereinander, so daß viele kleine Zellen entstehen. Diese verlieren sehr oft die Granula, der Kern wird pyknotisch und die Zellen sterben ab. Oder die Granula vergrößern sich, werden Degenerationskörnern ähnlich und färben sich dann sehr stark mit Neutralrot. Doch gehen auch diese Zellen, wenigstens beim Huhn, innerhalb von 5 Tagen zugrunde. Beim Meerschwein waren noch nach 10 Tagen eosinophile Leukocyten sichtbar. Ob diese nun aus den Vorstufen der

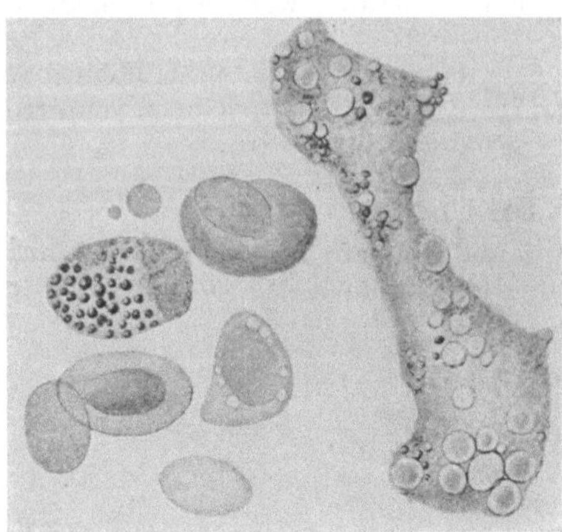

Abb. 42 wie Abb. 41, aber 2 Tage in Plasma gezüchtet. Beachte die wandernde Riesenzelle, die umgewandelte Fettzelle, das rote Blutkörperchen, das seinen Kern gerade ausstößt, darunter ein Lymphocyt mit Vakuolen um den Kern. Nach dem Leben, Original.

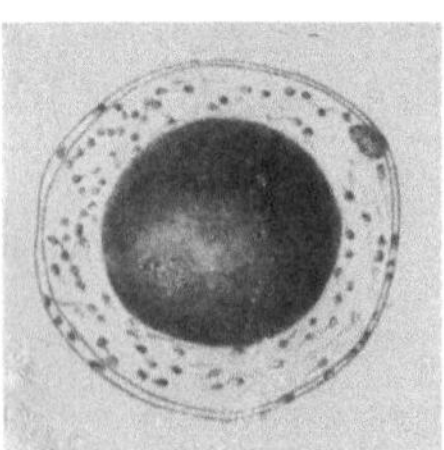
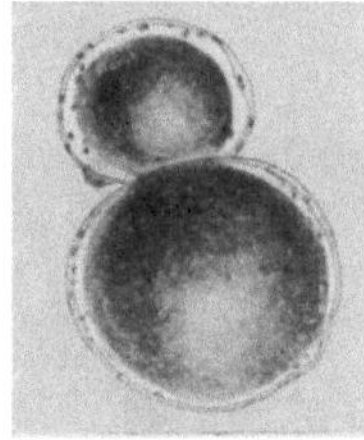

Abb. 43a.   Umgewandelte Fettzellen in der Gewebekultur. Nach ERDMANN.   Original.

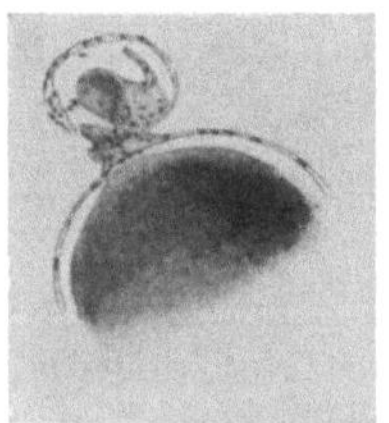
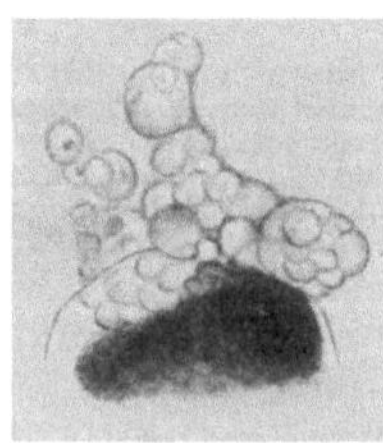
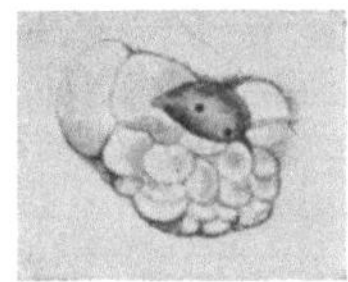

Abb. 43b.   Umgewandelte Fettzellen in der Gewebekultur. Nach ERDMANN. Original.

Abb. 43c. Umgewandelte Fettzellen in der Gewebekultur. Nach ERDMANN. Original.

Die Abb. 43a, b u. c sind nach 48 Stunden Züchtung des Hühnerknochenmarks nach mit Osmium fixierten, mit Safranin gefärbten Präparaten dargestellt.

Leukocyten in der Gewebekultur neugebildet worden sind oder ob es die überlebenden Leukocyten sind, bleibt zu entscheiden. Fügt man Knochenmarkextrakt hinzu, so kann es nach MAXIMOW zu erneuter

Differenzierung der Blutformen in vitro kommen. Hat man das Knochenmarkstückchen in reines Plasmamedium nach einigen Tagen umgebettet, so erscheinen besonders viele kleine „Lymphocyten" am Rande des eingebetteten Stückes, die sich dann mit ihren fingerartigen Fortsätzen langsam an die Peripherie des Mediums bewegen. Bei häufigem Umbetten wandern schließlich nur aus dem übrigbleibenden Reticulum diese kleinen „Lymphocyten" aus. Sie sind stark basophil und haben bei Giemsafärbung einen vakuoligen Kern, der wenig mit Chromatin gefüllt ist. Der Protoplasmarand ist sehr oft zackig in der lebenden Zelle und nimmt natürlich ein glattes Aussehen im gefärbten Präparat an.

Ab und zu findet man auch noch Bindegewebszellen, die aus den Capillargefäßen und aus dem Knochenmarknetzwerk stammen, sowie große Endothelzellen. Diese machen genau dieselbe Veränderung durch wie in der Milz und können auch stark phagocytieren. Die Riesenzellen, die mit dem Knochenmark eingepflanzt werden, sind oft noch am zweiten Tage erhalten. Ab und zu findet man bei jungen Tieren außerdem noch Knochenzellen, die lebend mit ihren vielen kleinen, stark lichtbrechenden Knochenspießen einen überraschenden Anblick gewähren.

Das mikroskopische Bild wird beherrscht durch die abgebauten Fettzellen, falls man fettreiches Knochenmark genommen hat (6. Übung). Die Fettzelle oder Fettblase (Abb. 43) verliert das gespeicherte Fett (Abb. 43a), dieses löst sich schaumartig auf und färbt sich dann später auch nicht mit Osmium (Abb. 43b). Aus der alten Fettblase löst sich dann eine junge Fettzelle ab, die wieder unter Umständen Fett speichern kann, aber sich durch ihre Kleinheit (Abb. 43c) von der Ursprungsfettzelle unterscheidet.

Diese geschilderten Veränderungen können lebend mit dem heizbaren Objekttisch beobachtet werden. Besonders auffallend ist die starke Beweglichkeit der Fettzelle, die mit ihrem Inhalt sich wie eine große Riesenzelle durch das Gesichtsfeld bewegt (Abb. 42). Leicht sind diese Zellen lebend durch die stark lichtbrechenden Fettkugeln erkenntlich. Gefärbt fallen sie durch ihr schaumiges Aussehen auf. In der Gewebekultur findet also der Abbau des Fettes in freie Fettsäure statt, eine Erscheinung, die sehr oft auch bei pathologischen Zuständen eintritt.

Man kann, wenn man rechtzeitig das Medium wechselt, die verschiedenen Zellarten getrennt auswandern sehen. Zuerst, wie gesagt, die eosinophilen Leukocyten, dann die Lymphocyten. Hier bietet sich also Gelegenheit, Experimente mit der gewünschten Zellart zu machen.

Das Knochenmark ist in den verschiedensten Medien vielfach untersucht worden, aber sehr häufig sind Auswanderungen und echtes Wachstum gerade beim Studium des Knochenmarks verwechselt worden. Die einzigen Erscheinungen des echten Wachstums sind die Loslösung und Vermehrung der kleinen „Lymphocyten", die historisch den Polyblasten Maximows am nächsten stehen. Alle anderen Erscheinungen haben mit echtem Wachstum nichts zu tun, selbst dann, wenn sich aus den eingepflanzten Vorstufen der eosinophilen Leukocyten vollausgebildete Leukocyten in der Gewebekultur entwickeln oder sich Fettzellen ab- und aufbauen.

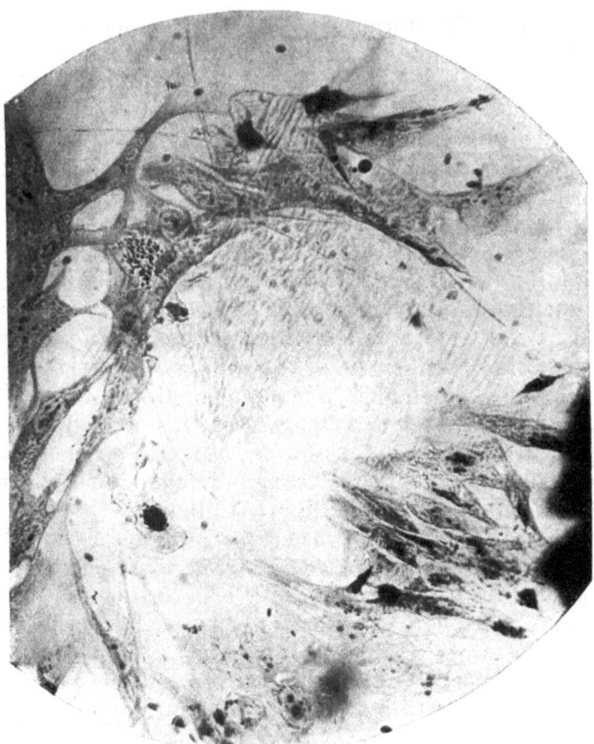

Abb. 44a. Gefärbtes Präparat des 14 Tage lang gezüchteten Meerschweinchenknochenmarks, Befreiung des Knochenmarks von den blutbildenden Zellen. Hervortreten der Reticuloendothelien. Beachte in der Mitte die stark phagozytierende Reticulumzelle und viele Endothelien.

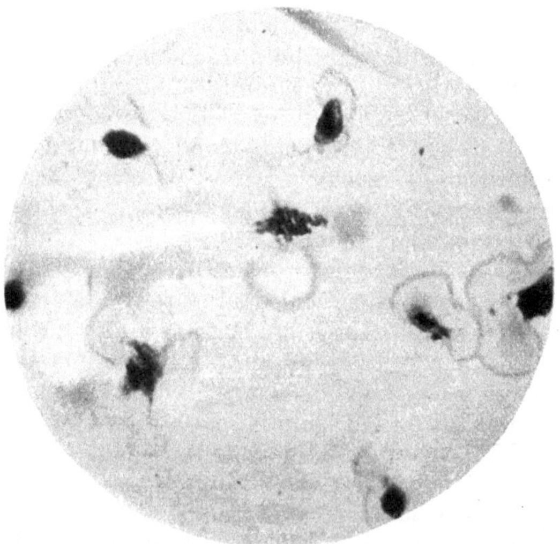

Abb. 44b. Gleiches Material. Es finden sich hier nur phagocytierende Reticulumzellen vor.

C. Erscheinungen der Phagozytose und der Riesenzellbildung.

Kein geeigneteres Objekt gibt es, um die phagocytierende Tätigkeit der Zelle im Leben zu zeigen, als die Milz (siebente Übung). Man nehme, wie schon beschrieben, Milz vom Huhn oder vom menschlichen Embryo und züchte sie in einem beliebigen Medium, Hühnerplasma und Embryonalextrakt, einerseits oder für den Menschen Menschenplasma und Hühnerplasma, dem man sterilisierte Leukopodiumsporen hinzugefügt hat. Es ist dabei zu beachten, daß die Leukopodiumsporen frei im Medium schwimmen und nicht, wie es mitunter getan worden ist, erst auf das Deckglas gebracht werden. Nach 1—2 Tagen sieht man

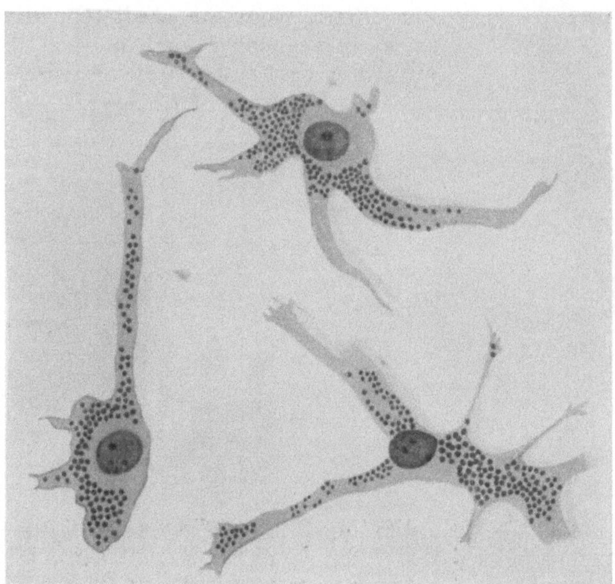

Abb. 45. Rattensarkomzellen in lebhafter Wanderung. Abenteuerliche Pseudopodienbildung. Anhäufung von „Degenerations“körnern in der Zelle. Körnchenströmung. Nach LAMBERT und HANES, 1911. J. of exper. Med. 14.

verschiedene Stadien, die zur Bildung von Riesenzellen führen. Viele kleine Zellen umgeben eine einzelne Spore, manche Zellen haben sich zu einem großen Syncytium zusammengeschlossen, in dessen Mitte ein oder mehrere Sporen sich befinden. Es geht deutlich daraus hervor, daß diese Art von Riesenzellen sich aus vielen Zellen gebildet hat.

Das gleiche läßt sich auch zeigen, wenn man in die Kultur am 2. Tage der Züchtung vielleicht Tuberkelbacillen einfügt. Auch hier umgeben die Zellen zuerst den Bakterienhaufen, der später aufgenommen wird. Es ist wichtig, daß man nicht gleich am 1. Tage, nachdem die Kulturen angesetzt sind, die Bacillen zufügt, weil frisches Plasma eine stark bactericide Tätigkeit ausübt, und erst am 2. Tage wird ein Gleichgewicht zwischen Plasma und Bakterien hergestellt. Die Bakterien selbst würden, wenn nicht Zellen in dem Plasma sich befänden, allein weiter gedeihen. Die phagocytierenden Zellen aber nehmen die Bakterien auf und vernichten eine große Anzahl derselben.

Außer Leukopodiumsporen lassen sich auch Carminteilchen oder japanische Tusche benutzen. Immer können diese, wenn in die Zelle aufgenommen, von den später — wie wir sehen werden — in der Gewebezüchtung sich bildenden Granulationskörnern gut unterschieden werden. Die Tumorzellen zeigen dies deutlich (Abb. 46 und 47). Sie sind zuerst auch benutzt worden, um die phagocytierende Tätigkeit der Zelle in vitro zu zeigen.

Wenn die Endothelzellen der Milz und die Tumorzellen besonders gute Objekte, um die Phagozytose zu studieren, darstellen, so kann man aber auch alle Zellarten benutzen. Fast jede Mesenchymzelle kann

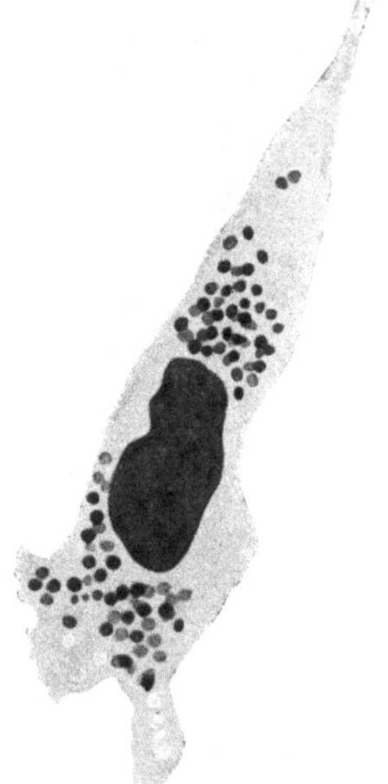

Abb. 46. Mäusesarkomzelle, aus dem gleichen Präparat wie Abb. 47, in welcher nur die sog. Degenerationsgranula nach längerer Züchtung sichtbar werden.

Abb. 47. Mäusesarkomzelle, die große Carminteilchen aufgenommen hat. Vier größere sind über dem viereckigen Kern kenntlich. Beachte die Pseudopodien. Nach LAMBERT und HANES, 1911. J. of exper. Med. 14. (Färbung mit Hämatoxylin, Totalpräparat.)

Fremdkörper aufnehmen, daher wird bei der Deutung späterer Befunde dieses Moment stets in Rechnung gezogen werden müssen, denn nicht alle Einschlüsse in lang gezüchteten Zellen sind von der Zelle selbst gebildet, sondern Kerne, totes Zellplasma, tote Zellen aus der Kultur werden wahllos aufgenommen. Das Nahrungsbedürfnis der Zellen in der Gewebekultur ist sehr stark. Besondere Beachtung verdienen die Reticulumzellen, die am schnellsten sich aus ihrer Umgebung befreien und am heftigsten phagocytieren. Diese Eigenschaft des reticuloendothelialen Systems verdient besondere Beachtung, da sie ja nicht nur in der Gewebekultur, sondern auch bei vielen pathologischen Zuständen nachzuweisen ist.

D. Zellteilung der lebenden Zelle und Darstellung ihrer Inhaltskörper.

Für die 8. Übung werden Deckglaskulturen von Mesenchymzellen, sei es Huhn oder Meerschwein, die im Plasma oder Locke-Lewis-Lösung gezüchtet werden, die in dem späteren Verlauf des Praktikums vom Kursisten selbst ausgeführt werden. Jetzt soll an ihnen das Lebendbeobachten und die Darstellung der Inhaltskörper der Zelle geübt werden. Wir heben die Kultur, nachdem wir sie uns bei mittlerer Vergrößerung angesehen, und das eingepflanzte Stück und den neugebildeten Zellsaum unterschieden haben, mit der Kühnschen Pinzette vorsichtig ab und legen sie auf einen sterilen, **flachen,** auf 37,5° C er-

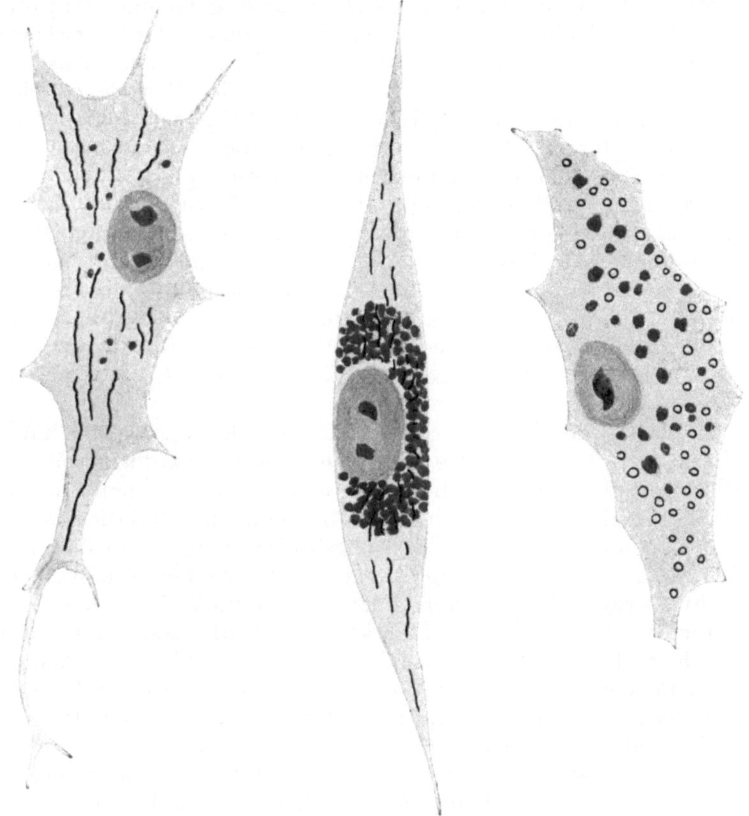

Abb. 48. Mesenchymzellen des Hühnerembryos in Locke-Lewis-Lösung verschieden lang gezüchtet, vital gefärbt mit Neutralrot und Janusschwarz nach LEWIS, W.: Bull Hopkins Hosp. 30 (1919).

wärmten Objektträger (Brutschrank) und umringen sie neu vorsichtig mit Vaselin. Der halbfeste Plasmatropfen oder die Kulturlösung hält bei richtigem Behandeln die Zellen in ihrer früheren Lage.

Hat man die Mesenchymzellen (Abb. 48) vorsichtig auf einem flachen Objektträger unter Immersion eingestellt und sie entweder vermittels eines heizbaren Objekttisches oder, da dieser im allgemeinen nicht für jeden zu haben ist, auf einer Petrischale mit auf 38—40° C erwärmtem Wasser, das man häufig wechselt, gelegt, so lassen sich an der lebenden Zelle folgende Eigenschaften beobachten. Der gewöhnliche

Ruhekern kann ohne jede Schwierigkeit erkannt werden, er ist homogen und stark durchscheinend. Sein Lichtbrechungsvermögen ist dem des Zellplasmas ähnlich. Sehr oft kann der Raum, in dem der Kern liegt, nur durch die Anordnung der Mitrochondrien und der Granula um ihn herum erkannt werden und durch das Vorhandensein der Nucleoli in ihm. Die beiden, den Bindegewebszellen eigenen Nucleoli sind gut erkennbar. Sie haben eine unregelmäßige Außenstruktur und erscheinen lebend zerklüftet. Ganz im Gegensatz zu dem gefärbten Präparat, in welchem der Nucleolus als runder, scharf umgrenzter Punkt erscheint. Keine Kernmembran ist in der lebenden Zelle erkenntlich. Trotzdem ist die Grenze zwischen Kern und Zellplasma in der Periode zwischen zwei Kernteilungen auffindbar. Während der Prophase geht der geschlossene Charakter des Kernes verloren und die Chromosomen sind als traubenförmige Gebilde erkenntlich. Auch die Spindel, aber nicht Spindelfasern lassen sich erkennen. Der Kernsaft ist allmählich verschwunden und das Zellplasma umringt jetzt die verdichtete Masse des Chromosomenmaterials. Es muß also nach Zellen mit solchen Kernformen gesucht werden. Im Zellteilungsvorgange die lebende Zelle zu studieren wird nur bei langsamem Studium gelingen. Doch lassen sich immer einzelne Stadien des Mitosenablaufs durch die eben geschilderte Methode in der Masse der wachsenden Mesenchymzellen finden.

Das Zellplasma der lebenden Zelle ist selten homogen, fast immer mit Inhaltskörpern beladen. Das eigentliche Zellplasma, das gewöhnlich als halbflüssige Substanz angesehen wird, enthält verschiedenfache Einschlüsse, die lebend erkenntlich sind, die Mitochondrien und die Granula. Durch die von uns gewählten Züchtungsbedingungen, also hier z. B. durch das Ansetzen der Mesenchymzellen in Locke-Lewis-Lösung, die zu den sehr flüssigen Medien gerechnet werden muß, breiten sich die Zellen unter dem Deckglas aus. Man kann ein Endoplasma mit staubähnlichen Körnchen und ein fast homogenes Exoplasma erkennen. Es ist kein Centriol als scharf umschriebener Körper in der lebenden Zelle vorhanden, sondern nur eine klare Centrosphäre. Doch da ein so scharf und leicht erkenntlicher Körper wie das Centriol im gefärbten Präparat erscheint, so müssen wir annehmen, daß das, was in der gefärbten Zelle als Centriol erscheint, eine Verdichtungs- und Verdünnungszone des Zellplasmas lebend darstellt.

Die Mitochondrien (Abb. 48) haben wechselnde Gestalt. Gewöhnlich sind sie lang und fadenartig und mitunter verzweigt. In älteren Kulturen werden die Stäbchen zu kleinen Bröckchen, die sich abrunden können. In degenerierenden Kulturen häufen sie sich um die Centrosphäre. Chemisch bestehen sie jedenfalls aus Phospholipin und Albumin. Ihre wirkliche Bedeutung im Zellhaushalt ist bis jetzt noch nicht geklärt. Manche Forscher glauben, daß sie mit den Zellfunktionen, wie Atmung, Assimilation, Speicherung von Nähr- und Abbaumaterial, zusammenhängen. Andere schreiben ihnen die Bildung von Neuro- und Myofibrillen oder auch elastischen Fasern zu. Durch Färbung mit Janusgrün und Janusschwarz sind sie lebend nachweisbar.

Die sog. Neutralrotgranula, die wahrscheinlich Vakuolen in der lebenden Zelle sind, erscheinen im Laufe der Züchtung in größerer Masse und werden bei Neutralrot-, Methylenblau- (Ehrlich-) und Brillant-Kresylfärbung so kräftig getönt, daß sie erkenntlich sind. Diese Granula sind nicht lebende Substanz. Ihr Inhalt kann wieder abgebaut werden und vielleicht als Nährmaterial der Zelle während des Aufenthalts im Züchtungsmedium nach Umbettung verwandt werden. Noch andere Autoren halten sie nur für Ansammlungen von Degenerationsprodukten, wiederum andere für Körnchen, die aus Eiweiß und Fett zusammengesetzt sind. Wenn man tote Zellen färben will, werden diese Zellen allein nicht tingiert. Wahrscheinlich läßt das Zellplasma die Farbe nicht durch.

Totalfärbung: Die Mesenchymzellen sind an dem 1. Tage der Züchtung nur mit wenigen sich mit Neutralrot färbenden Körnchen erfüllt (Abb. 48). Vom 2. Tage an erscheinen die stark lichtbrechenden Granula reichlich, die sich mit den Mitochondrien in der Zelle bewegen. Diese Körnchen sind von vielen Autoren als Degenerationsgranula angesehen worden. Mikrochemisch sind sie durch folgende Reaktion gekennzeichnet: Sie nehmen elektiv Neutralrot in der Verdünnung 1:80000 in Ringerlösung oder Locke-Lewis-Lösung auf. Je älter die Kulturen werden, desto stärker vermehren sich die Granulationen und können später ganz die Zelle erfüllen. Außer diesen sog. Degenerationsgranula sind, wie schon gesagt, in den Mesenchymzellen auch Mitochondrien, die sich mit Janusgrün oder Janusschwarz in Verdünnung 1:40000 färben. Beide Färbungen können als Kursübungen leicht nachgeprüft werden, nur muß man geeignete gute Vitalfarben anwenden, die man genau ausprobieren muß, wie lange und eventuell wie stark verdünnt man sie am besten anwendet. Man färbt erst ein Präparat mit Neutralrot, ein anderes mit Janusgrün oder Janusschwarz, hierauf ein drittes Präparat mit beiden Lösungen hintereinander. Man bringt das Deckglas mit dem in dem Medium liegenden Gewebestück auf einen flachen Objektträger, so, daß das Material nach oben liegt und saugt mittels einer Capillarpipette das Medium vorsichtig ab. Hierauf beschickt man das Gewebestück mit einem Tropfen der oben erwähnten Farblösungen und läßt die Vitalfarben einen Augenblick auf das Gewebe einwirken. Nun wird das Deckglas umgedreht auf den Objektträger gelegt, mit Vaselin geringt und das gefärbte Gewebe mittels Ölimmersion betrachtet. Ist die Färbung etwas schwach, so kann man nachträglich mit der Capillarpipette noch etwas Farblösung vorsichtig unterfließen lassen.

In doppeltgefärbten Präparaten zeigt sich folgende Tönung: Die Neutralrotgranula sind rot, die Mitochondrien sind dunkelgrün oder schwarz. Später, in 3—4 Tagen, finden sich in diesen Zellen sehr viele Vakuolen. Man nimmt an, daß die Neutralrotgranula wieder abgebaut werden, um der Zelle als Nahrung zu dienen. Der Vakuolenreichtum absterbender Zellen ist erstaunlich, von Plasma ist wenig mehr in der Zelle zu bemerken (Abb. 50).

Die Zellteilung: Die wichtigste Lebensäußerung der Zelle in der Gewebekultur ist ihre Befähigung, sich entweder mitotisch oder amitotisch zu teilen. Wir wählen wieder als besonders günstiges Objekt, um die Teilung zu studieren, die in Locke-Lewis-Lösung oder Plasma gezüchtete Mesenchymzelle des Huhnes und können bei den flach unter das Deckglas ausgebreiteten, langgestreckten Zellen die Kernstrukturen leicht erkennen. In dieser 9. Übung wird die Teilung einer lebenden Zelle verfolgt. Wir haben einige Abbildungen von LEVI (Abb. 49), der beim gleichen Material bei außerordentlicher Sorgfalt die Zellteilung beobachtet hat, wiedergegeben. Die Bildung der Kernschleifen, das Einstellen der Chromosomen in die Kernteilungsfigur, das Auseinanderrücken der Chromosomen läßt sich gut beobachten. In 36 Minuten ist die Bildung der Tochterkerne und das Auseinanderrücken erfolgt. Am interessantesten ist aber die nun folgende Zellplasmateilung in 99 Minuten. Die Zellen haben sich während des mitotischen Vorganges abgerundet und haben kleine Fortsätze gebildet.

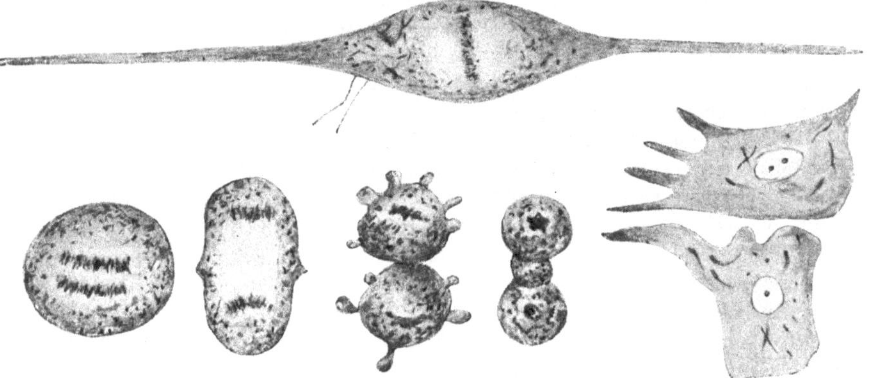

Abb. 49. Teilung der Fibroblasten des embryonalen Huhnes, von 8^{35}—10^{50} beobachtet. Nach LEVI: Arch. ital. Anat. 15 (1919).

Diese Fortsätze ziehen aus der Zellkugel mit ihren beiden neugebildeten Kernen zwei unregelmäßige Kugelhälften nach zwei verschiedenen Seiten auseinander. Diese Kugelhälften runden sich erst ab und formen sich später zu einer flachen, kubischen Zelle. Später streckt sich diese kubische Zelle und bekommt die der Mesenchymzelle eigene, langgestreckte Ausgangsform. Ist das Medium flüssig, so kann keine Zellteilung erfolgen.

Hat man Sarkomzellen irgendwelcher Herkunft vorrätig, so kann man die Strömung der Degenerationskörner in der Zelle (siehe Abb. 45), das schnelle Wandern der Sarkomzellen im Präparat, die fortwährende Pseudopodienbildung leicht beobachten.

E. Erscheinungen des Zelltodes.

Die 10. Übung wird sich mit der Frage befassen, wie äußern sich die Absterbeerscheinungen der Zelle in der Kultur? Kulturen von Mesenchymzellen, die erst kurze Zeit wachsen, sind in allen Einzelheiten bekannt; wir legen eine solche Kultur von wachsenden Hühnermesenchymzellen mit dem Deckglas auf einen flachen Objektträger und beobachten sie auf einem heizbaren Objekttisch. Jetzt stellen wir mit der Immersion eine geeignete Stelle ein. Dann führt man mit einer feinen Capillare eine Lösung von Kaliumpermanganat 1:40000 bis 1:80000 unter das Deckglas, saugt die überschüssige Lösung ab und ringt das Präparat mit Vaselin wieder ein. $KMnO_4$ gibt an das Protoplasma freien Sauerstoff ab. Nun lassen sich Erscheinungen des Zelltodes im Zeitraum von $^1/_2$ Stunde schrittweise verfolgen.

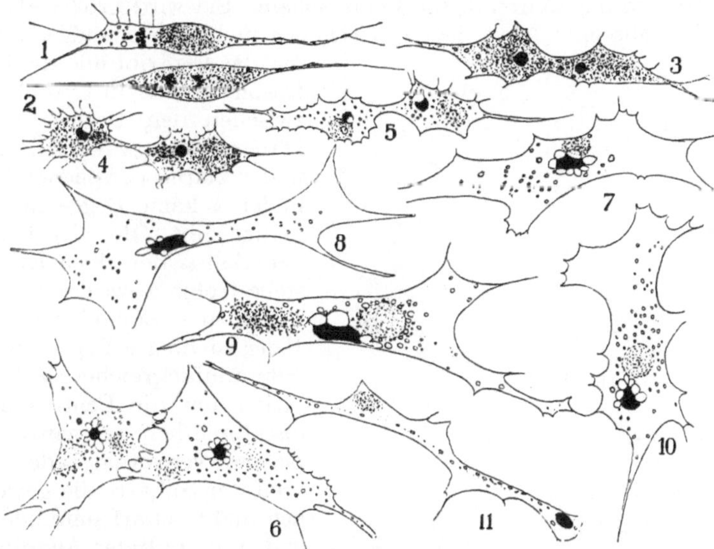

Abb. 50, 1–11. Eine 48 Stunden alte Kultur von Hühnermesenchymzellen von dem Bein eines 7 Tage alten Hühnerembryos. Mit Kaliumpermanganat behandelt und 16 Minuten darauf fixiert in Zenkerscher Lösung und gefärbt mit Eisenhämatoxylin-Eosin. Nach LEWIS, W.: Amer. J. Anat. 28 (1921).

Das Chromatin des Kernes konzentriert sich im Kern (Abb. 50, 3), das Volumen des Kernes verkleinert sich und rings um den Kern sind kleine Vakuolen sichtbar (Abb. 50, 7, 9). Da Kaliumpermanganat chromatin kondensierend wirkt und man auch in den Vorstadien, welche der Zellteilung vorangehen, eine solche Konzentrierung des Kerninhaltes und Wasserabgabe findet, so geht man wohl nicht zu weit, wenn man annimmt, daß auch der Sauerstoffreichtum einen Anstoß zur Kernteilung bildet. Auch jetzt kann man Kernteilung beobachten (Abb. 50, 6).

In der mit Kaliumpermanganat behandelten Kultur folgen nun weiter Absterbungserscheinungen in der Zelle selbst, die sich mit zahlreichen Vakuolen füllt und ganz besonders da, wo in der gefärbten Zelle das Centriol sich befindet, einen eigenartigen homogenen Hof bildet. Auch die Neutralrotkörner und Mitochondrien gehen allmählich unter Vakuolisierung und Verklumpung zugrunde, so daß schließlich nur eine strukturlose Masse übrigbleibt, die früher lebende Zellen vorstellte (Abb. 50, 12—15). Alle diese Vorgänge lassen sich lebend gut beobachten, aber auch das gefärbte Präparat zeigt, wenn es schon behandelt

ist, diese Veränderungen. Langsamer gehen nun die Absterbungserscheinungen in nicht mit Kaliumpermanganat behandelten Zellen
vor sich, die sich selbst überlassen werden und deren Medium nicht
gewechselt wird.

In den in vitro gezüchteten Mesenchymzellen des Hühnerembryos
treten bei der Degeneration Vakuolen und Körner auf, die sich um das
Centriol anhäufen, das an einer Seite oder am Ende des Kerns liegt.
Parallel mit der Anhäufung der Körner entwickelt sich ein wachsender
heller Hof um das Centriol, die Centrosphäre. Sie wird größer als der
Kern. Die Mitochondrien liegen gewöhnlich mehr oder weniger radial

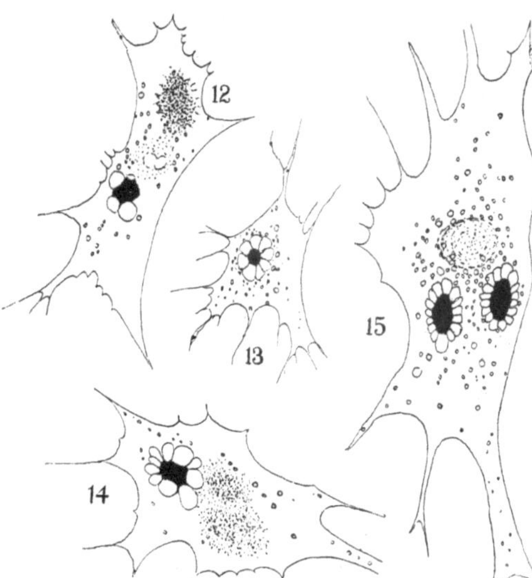

um das Centriol und die Centrosphäre teils in Cytoplasma
zwischen den Degenerationskörnern und -vakuolen, teils
in der klaren peripheren Zone,
in der es keine Degenerationskörner gibt. Bei der Kultur
von Zellen derselben Körper-
stelle treten abwechselnd zwei
Typen des Zellabbaues auf:
1. der vacuoläre Typ, entweder
mit umfangreicher Vakuolisation um die Centrosphäre,
die allmählich das ganze Zellplasma verdrängt, oder verbreiteter Sphäre, die gewöhnlich nicht scharf umrandet ist
und mit radialer Anordnung
der Mitochondrien um die
Sphäre herum; 2. der Riesen-
sphärentypus mit geringer
Vakuolisation um die Sphäre,

Abb. 50, 12–15. Wie Abb. 50, 1—11. Die Absterbeerscheinungen mehren sich. Die Mitochondrien und
Granula werden unkenntlich.

mit verbreiteter Centrosphäre, die scharf umrandet ist und Centriol-,
Mark- und Rindenzone erkennen läßt, oder mit konzentrischer oder
radialer Anordnung der Mitochondrien um die Sphäre herum. Stets
finden sich ein oder zwei Körnchen, Centriolen, in der Sphäre; die
Mark- und Rindenschicht aber, die meist aus Degenerationsprodukten
besteht, sind mehr zufällige Gebilde. Strahlungen sind weder im lebenden noch im fixierten Präparat zu sehen, auch nicht in der sich
teilenden Zelle. Bei den vacuolären Zelltypus ist das cytoplasmatische
Netzwerk, das sich von der Sphäre aus verbreitet, von halbfester Beschaffenheit und verbindet die halbfeste Sphäre mit einer mehr oder
weniger dichten peripheren Lage. Die Vakuolen und Granula liegen in
dem flüssigeren Teil des Plasmas, in dem sie durch Strömung hin und
her getrieben werden. Die Mitochondrien sind radiär angeordnet und
liegen im festeren Netzwerk. In Zellen mit verbreiteter Sphäre zeigt sich
kein intervacuoläres Netzwerk, aber gewöhnlich ist um die Sphäre ein
sich färbendes Cytoplasma gelegen, in dem Mitochondrien, Granula und

Vakuolen liegen. In normalen Mesenchymzellen findet man nach 20 bis 24stündiger Kultur 1—2 Centriolen meist an der einen Stelle des Kerns oder an seinem Ende, häufig in einer Einbuchtung. Die Mitochondrien sind radiär geordnet, lang, fadenförmig, oft gegabelt und ohne Beziehungen zum Centriol. Nicht in allen Kulturen sieht man die Vergrößerung der Centrosphären; aber ihr Erscheinen kennzeichnet doch eine sog. „alte Kultur". Auch das Studium von mit hypotonischen oder hypertonischen Lösungen behandelten Kulturen ist zu empfehlen. [Siehe Hogue: J. of exper. Med. **30** (1919)].

III. Äußerungen echten Wachstums.

A. Echte Wachstumserscheinungen des embryonalen Bindegewebes und Ab- und Umbau des erwachsenen Bindegewebes.

Im Laufe unserer Betrachtungen haben wir die verschiedensten Züchtungsmedien kennengelernt, die fast alle empirisch gefunden sind, wie z. B. die Froschlymphe für das Nervengewebe von Harrison. Mit der Weiterentwicklung der Methodik der Gewebezüchtung wurde aber der Zusammensetzung des Mediums mehr und mehr Bedeutung zugemessen und planmäßige Untersuchungen angestellt, welche Eigenschaften für das Wachstum oder auch die Differenzierung von Zellen ein Medium haben muß, um allen Anforderungen zu genügen. Von Carrel ist nachgewiesen, daß, je jünger das Tier, aus dessen Blut Plasma gemacht wird, ist, desto besser die Mesenchymzelle wachsen kann. Weiter steht fest, daß über Jahre dauerndes Leben von Mesenchymzellen nur in einem Medium möglich ist, in welchem sich Plasma und Embryonalextrakt befindet. Es ist also wohl sicher, daß Wachstumshormone oder Wachstumsenzyme in den Körpersäften dieser Tiere kreisen. Ringersche Lösung, Locke-Lewissche Lösung erlauben ein bis zu 14 Tagen andauerndes Wachstum embryonaler Warmblütler- und erwachsener Kaltblütlerzellen bei häufigem Wechsel des Mediums. Dies zeigt, daß in den erwachsenen Zellen, selbst der Kaltblütler, wie es ja bei der embryonalen Zelle allgemein angenommen wird, Wachstumsbeschleuniger sich befinden, die im Laufe der Zeit aufgebraucht werden.

Der Ab- und Umbau der *erwachsenen* normalen Warmblütlerzelle ist bis jetzt nur im Plasmamedium mit Extraktzusatz beobachtet worden und besonders günstig scheint für die Aktivierung der Zelle ein Waschen in arteigenem Serum bei täglichem Wechsel des Plasmas nach Champy.

Ganz grob gesprochen, stellen wir uns jetzt die Aufgabe, wie gelangen wir in den Besitz einer Gewebe„kultur" im wahrsten Sinne des Wortes, eines Aggregats von Metazoenzellen, die **nicht** von uns in das Medium gesetzt wurden. Weiter müssen wir diese neugebildeten Zellen beliebig oft zum Ansetzen von Tochter-, Enkel- und Generationenfolgen n^{ter} Potenz benutzen können (11. Übung).

Diese Forderung ist jetzt bei der Züchtung von Mesenchymzellen des embryonalen Hühnerherzens für jeden Arbeitenden leicht erfüllbar.

Die bis jetzt angestellten Untersuchungen haben die Erscheinungen des Zellebens in mannigfacher Verschiedenheit klar gemacht, doch können noch immer nicht die Erscheinungen des echten, also quantitativen Wachstums der Zellen von den Praktikanten an selbst angefertigten Präparaten studiert werden. Wir haben im Laufe des Kurses zur Beobachtung der lebenden Zelle bei Einübung der Vitalfärbung und weiter bei Beobachtung der Zellteilung Präparate von Mesenchymzellen ausgeteilt, die frisch in dem Medium gewachsen waren. Es war leicht, an ihnen die neugebildeten Zellen von dem eingepflanzten Stück zu unterscheiden. Schwieriger aber ist es nun, ein solch beweisendes Präparat *selbst* anzufertigen.

Wir werden jetzt das über Wochen ausgedehnte Wachstum der embryonalen *Bindegewebszelle* studieren und zum Gegensatz oder Vergleich die Erscheinungen der erwachsenen Bindegewebszelle in der Gewebekultur heranziehen. Zum Studium der embryonalen wachsenden Bindegewebszelle wird gewöhnlich die Mesenchymzelle genommen, die aus dem embryonalen Herzen der Maus, der Ratte, des Meerschweines (Abb. 51a u. b) oder des Huhnes (Abb. 53a und b) herauswächst. Es ist von Vorteil, wenn der benutzte Embryo nicht mehr als ein Drittel seiner Entwicklungszeit durchgemacht hat, das Huhn also, welches wir als Objekt wählen, nicht mehr als 7—10 Tage alt

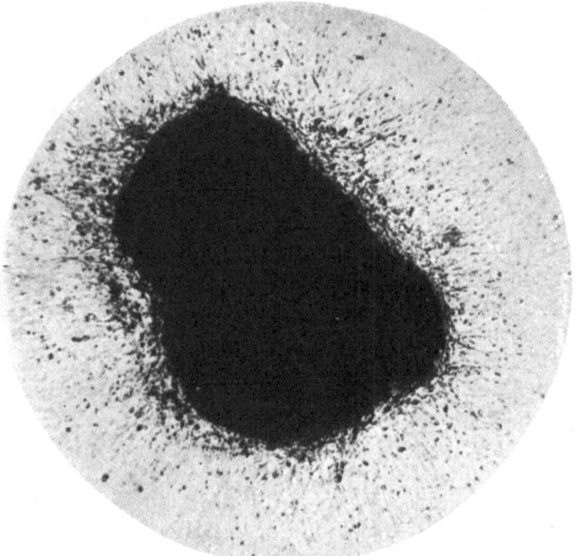

Abb. 51a. Übersichtsbild einer 21 tägigen Kultur aus dem Meerschweinchenherzen. 7 mal in neues Medium gesetzt (Embryo 3½ cm lang) gezüchtet in Plasma und Extrakt.

ist. Vor der Arbeit muß Hühnerplasma, Ringerlösung und Embryonalextrakt vom Huhn bereit sein, reichlicher Vorrat von allen diesen Medien ist eine Hauptbedingung.

Das *Ei* wird an seinem stumpfen Pol geöffnet. Man benutzt eine Knopfschere. Die Polkappe der Eischale, unter welcher sich die Luftkammer befindet, wird abgeschnitten. Vorsichtig läßt man nun den Inhalt des Eies in eine bereitstehende flache, sterile Schale laufen. Hierbei ist zu beachten, daß der Embryo oben auf dem Dotter ausgebreitet liegt. Jetzt hebt man mit einer Pinzette und einem Spatel den Embryo in eine frische kleinere, sterile Schale, indem man mit der Pinzette den Embryo vorsichtig anfaßt und mit dem Spatel den Embryo stützt, damit er nicht zerfließt. Der Embryo ist gallertartig, deshalb ist Vorsicht beim Herausheben nötig. Die nun zum Abspülen benutzte Ringersche Lösung ist auf 37° C angewärmt. In eine sterile Schale bringt man ein steriles, feuchtes Gazeläppchen und breitet vorsichtig den Embryo darauf aus, wenn der Embryo so klein ist, daß man nicht ohne Lupe auskommen kann. Ist der Embryo größer, so nimmt man die Organe, die man züchten will, hier also das Herz, einfach heraus und legt es in eine sterile Schale. Je weniger man die Organe mit den Instrumenten anfaßt, desto besser, Schnelligkeit ist hier erste Bedingung.

Das Herz wird mit den Spateln zerschnitten und mit Plasma, Embryonalextrakt und Tyrode oder Ringerlösung im Verhalten wie 6:1:3 angesetzt. Es ist ganz besonders bei Warmblütlern darauf zu achten, daß zugleich mit den im Medium befindlichen embryonalen Gewebestückchen auch Deckgläser mit je einem Tropfen der verschiedenen angewandten Medien ohne Material in den Brutofen gebracht werden, damit man bei etwaigen Verunreinigungen die Quelle der Infektion sicher erkennt und sie bei weiteren Versuchen ausschalten kann. Manche Forscher empfehlen, das Gewebestück zuerst auf das Deckglas zu bringen und dann den Plasmatropfen, andere dagegen beschicken erst mit Plasma und legen dann das Gewebestück hinein. (Champy). Champy meint, daß der Embryo besser Sauerstoff aus der Luft aufnehmen kann. Nach kurzer Zeit, gewöhnlich nach

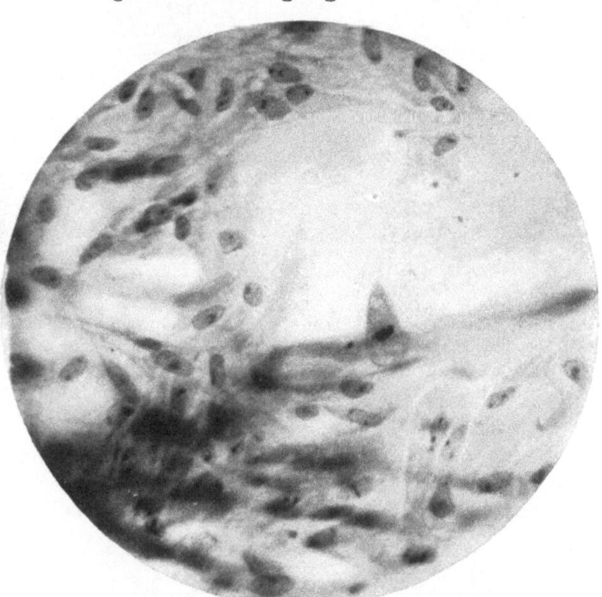

Abb. 51 b. Mitosen im neugebildeten Zellhof. Vergrößerte Stelle des gleichen Präparates auf S. 66.

24—48 Stunden, breitet sich ein schleierartiger Ring um das eingepflanzte Stück aus. Dieser schleierartige Ring besteht zum größten Teil aus Mesenchymzellen (Abb. 53 b), die oft ein vakuoliges Aussehen haben. Sie können die abenteuerlichsten Formen annehmen, haben einen blasigen, fast homogenen Kern und verzweigte spitze Ausläufer.

Eine neuausgepflanzte, nicht zu kleine Kultur, und das zeigt sich noch bis zu 10 Umpflanzungen, ist keine Reinkultur, außer den Mesenchymzellen (Abb. 52 b) sind Muskel-, Nerven-, Blut- und Gefäßwandzellen vorhanden. Die Blut- und Gefäßwandzellen haben sich zum Teil in Makrophagen (Abb. 52 a) verwandelt. Durch das weiter unten geschilderte Verfahren der fortlaufenden Umbettung werden diese Zellformen entfernt. Das Mittelstück mit einem Teil der ausgewachsenen Zellen (Abb. 53 a) wird in bestimmter Weise (s. S. 69) in neues Züch-

tungsmedium gesetzt. Auf diese Weise ist es CARREL und EBELING
schon 1912 zuerst gelungen, Gewebe in 358 Passagen durch 18 Mo-

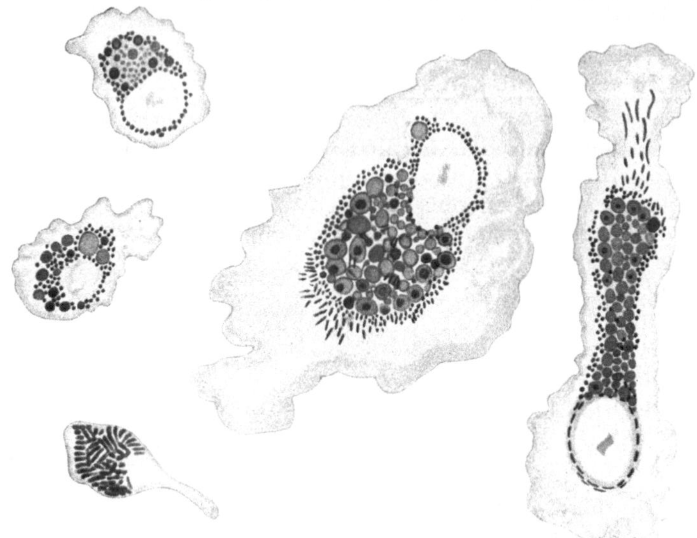

Abb. 52a. Makrophagen aus dem strömenden Blut, 24 Std. gezüchtet, die den Makrophagen der
Milz gleichen.

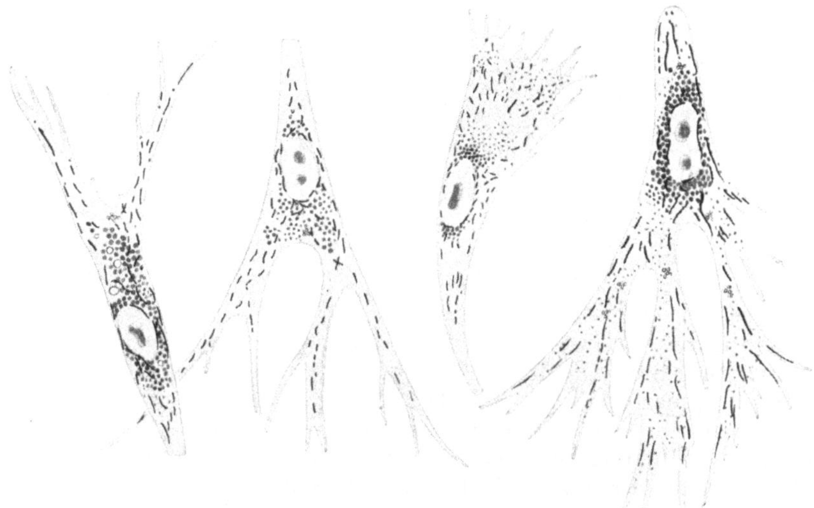

Abb. 52b. CARRELsche Fibroblasten, also Mesenchymzellen des sog. unsterblichen Stammes von
CARREL und EBELING, die denen auf Abb. 48 ähnlich sehen. Man unterscheidet Kern mit
Nucleolen, Sphäre, Mitochondrien, Neutralrotkörner.
Abb. 52a u. b zeigen verschiedene Formen, welche aus jeder frisch eingesetzten Kultur des Hühner-
gewebes, die auch Blutzellen enthält, am häufigsten herauswachsen. [Aus CARREL und EBELING:
J. of exper. Med. 44 (1930).]

nate unter guten Wachstumsbedingungen am Leben zu erhalten. Im
Jahre 1914 wurde die Wachstumsgeschwindigkeit dieses Gewebes, das

schon 2 Jahre unter Kulturbedingungen gewesen war, geprüft und es fand sich, daß, verglichen mit einem neu eingepflanzten Stück embryonalen Hühnerherzens, das so lange in Kultur gewesene Herz schneller sich fortpflanzte, einen größeren Ring von Zellen erzeugte als ein frisch in Kultur genommenes Stück. Die Abkömmlinge dieser Zellen leben noch heute, nach 18 Jahren. Das Merkwürdige dabei ist, daß die Zellen sich in diesem Medium bis jetzt nicht differenziert haben, sondern Mesenchymzellen, Vorstufen von späterem Bindegewebe, Knorpel-, Knochen- oder Muskelzellen sind. Doch sind heute im Jahre 1929 Methoden von FELL und PARKER erdacht, die diese Zellen zur Differenzierung in vitro zwingen.

Um quantitatives Wachstum an Reinkulturen wirklich einwandfrei nachzuweisen, verfahren wir folgendermaßen: Nachdem wir uns Kulturen angelegt haben, zeichnen wir uns mit einem Zeichenapparat die Umrisse. Unter jede Kultur legt man direkt in die Schale diese Zeichnung und seriert sowohl die Kulturen als auch die Zeichnungen. Am besten läßt man jetzt die Präparate 24—48 Stunden ruhig im Brutofen stehen und kontrolliert dann den ausgewachsenen Zellhof, der außer Mesenchymzellen während der ersten Umbettungen noch Blutzellen, Myoblasten und Endothelzellen enthält. Jetzt fertigt man sich von den Präparaten wieder Zeichnungen an, läßt aber eine Kultur vollständig ungestört stehen. Von allen Präparaten außer einem schneidet man sich in jetzt zu besprechender Weise den größten Teil des neugewachsenen Zellenhofes ab und pflanzt das Mittelstück in neues Medium, Plasma und Extrakt (11. u. 12. Übung).

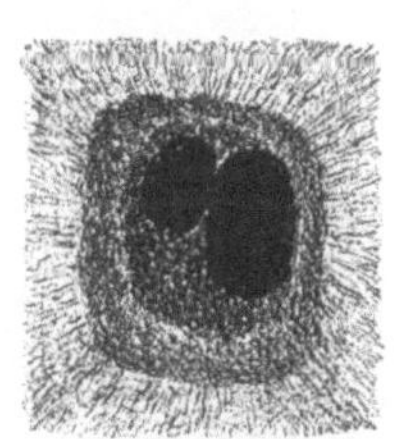

Abb. 53 a. Ausschnitt aus gewachsenen Mesenchymzellen des embryonalen Hühnerherzens 1 Stunde nach der Überpflanzung. Die Zellen waren 28 Monate gezüchtet. Nach CARREL: J. of exper. Med. 20 (1914).

Fortlaufende, unterbrochene Kultur: das *Abschneiden* des neugewachsenen Zellhofes erfordert eine gewisse Übung (Abb. 53 a u. b). Den heizbaren Objekttisch legt der Anfänger auf den Tisch der binokularen Lupe, setzt sich seine frischgeschliffenen Instrumente zurecht, hat aufgelöstes Vaselin, aufgelöstes Medium, sterile Objektträger und Deckgläser in Greifnähe. Jetzt dreht man genau so, als ob man die Präparate mit frischem Nährmedium versehen wollte, das Deckgläschen um.

Diese Operationen müssen von dem Anfänger unter der Lupe kontrolliert werden. Unter der Lupe auf einen sterilen, flachen Objektträger gelegt oder später auf ein steriles schwarzes Tuch oder Glasplatte ohne Lupe, wenn man die Methode beherrscht, schneidet man mit dem scharfen Irismesser ein viereckiges Stück Gewebe aus dem *noch festen Medium*. Es darf kein altes Medium, das nicht von Zellen durchsetzt ist, um das Stück herum haftenbleiben. Wenn die Schnitte nicht sehr glatt ausgeführt sind, wird das koagulierte Plasma faltig und hindert, wenn es in das neue Medium eingesetzt wird, das regelmäßige Wachstum. Also zur guten Pflege der Kulturen ist *eine* große Hauptsache das richtige *Abschneiden*, nicht *Abreißen*.

Man wäscht jetzt zwei oder drei solcher ausgeschnittenen Stückchen in
einem mit Ringer- oder Tyrodelösung oder arteignem verdünntem Serum
gefüllten hohlgeschliffenen Objektträger, der in einer Petrischale steht,
aus. Der Deckel der Petrischale wird stets zwischen Mund des Arbeitenden und Gewebe gehalten. Später genügt vor Anfang der Arbeit ein
Durchsehen der Kulturen mit dem Mikroskop, um die Bildung des

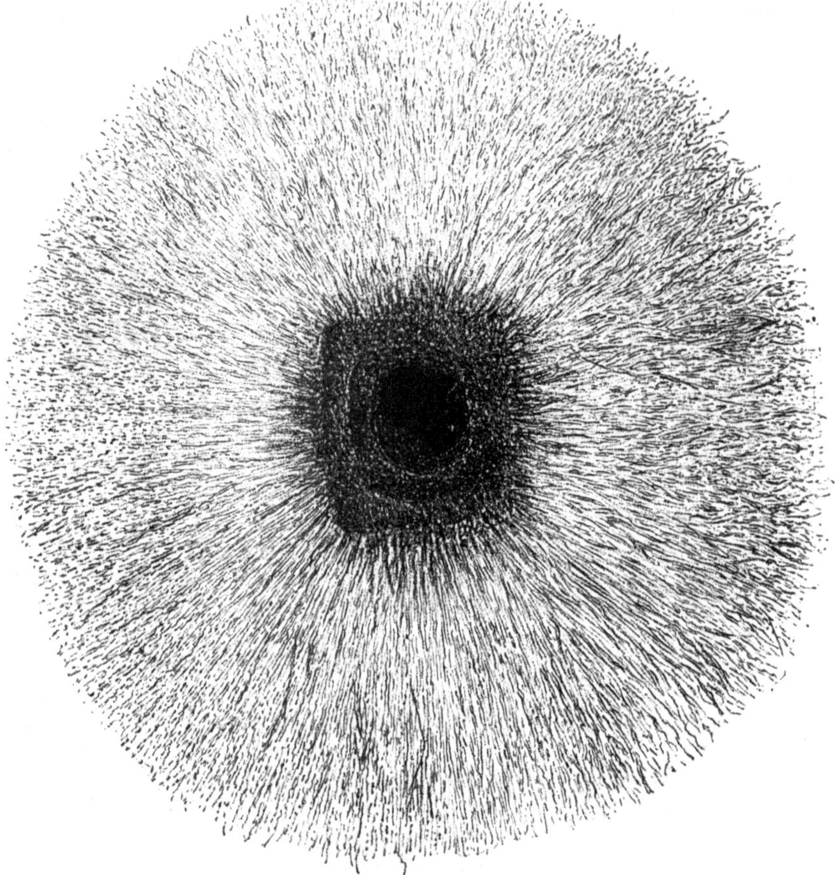

Abb. 53b.   Dasselbe Stück nach 48 Stunden.

Wachstumshofes zu prüfen. Für Dauerkulturen sind Glimmerplättchen
wegen ihrer Neutralität und auch Billigkeit den Objektträgern aus Glas
vorzuziehen. Glimmerplättchen, die ebenso vorbereitet sind wie die
Deckgläschen werden mit einer Mischung von gleichen Teilen Plasma
und Extrakt beschickt. Ein halber Tropfen genügt. Dieser wird mit
dem Spatel auseinandergerieben und stehengelassen, bis diese *Unterlage* fast erstarrt ist. Dann werden die ausgeschnittenen Stückchen auf
die Unterlage gesetzt und ein halber Tropfen der Züchtungsflüssigkeit,

Plasma, Ringer oder Tyrode und Embryonalextrakt der sog. Carrelschen Mischung (6:3:1) neben die Stückchen gesetzt. Das ist die Decke
unserer Kultur, wir haben also eine *Zweischichten*kultur angelegt. Hier
bildet sich nun ein neuer Wachstumshof. Da wir die Größe des abgeschnittenen Stückes vorher gezeichnet und nach 48 Stunden wieder
die neuentstandene Kultur abgebildet haben, so können wir nach jeder
Umbettung den absoluten Zuwachs bestimmen. Jetzt werden entweder
die ganzen Umrisse der neuen Kultur und die der Ausgangskultur aus
dem gleichstarken Zeichenkartonpapier ausgeschnitten und ihre Ge-
wichte bestimmt. Die Differenz stellt den Wachstumszuwachs dar.
Man kann auch so vorgehen, daß man die Fläche des Ausgangsstückes
und die Gesamtfläche nach 48 Stunden mit einem Planimeter mißt
und in Quadratzentimetern ausdrückt. Gesamtfläche von der Original-
fläche abgezogen ergibt das absolute Wachstum des Stückes. Ist der
absolute Zuwachs groß, so kann man die Kulturen teilen; nachdem man
den Zellhof teilweise abgeschnitten hat, teilt man das Stück vor dem
Einführen in neues Medium in zwei möglichst gleiche Teile. Man kann
nun diese Teile *derselben* Ausgangskultur in verschieden zusammen-
gesetzten Medien züchten. Hierdurch sind Vergleichsmöglichkeiten
physiologischer Natur gegeben, die mit der Ebelingschen Meßmethode
biologisch genau erfaßt werden. Solche Experimente können aber nur
dann Anspruch auf Genauigkeit erheben, wenn die Tropfen mit kali-
brierten Pipetten gemacht worden sind. Dividiert man die Umfänge
der in zwei verschiedenen Medien gewachsenen Stücke durch die Größe
der halben jeweiligen Ausgangsstücke, so erhalten wir den relativen Zuwachs jedes Teilstückes (vgl. A. Fischer 1927, S. 77—79). Die Differenz
dieser Zuwachsgrößen ergibt den Wachstumsindex für das zu prüfende
Medium. Ebeling zeigte, *wie erwähnt*, daß, wenn 2 Stücke, abgeleitet
von einer Kultur unter *völlig* gleichen Bedingungen wie oben beschrieben, gezüchtet werden, die Unterschiede, die man erhält, weniger als
10% betragen. Von Carrel und Fischer sind verschieden zusammengesetzte Medien geprüft worden. Für die Zwecke dieser Einführung
genügt es, daß die Meßmethode 1—2 Wochen an derselben Kulturreihe
in dem oben geschilderten Standardmedium geübt wird. Damit nun
aber bei dem Umbettungsverfahren die *cytologische* Seite nicht zu kurz
kommt, werden einige Kulturen abwechselnd auf einem sehr dünnen
Objektträger auf *Glas* gezüchtet; die Beobachtung unter starken Vergrößerungen darf nicht fortfallen. Sie ist nicht möglich bei den fortlaufenden Kulturen, die auf Glimmerplättchen angesetzt sind.

Gazemasken (von Altmann, Berlin, Luisenstr. 47, zu beziehen) sind dann zu
brauchen, wenn trotz vorgehaltenen Schutzes Infektionen von Tröpfchen aus
Mund und Nase entstehen.

Biologisch gesprochen reizen wir die abgeschnittenen Mesenchymzellen zu fortgesetzter Regeneration bei jeder Umbettung. Die embryonalen Bindegewebszellen vertragen diese anscheinend rauhe Behandlung sehr gut. Es kommt besonders darauf an, schnell und sauber zu
arbeiten und größere Temperaturschwankungen zu vermeiden. Das
nicht umgebettete Stück, das wir bei dieser Übung zurückgelassen haben,

ist zugrunde gegangen; das zeigt, daß Mediumwechsel und Abschneiden
nötig sind.

Die Umbettung muß je nach der Tierart jeden 2. oder 3. Tag wiederholt werden. Ich habe gefunden, daß das embryonale Meerschweinchen-
gewebe nur jeden 3. Tag umgebettet werden muß, während das am
meisten gebrauchte Hühnergewebe oft früher das Medium verflüssigt
und schon nach kürzerer Zeit eine Umbettung verlangt. Hat man nun
einen bestimmten Zellenstamm sich gezüchtet, der eine Reihe von Um-

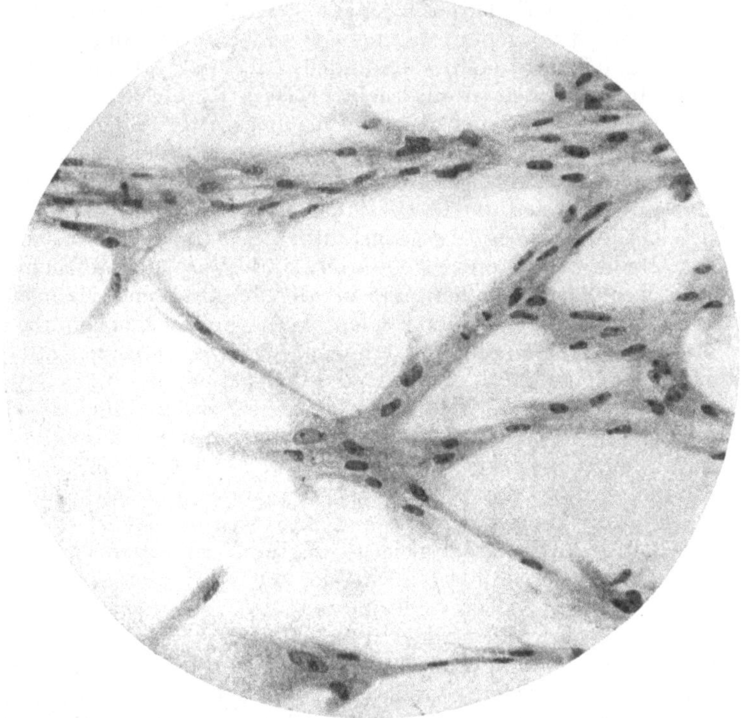

Abb. 54a. Gefärbtes Präparat der 732. Passage (April 1917). Abkömmlinge der am 17. Jan. 1912
eingepflanzten Mesenchymzellen des embryonalen Hühnerherzens. Nach EBELING: J. of exper.
Med. **30** (1919).

bettungen ertragen hat, so wird die Arbeit leichter und leichter, da eine
gewisse unbeabsichtigte Selektion der lebenskräftigsten Zellen durch
diese Art des Zellebens erreicht worden ist.

Mit solchen Stämmen, die CARREL und EBELING jahrelang, jetzt
18 Jahre, weitergeführt, lassen sich nun die interessantesten Experimente
ausführen, die ganz besonders wichtig für die Ernährungsphysiologie
der Zelle werden können. Mit einer solchen, aus undifferenzierten Mesenchymzellen bestehenden Kultur (Abb. 53b) läßt sich entscheiden, welche
Nährstoffe diese eine Zellart unbedingt gebraucht. Wir wissen heute
schon, daß ohne Embryonalextrakt ein langdauerndes Zelleben un-

möglich ist. FISCHER und PARKER haben gefunden, welche Medien nötig sind, um die Zellen zur Differenzierung zu zwingen. Es bleibt noch zu unterscheiden, ob wirklich erst die ausgeübte Funktion die Zellstruktur bedingt oder ob das Hinzufügen von kleinsten Mengen Embryonalextraktes und hierdurch bedingtes langsames Wachstum der Differenzierung förderlich ist.

Gut gelungene Präparate dieser Art eignen sich besonders zur Anfertigung von Totalpräparaten,

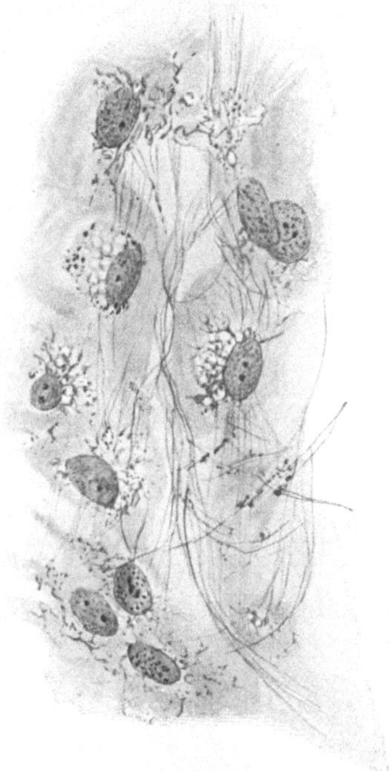

Abb. 54b. Mesenchymzellen des embryonalen Huhnes. Gefärbtes Präparat (Osmiumdämpfe, Eisenhämatoxylin-Eosin). Das Präparat ist 70 Stunden bebrütet. Die Bindegewebsfibrillen sind erst im gefärbten Präparat erkenntlich. Diese Zellen sind an einer Stelle des Präparates gewachsen, an der genügend Platz war. Nach LEWIS, M.: Publ. Carneg. Inst. **226** (1917).

Abb. 54c. Mesenchymgewebe des embryonalen Huhnes. Ein ähnliches Präparat wie das auf Abb. 54b abgebildete. Dicht gedrängte Lage bedingt die veränderte Form der Mesenchymzellen. 24 Stunden bebrütet. Nach LEWIS, M.: Publ. Carneg. Inst. **226** (1917).

die eine Übersicht über die Topographie des eingepflanzten Stückes und der auswachsenden Zelle geben.

Es wird beim Konservieren von Totalpräparaten genau wie bei der Froschhaut verfahren, nur muß noch viel vorsichtiger gearbeitet werden, damit die zarten embryonalen Zellen nicht verletzt werden.

Man gebraucht zum Fixieren der Totalpräparate die gewöhnlich angewendeten Fixierungsflüssigkeiten, man vermeide aber, wenn es irgend angeht, nach Möglichkeit, Fixierungsflüssigkeiten, in welchen sich *Alkohol* befindet, da Alkohol das Plasmamedium ausfällt. Dieses aus gefälltem Eiweiß bestehende Fällungsprodukt umhüllt die Präparate mit einem feinen Schleier, der bei Betrachten der Stücke mit Immersion stört. Daher habe ich trotz anderweitiger Bedenken besonders oft mit Orthschem Gemisch fixiert, weiter mit Carnoy, seltener mit Sublimatalkohol oder nur da, wo es unbedingt notwendig ist, mit Alkohol, wie bei der Glykogen- und elastischen Faserfärbung. Will man Stücke fixieren, die in einer Salzlösung gezüchtet worden sind, so ist es unter Umständen wichtig, das Salzmedium durch ein indifferentes Medium, vielleicht Serum auszuwaschen. Ich gebe hier nur die Vorschriften für die am leichtesten anwendbaren Darstellungsmöglichkeiten. Die gebräuchlichsten Fixierungsflüssigkeiten sind folgende:

Zenkersche Flüssigkeit.

Die Zenkersche Flüssigkeit besteht aus einer Mischung von:

Sublimat	5,0 g
Kaliumbichromat	2,5 g
Natriumsulfat	1,0 g
Aqua dest.	100,0 ccm

Diese Substanzen werden in der Wärme gelöst. Man setzt ihnen kurz vor Gebrauch 5 Teile Eisessig zu.

Die zu fixierenden Präparate werden 1—24 Stunden lang in die Lösung eingelegt, dann 1—24 Stunden lang gründlich in fließendem Wasser nachgewaschen. Danach gehärtet in Alkohol von aufsteigender Konzentration.

Orthsches Gemisch.

Formol 10 proz. (das in den Handel kommende ist 40 proz., man muß es entsprechend verdünnen), Müllersche Lösung.

Dieses Orthsche Gemisch ist in Mischung nur sehr begrenzt haltbar, man mischt es deshalb bei jedesmaliger Anwendung frisch, und zwar

Müllersche Lösung	9 T.
Formol	1 T.

Müllersche Flüssigkeit.

30 g schwefelsaures Natron und 60 g pulverisiertes, doppelchromsaures Kali werden in 3000 ccm destilliertem, vorher aufgekochtem Wasser gelöst. Die Lösung erfolgt bei Zimmertemperatur langsam (in 3—6 Tagen). Man bereite deshalb die Lösung mit erwärmtem Wasser oder stelle die Flasche in die Nähe des Ofens.

Fixierung nach CARNOY, ohne Eisessig.

Alkohol absolut	6 T.
Chloroform	4 T.

(Fixierungsdauer sehr kurz.) Härten in 96 proz. Alkohol, kurz. Aufbewahren in 70 proz. Alkohol.

Champysche Lösung.

Diese wird hergestellt aus:

1 proz. wässerige Lösung von Acid. chromic.	7 T.
3 proz. wässerige Lösung von Kalium bichromic.	7 T.
2 proz. wässerige Lösung von Osmiumsäure	4 T.

Man konserviert in dieser Lösung 24 Stunden und wäscht schnell in Aqua dest. Dann bereitet man eine Lösung aus: 1 Teil wässeriger Lösung von gereinigter Pyrogallussäure (diese ist nur zu 45% in Wasser löslich), 2 Teile 1proz. Lösung von Chromsäure. In dieser Mischung bleiben die Präparate 24 Stunden. Danach waschen in Aqua dest. $^1/_2$ Stunde. Man bereitet weiter eine 3proz. wässerige Lösung von Kalium bichromic. und läßt darin die Präparate 3 Tage liegen. 24 Stunden wässern in Aqua dest. Es empfiehlt sich, bei Totalpräparaten die Fixierungsdauer zu verkürzen. Das Waschen in Wasser ist abzukürzen und womöglich ganz zu vermeiden, dafür aber der 70proz. Alkohol öfter zu wechseln.

Färbung nach GIEMSA.

Am leichtesten gelingen dem Anfänger die abgeänderte Giemsafärbung, die übliche Hämatoxilin-Eosinfärbung, schwieriger schon die Heidenhainfärbung mit beliebiger Nachfärbung des Plasmas für Totalpräparate.

Die abgeänderte, den Bedürfnissen der Gewebezüchtung angepaßte Giemsafärbung ist nur für Totalpräparate von Milz, Blut, Monocyten, Knochenmark anzuwenden. Nachdem man das Deckglas mit dem Präparat mit der Kühnschen Pinzette umgedreht hat, entfernt man vorsichtig mit einer feinen Glaspipette das noch vorhandene Plasma und pipettiert, vom äußeren Rande anfangend, Orthsches Gemisch zum Konservieren darauf. Nach ca. $^1/_2$ Stunde wird dieses abpipettiert, in derselben Weise Aqua dest. und nachdem man dies wieder entfernt hat, Alkohol 70%. Man bereitet sich die Farblösung in folgender Weise: Auf 1 ccm Aqua dest. $^1/_2$ Tropfen Giemsalösung und pipettiert nun die Farbe auf, nachdem man den Alkohol in Aqua dest. ausgewaschen, vorsichtig vom Rande anfangend, bis das Präparat bedeckt ist. In dieser Lösung bleibt das Präparat 24 Stunden. Danach wird mit Aqua dest. gespült mittels Pipette und differenziert in 96proz. Alkohol. Dies geschieht unter dem Mikroskop, und zwar bis zum rötlichen Farbenumschlag. Dann bringt man das Präparat in Alk. absol. + Xylol, bis das Präparat ganz aufgehellt ist und schließt dann in Cedernöl ein.

Färbung nach MAXIMOW, abgeändert für Deckglaskulturen (Totalpräparat).

Die Präparate werden in Zenkerformol (10 Teile Zenkersche Flüssigkeit, 1 Teil Formol 20 Minuten) konserviert. Mit einer feinen Pipette bringt man die Konservierungsflüssigkeit in konzentrischen Kreisen vorsichtig an das Milzstückchen heran. Auf diese Weise wird das eingepflanzte Mittelstück mit dem gesamten Hof der umgebenden ausgewanderten Zellen konserviert. Dann werden die Präparate mehrmals in Aqua dest. gespült und in 70proz. Alkohol gebracht, wo sie so lange bleiben, bis die Konservierungsflüssigkeit vollständig vom Präparat entfernt ist. Die Farblösung bereitet man sich aus 10 ccm Aqua dest., 2 ccm Eosin (Eosin 0,1%), das nach dem Zusetzen umgeschüttelt wird, und 2 ccm Azur II (Azur II, 0,1%), das tropfenweise unter Schütteln zugesetzt wird. Man muß aber vorher seine Farblösungen prüfen; denn oft kommt es vor, daß das Azur bei falschen Konzentrationen ausfällt, und man bekommt durch das Überwiegen der roten Farbkomponente unbrauchbare Resultate. Das Hinzusetzen der einzelnen Farblösungen geschieht mittels einer graduierten Pipette, die zwischen Eosin und Azur II mit Aqua dest. ausgespült werden muß und nur für diesen Zweck benutzt werden darf. Farbdauer 24 Stunden. Dann wird in 96proz. Alkohol unter dem Mikroskop differenziert, bis die Kerne deutlich hervortreten. Dann wird das Präparat in

Alk. absol. gebracht, in dem es entwässert wird und sich die noch überschüssige Farbe in zarten Schleiern vom Präparat abhebt. Nach dem Alk. absol. kommt es in Xylol und wird dann in Cedernöl eingedeckt.

Färbung mit Hämatoxylin nach DELAFIELD.

Man konserviert die Präparate wie vorher angegeben, in einer der Konservierungsflüssigkeiten, am gebräuchlichsten ist die Konservierung in Orthschem Gemisch, und bringt sie dann in Alk. 70%, nachdem sie in Aqua dest. gespült worden sind. Die Farblösung bereitet man aus 30 ccm Aqua dest. und 6 Tropfen Hämatoxylin nach DELAFIELD, Farbdauer 24 Stunden. Spülen in Brunnenwasser, um die Farbe aufzuhellen, Differenzieren in Salzsäure-Alkohol 1 proz. unter dem Mikroskop, bis die Kerne deutlich hervortreten, Spülen in Brunnenwasser, um die anhaftende Salzsäure herauszuwässern, Spülen in Aqua dest., Präparate durch die Alkoholstufen führen; Einlegen in Alk. absol. und Xylol; Einbetten in Cedernöl.

Hämatoxylinfärbung nach HEIDENHAIN.

Präparate wie schon angegeben konservieren und in 70 proz. Alkohol bringen. Beizen in folgender Lösung: 2,5 g schwefelsaures Eisenammonoxyd gelöst in 100 ccm Aqua dest. Darin bleiben die Präparate 6—12 Stunden liegen. Abspülen ein paar Stunden in Aqua dest. Färben mit Weigerts Hämatoxylin (30 ccm Hämatoxylin WEIGERT und 30 ccm Aqua dest.) 12—36 Stunden. Abspülen in Brunnenwasser. Man differenziert nun in der oben schon angegebenen Eisenlösung; zuerst bringt man kurz die Präparate in die Lösung in der angegebenen Konzentration und verdünnt diese dann auf $^1/_5$ dieser Konzentration mit Aqua dest. und differenziert darin weiter bis zum deutlichen Hervortreten der Kernstrukturen. (Beobachten unter dem Mikroskop.) Abspülen in Brunnenwasser ca. 15 Minuten. Nach der Kernfärbung kann man noch eine Nachfärbung machen mit einer Plasmafärbung (Lichtgrün oder Eosin). Man bringt die Präparate bis zu Alk. 70% und fügt dem Alkohol 90% ein wenig Eosin oder Lichtgrün zu, beobachtet unter dem Mikroskop diese Färbung und führt dann die Präparate wie vorher angegeben durch die Alkoholstufen, Xylol und Alk. absol.; Xylol; Cedernöl.

Färbung nach Fixierung von PRENANT, CHAMPY oder ZENKER.

Konservieren und Kernfärbung der Präparate wie bei Eisenhämatoxylin angegeben. Nach Differenzierung Nachfärbung mit Erythrosin 4—24 Stunden. Zum Differenzieren dieser Färbung wird folgende Lösung angewandt:

Orange wässerige gesättigte Lösung . . . . 8 T.
Lichtgrün wässerige gesättigte Lösung . . . . 4 T.
Alk. absol. . . . . 2 T.
6 Tropfen gesättigter Zitronensäure.

Präparate durch Alkoholstufen führen; Xylol + Alk. absol.; Xylol pur.; Cedernöl.

Mitochondrienfärbung nach FELL.

Konservieren in 2 proz. Osmiumsäure, 2 Stunden.
Waschen mit destilliertem Wasser, 5 Minuten.
In Zenker ohne Essigsäure 1 Nacht.
Waschen in destilliertem Wasser 2 Stunden.
Jodalkohol 5 Minuten.
Entwässern und Fettentfernung mit Xylol.
Wieder bis zum destillierten Wasser herunterbringen.
In $2^1/_2$ proz. Eisenalaun $1^1/_2$ Stunde.
Waschen in destilliertem Wasser.
In 1 proz. Hämatoxylin $1^1/_2$ Stunde bei Körpertemperatur.
Differenzieren in $2^1/_2$ proz. Eisenalaun.
Waschen in destilliertem Wasser 1—2 Stunden.
Altmanns Säurefuchsin nur eben auf einer gewärmten Kupferplatte färben,
     10 Minuten.
Differenzieren in Xylol Alkohol.
Entwässern in Xylol.
Balsam.

Um nach dem heutigen Stande der Technik eine möglichst genaue, aber nicht absolut sichere *Färbung* der *Chromatin*bestandteile der Zelle zu erzielen, wendet man jetzt die folgende sog. Feulgenreaktion an, die den Nachweis von Nucleinsäuren von der Art der Thymonucleinsäure ermöglicht. Sie beruht darauf, daß bei milder saurer Hydrolyse in den Zellkernen Aldehydgruppen frei werden, die sich mit fuchsinschwefliger Säure rotviolett färben.

Fixieren. Die Organstücke werden in Sublimat-Eisessig 24 Stunden fixiert (98 Teile 6% Sublimat und 2 Teile Eisessig), 24 Stunden in fließendem Wasser gewaschen und wie üblich in Paraffin eingebettet. Die mit Eiweißglycerin aufgeklebten 10 μ dicken Schnitte kommen aus Xylol in absol. Alkohol, dann für 24 Stunden in 96proz. Alkohol, dann über 70proz. Alkohol in destilliertes Wasser. Der absteigenden Alkoholreihe wird zur Bindung etwa vorhandener Aldehyde je 10% Dimedon zugesetzt.

Hydrolyse. Man taucht die Schnitte kurz (1 Minute) in kalte n-Salzsäure, dann zur Hydrolyse in n-Salzsäure von 60° C. Nach genau 4 Minuten wird die Hydrolyse durch Eintauchen des Objektträgers in kalte Salzsäure unterbrochen. Kurzes Waschen in destilliertem Wasser.

Färbung. Die Schnitte kommen für $1-1^{1}/_{2}$ Stunden in fuchsinschweflige Säure. Dann wird mit 3 Portionen SO_2-haltigem Wasser je $1^{1}/_{2}$ Minuten abgespült und mit destilliertem Wasser ausgewaschen. Einbetten wie gewöhnlich in Balsam.

Ergebnis: Intensive Rotfärbung des Kernchromatins.

Herstellung von fuchsinschwefliger Säure.

1 g zerriebenes Fuchsin (Parafuchsin) wird in einem Erlenmeyerkolben mit 200 ccm siedendem Wasser übergossen und zur Lösung öfters umgeschüttelt. Nach Abkühlung auf ca. 50° C filtriert man sie in eine mit Schliffstopfen versehene Flasche, versetzt mit 20 ccm n-Salzsäure, kühlt auf ca. 25° C ab und gibt 1,0 g trockenes Natrium bisulfit ($NaHSO_3$ siccum pro analysi) zu. Die Lösung muß bis zur Entfärbung (mindestens 24 Stunden) bei Zimmertemperatur stehenbleiben. Sie ist im Dunkeln und gut verschlossen längere Zeit haltbar.

Herstellung von SO_2-haltiger Flüssigkeit.

200 ccm Leitungswasser werden mit 10 ccm einer 10proz. Lösung von wasserfreiem Natriumbisulfit und 10 ccm n-Salzsäure vermischt. Die Lösung muß luftdicht aufbewahrt werden.

Anschließend an das embryonale Bindegewebe untersuchen wir die Veränderungen des erwachsenen Bindegwebes, und zwar an dem Unterhautbindegewebe eines Säugetieres (13. Übung). Das Unterhautbindegewebe des erwachsenen Kaninchens ist von MAXIMOW studiert worden, und wir folgen hier seinen Angaben. Nachdem man wie üblich im arteigenen Plasma kleine Stückchen des Unterhautbindegewebes einige Stunden gezüchtet hat, wechselt man das Medium, indem man vorher das Stück entweder in Ringerscher Lösung oder in Serum oder in einem Gemisch von Plasma und Ringerscher Lösung auswäscht. Hierdurch werden alle Inhaltskörper der erwachsenen Bindegewebszelle, die nicht mehr abgebaut werden können, allmählich aus dem eingepflanzten Stück entfernt. Die Zelle erhält dadurch einen gewissen Anreiz zu erneuter Tätigkeit, der auch wahrscheinlich durch die Wundhormone, die aus den zerschnittenen Randzellen auswachsen, verstärkt wird. Hierauf züchten wir in der gewöhnlichen Zweischichtenkultur nach CARREL in Plasma- und Embryonalextrakt. Nach kurzer Zeit verlängern sich nun die dem Medium zunächst gelegenen Bindegewebszellen. Ihre mächtigen Fort-

sätze ragen weit in das Medium hinein und sehr bald fangen diese Zellen
an, sich zu teilen. Nach mehreren Wechseln kann man nun neuentstandene Bindegewebszellen überpflanzen, die dann wochenlang weitergezüchtet werden können. Es ist also klar, daß das erwachsene Bindegewebe wieder aktiv werden kann und so Eigenschaften zeigt, die gewöhnlich nur dem Säugetierkörper bei der Regeneration eigen sind.

Unter den neugebildeten Zellen finden sich bei den ersten Umbettungen
zwei sehr verschieden aussehende Zellarten, mächtige Bindegewebszellen,
stark vakuolig, die den gewöhnlichen Mesenchymzellen gleichen und von
MAXIMOW als „Wanderzellen" angesprochene Gebilde, die sich während
ihres Verweilens im Medium sehr stark mit groben Körnern beladen, die
den sog. Degenerationskörnern, wie wir sie auch in den embryonalen und
erwachsenen Bindegewebszellen während der Züchtung in geringem Maße
finden, gleichen. Bei vitaler Neutralrotfärbung nehmen diese Körner die

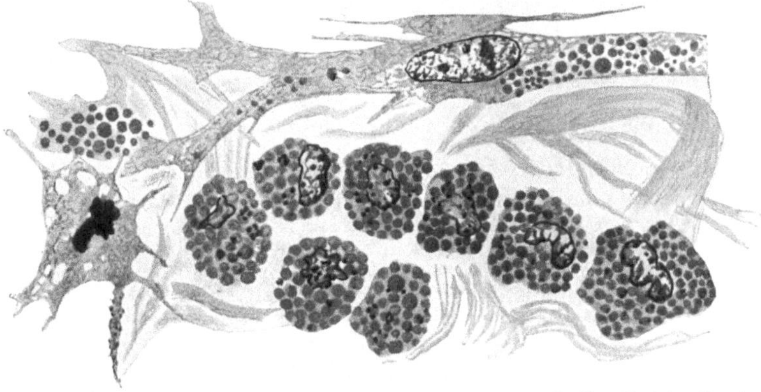

Abb. 55. Unterhautbindegewebe des erwachsenen Kaninchens, eine Stelle mit vielen Wanderzellen
ausgewählt. Beachte die riesengroße Mesenchymzelle mit Vakuolen und die mit groben Granulationen
gefüllten Wanderzellen. 2 Tage gezüchtet. Nach MAXIMOW: Arch. Russ. Anat. Embriol. 1 (1916).

Färbung sehr stark auf. Auch in ihnen finden sich Mitosen, die besonders in Schnittbildern leicht aufzufinden sind. (Abb. 55.)

Bei dem Studium der erwachsenen Gewebe ist es notwendig, außer
den Totalpräparaten, die nur von sehr kleinen und dünnen Stückchen
angelegt werden können, zur Schnittmethode zu greifen, und zwar
unterscheiden wir hier zwei verschiedene Arten, die neuentstandenen
Gewebe zur Verarbeitung mit dem Mikrotom vorzubereiten. Entweder
wir betten das eingepflanzte Stück und die neuentstandenen Zellen mitsamt dem Medium ein oder nur das eingepflanzte Stück. Die zweite
Art unterscheidet sich wenig von der allgemein üblichen Art des Ein-
bettens und Schneidens. Bei der ersten Art ist folgendes zu beachten:
Entweder wir züchten die Stücke schon gleich auf Deckgläschen, welche
einen Überzug von Celloidin erhalten haben und dann sterilisiert worden
sind oder es muß darauf geachtet werden, daß die kolloidale Plasmamasse auch konserviert wird, damit die neuentstandenen Zellen, auf
die es uns besonders ankommt, nicht verlorengehen. Eine allgemeine,
Regel beim Einbetten dieser kleinen Stücke ist die, daß alles, was an
Flüssigkeiten zum Einbetten benutzt wird, vorher filtriert werden muß,

auch das verwendete Paraffin, weil man sonst diese kleinen Stückchen nicht herausfinden kann. Man nimmt, wie vorher beschrieben, das Deckgläschen mit dem Gewebe vom Objektträger ab, dreht es vorsichtig um und entfernt die überschüssige Flüssigkeit mit einer Capillarpipette. Hierauf konserviert man das Stückchen, indem man um das Medium von der Konservierungsflüssigkeit mit einer Capillarpipette zutropft und allmählich mit der Konservierungsflüssigkeit immer mehr zur Mitte geht, bis schließlich das ganze Stück bedeckt ist. Man läßt es $^1/_2$ Stunde stehen, ebenso vorsichtig entfernt man die Konservierungs- und später die Härtungsflüssigkeiten. Ist das Stück in Chloroform oder in Äther, je nach der gewählten Einbettungsmethode (Chloroformparaffin, Celloidin), so wird sich gewöhnlich schon das eingebettete Stück von dem Deckgläschen lösen, auf dem es bis zu diesem Moment geblieben ist. Sollte es sich nicht abheben, so entfernt man mit einem feinen Messer das Stück mit dem Medium von dem Deckglas und hat dann ein scheibenförmiges Gebilde vor sich, in dessen Mitte sich das eingepflanzte Stück befindet. Wenn man nun Flachschnitte macht, erhält man mit dieser Methode ein topographisches Bild der neuentstandenen Zellen, ohne daß eine einzige verlorengeht. Die üblichen Färbemethoden können nun nach den entsprechenden Konservierungsmethoden angewandt werden. Von Maximow wird besonders empfohlen, mit Zenker zu fixieren und Azur-Eosin (Maximow) die Schnitte zu färben.

Die zweite Art der Einbettung wird gewöhnlich angewandt, wenn *wenig* Zellenauswanderung und Zellenneubildung vorhanden ist und es besonders darauf ankommt, die Vorgänge *in* dem eingepflanzten Stück zu studieren (Herzklappe, Muskulatur usw.). Man fixiere mit den für die betreffenden Färbungen angegebenen Flüssigkeiten. Nachdem das Gewebe darin $^1/_2$—2 Stunden gelegen hat, bringt man es aufwärtsgehend in die Alkoholreihe, beginnend mit 70% Alkohol. In jedem Alkohol verbleibt das Stück etwa $^1/_2$—2 Stunden, je nach seiner Größe und nach der Art der Gewebe. Je zarter ein Gewebe ist, desto vorsichtiger müssen die Konservierungsflüssigkeiten zugesetzt werden. Im Alk. abs. läßt man das Stückchen nur etwa $^1/_2$ Stunde liegen und bringt es in Chloroformalkohol und sodann in reines Chloroform, worin es über Nacht liegenbleiben kann, ohne geschädigt zu werden. Es empfiehlt sich sogar, Stücke, die aus irgendeinem Grunde nicht gleich bis zum völligen Einbetten gebracht werden können, in Chloroform, dem man dann ein wenig weiches Paraffin zufügt, zu verwahren. Vom Chloroform bringt man die Stücke in Chloroformparaffin, d. i. weiches Paraffin mit Zusatz von reinem Chloroform (weiches Paraffin hat einen Schmelzpunkt von ca. 40—42° C). In Chloroformparaffin läßt man das Material wenigstens 2 Stunden liegen, damit es recht aufgehellt werde, längeres Verweilen schadet, wie oben schon erwähnt, nichts. Sodann bereitet man sich zwei kleine Glasschälchen mit weichem Paraffin, bringt die Stücke erst in das eine, dann in das zweite Schälchen, damit alles anhaftende Chloroform gut entfernt wird, und bringt das Material schließlich in ein drittes, zurechtgestelltes Schälchen mit geschmolzenem harten Paraffin (hartes Paraffin hat einen Schmelzpunkt von ca. 50—52° C).

Der Paraffinofen muß genau auf der Temperatur des Schmelzpunktes gehalten werden, weil höhere Temperaturen die Gewebe zerstören.

Zum eigentlichen Einbetten schmilzt man hartes Paraffin in einem kleinen Glasschälchen, das am besten einen etwas gerundeten Boden hat. Dahinein legt man das Gewebestück mitten auf den Boden mit der Fläche, an der man mit dem Schneiden beginnen will, nach unten. Man hält, um das Paraffin schnell zum Erstarren zu bringen, das Gläschen mit dem eingebetteten Stück in eine Schüssel mit *Eis*wasser, sobald sich obenauf eine dünne Haut bildet, läßt man das Eiswasser über das Einbettegefäß fließen und stellt schließlich zum endgültigen Hartwerden das Ganze eine Zeitlang in das Eiswasser hinein.

Besonders zu beachten ist beim Einbetten der Gewebestücke, daß man die zarten, empfindlichen Stücke nie mit Pinzetten anfaßt beim Umlegen von einer Flüssigkeit in die andere, sondern man bedient sich eines Spatels, womit man die Stücke aufhebt, oder besonders kleine Stücke saugt man mit einer ganz trockenen Pipette auf. Spatel oder Pipette sind beim Umlegen in die verschiedenen Paraffinsorten anzuwärmen. Sind die Stücke sehr klein, so arbeite man unter der Lupe.

Sehr kleine Stücke des Gewebes, die man im Paraffin schwer finden kann, sind, wenn sie bis zum Alkohol von 96% gebracht sind, mit einem Tropfen *Eosin anzufärben.* (Diese Farbe ist später vor dem eigentlichen Färben wieder auszuwaschen, dies geht meist schon bei der Alkoholbehandlung vor sich.)

Es empfiehlt sich, damit die fortlaufenden Kulturen sofort regelmäßig geprüft werden, die *Gefrierschnitt*methode auch für gezüchtetes Material anzuwenden. Am besten werden die kleinen in Formol fixierten Stückchen in mit Eosin vorgefärbter gehärteter Leber eingeklemmt, aufgefroren und wie üblich geschnitten.

Die Celloidin*schnitt*methode MAXIMOWS mit Nachfärbung von Azur-Eosin ist ganz besonders bei feineren Arbeiten beim Studium der blutbildenden Organe zu verwenden. [Die Originalangaben MAXIMOWS finden sich im Arch. Russ. Anat. Embriol. 1 (1916)].

Gelatineeinbettung.

Die Gelatineeinbettung wird dann verwendet, wenn von lockerem, leicht zerfallendem Gewebe Gefrierschnitte angefertigt werden sollen, was z. B. bei Fett- und Lipoiddarstellung notwendig ist. Die Gelatineeinbettung hat zudem vor der Paraffin- und Celloidinmethode den Vorteil, daß dabei kaum eine Schrumpfung der Gewebe eintritt.

Methode von GASKELL-GRÄFF. Die nicht über 3 mm dicken Organstücke werden mit fließendem Wasser gründlich vom Fixierungsmittel befreit (24 Stunden). Sie kommen dann zunächst in dünne Gelatine (s. unten), wo sie 24 Stunden bei 37° C verbleiben (Glasgefäß mit aufgeschliffenem Deckel); von da ebenso lange in dicke Gelatine, ebenfalls bei 37° C. Hierauf bringt man sie in das Einbettungsgefäß in dicke Gelatine und läßt im Eisschrank erstarren. Nach $^1/_2$ Stunde schneidet man den Block zu (möglichst klein) und trocknet ihn an der Luft weiter, bis er die Konsistenz eines mittelharten Radiergummis hat. Dann wird 1—2 Tage in Formalin gehärtet. Für längeres Aufbewahren kommt er in Formalin 1 : 10.

Vor dem Schneiden wird der Block zweckmäßig durch Wässern ($^1/_2$ Stunde) wieder von der Hauptmenge des Formalins befreit.

Herstellung der Gelatinelösung. Zur Bereitung der dicken Gelatine löst man 1 Teil feinste zerschnittene oder besser pulverisierte Gelatine in 3 Teilen 1proz. Carbolwassers bei 37° C (in verschlossenem Gefäß). Die dünne Lösung erhält man durch Verdünnung der dicken Lösung mit der gleichen Menge 1proz. Carbolwassers. Die Lösungen werden in Reagenzgläser abgefüllt, da eine Lösung immer nur einmal verwendet werden darf, weil bei wiederholtem Schmelzen die Gelatine schlecht gerinnt. (Vgl. hierzu ROMANUS Handbuch der Mikroskopischen Technik 1929, S. 89, 2. Aufl., Verlag R. Oldenbourg, München.)

Nachteil der Methode: Die Gelatine färbt sich oft mit. Läßt sich nach HERINGA vermeiden, da nach dieser Methode die Gelatine entfernbar ist.

Für *Dauerkulturen* von Fibroblasten und ganz besonders für Tumorzellen empfiehlt es sich, die von CARREL 1924 eingeführte Methode der

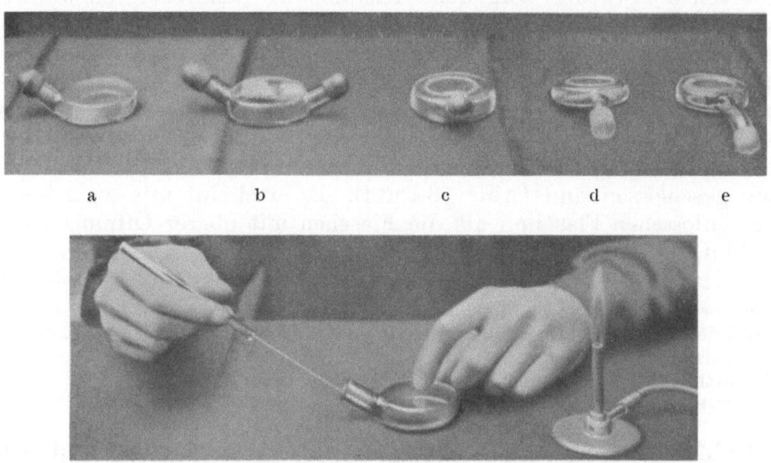

Abb. 56. CARRELs Schalen zur Herstellung ausgedehnter Kulturen, ohne in die Kultur einzugreifen. a—e verschiedene Typen von Schalen, f Einführung des Explantats in die Schale, Typus d, durch einen Platinspatel.

Züchtung in D-Flaschen zu üben (Abb. 3 u. 56). Diese Methode ist von A. FISCHER und R. C. PARKER 1929 weiter ausgebaut (s. bei Knorpelzüchtung S. 91). Nachdem die Flaschen auf die auf S. 7 geschilderte Weise vorbereitet sind, legen wir, wie es bei Zweischichtenkultur (s. Fibroblasten- und Epitheldauerzüchtung) üblich ist, eine Unterlage an. Diese besteht aus 2 Teilen Plasma, 1 Teil der gebrauchten Salzlösung, entweder Ringer- oder Tyrodelösung, und 1 Teil Extrakt. Ist die Unterlage noch nicht ganz steif geworden, aber auf dem Wege steif zu werden, wird mit einer Platinnadel, die an der Spitze etwas verbreitert ist, das Gewebestück hineingelegt. Die Stückchen werden etwas größer wie gewöhnlich gemacht. Hierauf wird die Decke, welche aus der gebrauchten Salzlösung und Extrakt besteht, im Verhältnis wie 1:1, über die nun feste Unterlage gegossen, der Hals der Flasche mit dem sterilen Pfropfen, der aus Watte und Gaze besteht, wieder geschlossen, nachdem vorher der Hals abgeglüht ist. Es empfiehlt sich auch, einen neuen passenden Pfropfen einzusetzen und hierauf den Hals mit dünnstreifigem Leukoplast zu decken. Alle 2 Tage muß die Decke mit einer Pipette

oder besser mit einer Aspirationspipette fortgenommen, das Gewebe
mit der betreffenden Salzlösung ausgespült und wieder eine neue Decke
darauf gefüllt werden. Nach 5—6 Umbettungen, also nach 10—12 Tagen
muß auch die Unterlage erneuert werden, weil diese sich zu sehr mit
Abbaustoffen füllt. Zu diesem Zweck oder wenn man darauf rechnet,
die Unterlage zu erneuern, wird das Modell der Flaschen gebraucht,
welches eine obere Öffnung hat (s. Abb. 56 c). Mit einem gebogenen
Spatel wird ein ziemlich großes viereckiges Stück der harten Unterlage
mit dem Gewebe herausgeschnitten, auf eine sterile Glasunterlage gelegt und weiter unter der Lupe genau so behandelt, wie wir sonst beim
Umbetten des Stückes vorgehen. Hierauf wird das Stück, an welchem
sich ja immer noch etwas von der alten Unterlage befindet, wieder auf
eine neue Unterlage gelegt und mit einer neuen Decke versehen. Gewöhnlich werden, da der Zweck der Flaschenkulturen der ist, das Gewebe möglichst lange in einem Zustand fortlaufenden Wachstums zu
erhalten, damit man die Wachstumsenergie für 12—14 Tage ohne Unter-
brechung bestimmen kann, nur die Flaschen verwandt, welche an beiden
Seiten geschlossen sind (Abb. 56 a u. f). Es erscheint mir sogar besser,
die geschlossenen Flaschen als die Flaschen mit oberer Öffnung zu gebrauchen, da die Infektionsmöglichkeit geringer ist. Die notwendigen
Instrumente z. B. für Flaschenkulturen des Hühnerherzens sind folgende:

Mehrere graduierte 1-ccm- und 5-ccm-Pipetten,
graduierte, 10 ccm fassende, mit eingeschliffenem Deckel versehene Röhrchen,
Kulturflaschen vom Typus a oder c, Abb. 56,
1 Platinspatel zum Einsetzen der Kulturen.
Aufsaugpipette (bei Altmann, Berlin NW, Luisenstr. 47 erhältlich).

B. Echtes Wachstum des embryonalen Muskelgewebes und Ab- und Umbau der erwachsenen Muskulatur.

Für das Studium des Muskelgewebes wählen wir das Amnion des
Hühnerembryos, das Herz und die Skelettmuskel desselben von am
besten 5—6 Tage alten Embryonen (14., 15., 16. u. 17. Übung).

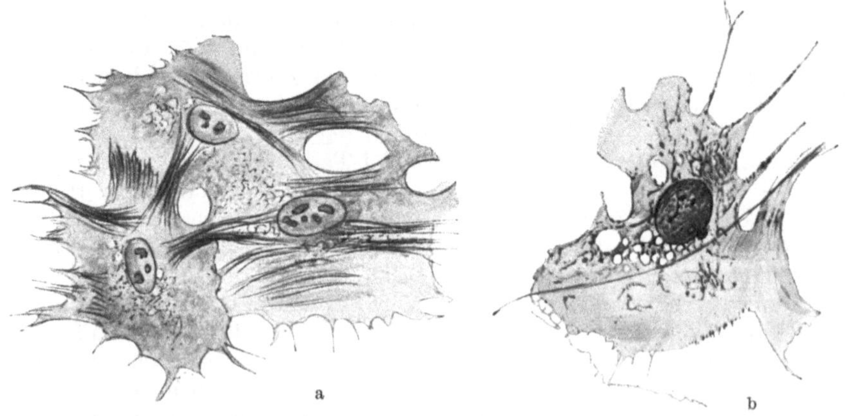

Abb. 57 a u. b. Epitheloide Zellen des Amnion eines 5 Tage alten Hühnerembryo, 48 Stunden in
Kultur (LOCKE-LEWIS). Abb. 57 b fixiert mit Joddämpfen, gefärbt nach MALLORY. Abb. 57 a
nach M. LEWIS (1917), wie Abb. 58 a.

Die glatte Muskulatur des Amnion.

Nachdem wie gewöhnlich kleine Stückchen des Amnion in Locke-Lewisscher Lösung oder in Plasma vorbereitet haben, lassen sich schon nach kurzer Zeit der Bebrütung die verschiedenen Elemente des Amnion erkennen. Das Amnion besteht aus den sog. epitheloiden Zellen, die ein einschichtiges Zylinderepithel bilden, dessen Elemente Fetttropfen und Dotterkugeln enthalten. Schon die normale „epitheloide" Zelle ist stark vakuolig. Das zweite Element ist die glatte Muskelzelle des Amnion, Nerven sind bis jetzt nicht im Amnion nachgewiesen worden. In der Kultur breiten sich die „epitheloiden" Zellen als große, flache, fast immer hexagonale (Abb. 55a) Zellen aus. Sie bilden häufig in der Kultur eine Art Membran, während die Muskelzellen in Form von schmalen Streifen, eine hinter der anderen, in der Richtung

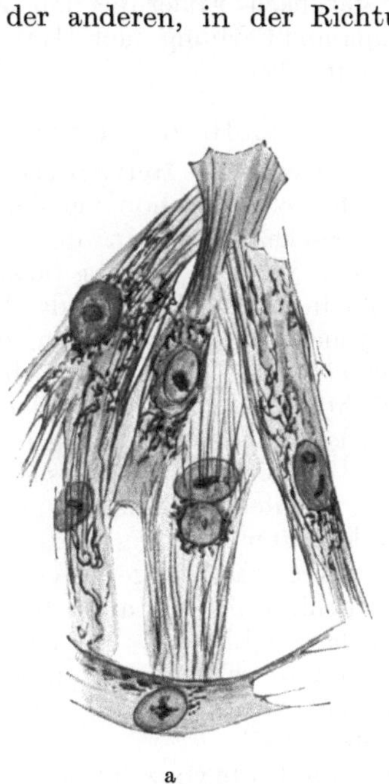
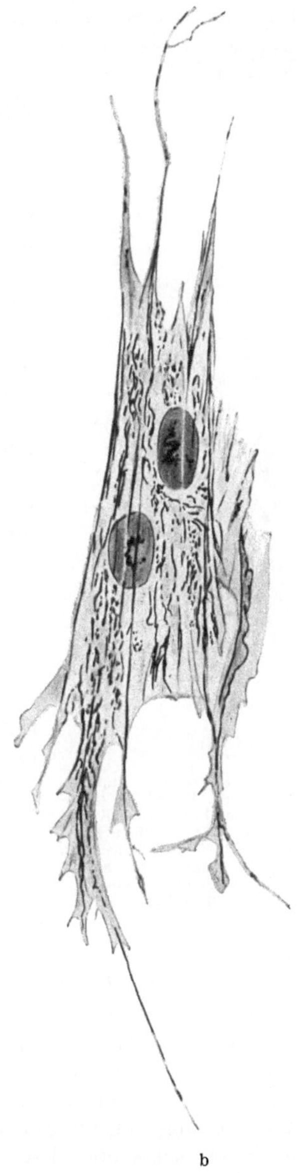

a   b

Abb. 58a u. b. Glatte Muskelzellen des Amnion von einem 4 Tage alten Hühnerembryo. 48 Stunden in Locke-Lewis gezüchtet. Beide Bilder aus derselben Kultur. Abb. 58a zeigt die contractile Substanz nach der Färbung als graue Fäden in der Zelle. Abb. 58b ist aus demselben Präparat aus einer Stelle, an welcher sich die Zellen ausbreiten können.

6*

der Auswanderung durch das Medium sich schieben. Alle Muskelzellen sind durch ihre starke Lichtbrechung kenntlich. Sowohl M. Lewis wie Levi erwähnen, daß die Muskelzelle von den Mesenchymzellen durch ihr Lichtbrechungsvermögen lebend zu unterscheiden ist. Diese bandartigen, langgestreckten, an beiden Enden zugespitzten und nicht verzweigten Muskelzellen sind oft rund herum um das eingepflanzte Stück in rhythmischer Zusammenziehung. Hat sich aber eine solche Muskelzelle unter dem Deckglase ausgebreitet, so zieht sie sich gewöhnlich nicht mehr zusammen, sondern wird erst wieder kontraktionsfähig, wenn sie sich aus der ausgebreiteten Lage in die gestreckte Lage zurückgewandelt hat. In der sich zusammenziehenden, lebenden Muskelzelle sind keine Fibrillen zu sehen, sondern nur eine Verdickung des Plasmas an den Knotenpunkten der Zelle (Abb. 59). Die Mitochondrien laufen parallel zur langen Achse der Zellen, hieran kann man am lebenden Präparat zu einer Diagnose kommen.

Dauerpräparate der Muskelzelle lassen sich sehr gut nach Fixierung mit Zenkerscher Lösung und Färbung nach Heidenhain und Fell darstellen.

Die Muskelzelle des Herzens.

Wird embryonales Herzgewebe eingepflanzt, so haben wir schon bei der 11. u. 12. Übung gesehen, daß in den meisten Fällen mesenchymales Gewebe auswächst. Dieses bleibt in einem Medium, das Plasma- und Embryonalextrakt enthält, undifferenziert. Von einem 4 Tage lang bebrüteten Embryo züchtete Levi Zellen aus dem Herzgewebe, die lebhaft auswanderten und über deren Charakter sich nichts aussagen läßt. Sie können werdende Muskelzellen oder Mesenchymzellen sein. Sie sind in lebhafter Teilung. Dagegen erweisen sich Zellen, die aus dem Herzen eines 6 Tage alten Embryo ausgewachsen sind, deutlich sowohl strukturell als auch funktionell als Muskelzellen. Sie wurden 3 Tage lang schlagend beobachtet und morphologisch (s. Abb. 61) zeigen sie ganz die Eigenschaften der Herzmuskelzellen. In zweifelhaften Fällen hat man sich nur an die Funktion zur Stellung der Diagnose zu halten.

Die Herzmuskelzelle des 6 Tage alten Embryo zeigt auch in der Gewebekultur lebend keine Streifung, wohl aber in der Bewegung eine Verdickung und Verdünnung der Plasmamasse um den Kern herum. Die sehr kleine Zelle zeichnet sich auch im Leben durch

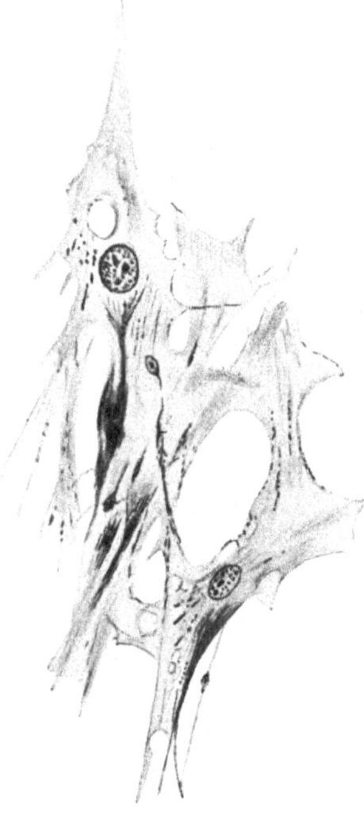

Abb. 59. 3 Muskelzellen des Amnion, deren schlagende Bewegung beobachtet wurde und die später fixiert wurden. Von einem 8 tägigen Hühnerembryo. 24 stündige Kultur in Locke - Lewis. (Zenker, Eisenhämatoxylin.) Nach Lewis, M.: Publ. Carneg. Inst. 272 (1917).

ihre spitzen, selten verzweigten Fortsätze aus. Während der Zellteilung runden sich diese Zellen ab und bleiben nur mit ihren Nachbarn durch feine Fortsätze verbunden, während sie sonst in der Gewebekultur meist ein Syncytium bilden. Für gewöhnlich gilt als Charakteristicum ihr gestreckter Kern. Dieses Kennzeichen fällt in der Gewebekultur fort.

Die Muskelzelle hat meistens einen runden Kern, wahrscheinlich weil der größere Vorrat an Raum in dem flüssigen Medium die weitere Ausdehnung des Zellkernes gestattet. Von Levi (Abb. 61) ist die Entwicklung von Fibrillen, die sich durch Färbung nachweisen lassen, in späteren Stadien des Embryonallebens festgestellt worden. Gut gelungene Präparate zeigen Zellen, die 70—120 mal in der Minute schlagen. Gewöhnlich schlagen ganze Zellschichten koordiniert. Auch Stücke des zerteilten embryonalen Herzens schlagen in den von uns gebrauchten Kulturmedien. Teile des Herzens können noch 4—5 Tage nach der Explan-

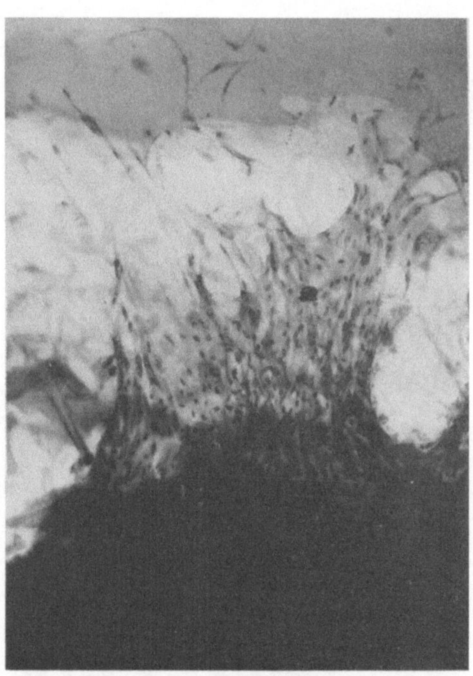

Abb. 60. Echtes Muskelgewebe, aus einem 9 Tage alten Hühnerherz gewonnen, das 14 Tage in Kultur war. Original ERDMANN.

tation schlagen, und abgeschnittenes und wieder eingepflanztes Herzgewebe schlägt noch nach 126 Tagen. Die gleichen Färbemethoden, die beim Amnion angegeben sind, können hier angewandt werden.

Die gestreifte Skelettmuskulatur.

Schon durch die äußere Art der Bewegung unterscheiden sich die Myoblasten, die später die Skelettmuskeln bilden, von den vorher beschriebenen Zellarten. Ein explantiertes Stück vom Skelettmuskel des Huhnes, 8 Tage alt, zeigt wie immer Bindegewebszellen, wenig isolierte Muskelzellen und viele, hier und da zerstreute Myoblasten. Diese sind syncytial miteinander verknüpft; trennen sich nun ab und zu Zellen von diesem vielkernigen Syncytium und wandern fort, so entsteht der typische isolierte Myoblast ohne Fibrillen. Man wird also annehmen können, daß die syncytiale Verbindung durch die bei der Fortbewegung ausgeschiedene fibrilläre Substanz gebildet wird. Während nun die Herzmuskelzelle eine schlagende Bewegung ausführt und die Amnionmuskelzellen eine fließende, führen die Skelettmuskeln eine ruckweise Bewegung aus. LEWIS hat in den Zellen des 8—10 tägigen Embryo keine Streifung gesehen und behauptet, daß nur nach dem Tode Verdichtungs- und Verdünnungszentren als Streifen der Muskulatur sichtbar werden.

Vitalfärbung zeigt bei allen drei beschriebenen Zellarten Mitochondrien. Färbung nach Fixierung, wie für das Amnion beschrieben, gibt auffallend schöne Bilder. Ebenso gelingt die Mitochondrienfärbung nach Heidenhainvorfärbung.

Die glatte Muskulatur des erwachsenen Tieres.

Der glatte Blasenmuskel des Kaninchens verhält sich in der Kultur eigenartig. Die Muskelzellen bilden eine Art verjüngtes Zellplasma das um den Kern herum zwischen den einzelnen Fasern sich sammelt (Abb. 62). Die Enzyme dieses neugebildeten Zellplasmas müssen die Fähigkeit haben, die Muskelfibrillen zu lösen. Sehr bald bleibt zumeist

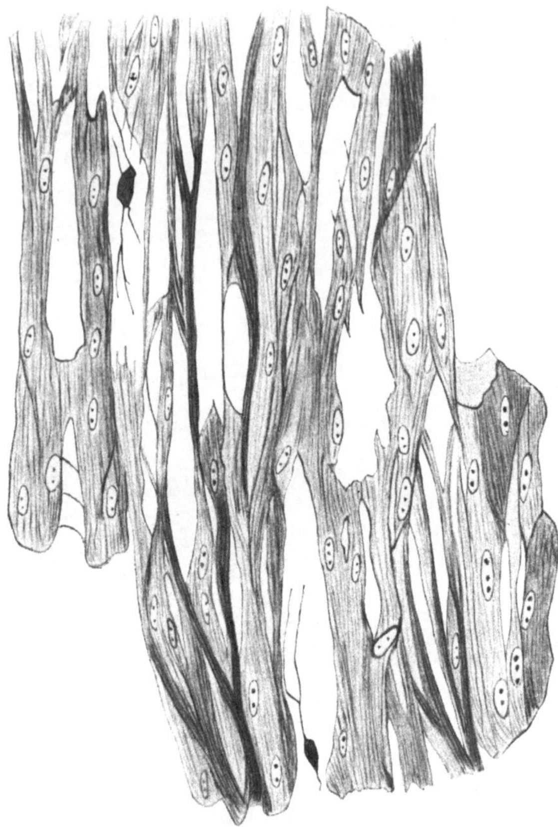

Abb. 61. Zellen aus einem 6 Tage alten embryonalen Herzen. Die Zellen schlugen bis zum 3. Tage und wurden dann fixiert. Typische Herzmuskelzelle. Fixierung, Färbung nach MAXIMOW. Abgeändert nach LEVI: Arch. ital. Anat. 16 (1919).

nur der obere und untere Pol der Zelle mit Fibrillen erfüllt. Die Zellmitte nimmt ein gänzlich undifferenziertes Aussehen an, sie teilt sich unter Bildung von gut ausgebildeten Kernfiguren. Nach 2—3 Teilungen ist es nicht mehr möglich, die Nachkömmlinge der Ausgangsmuskelzellen als solche zu erkennen, wenn sich nicht ab und zu ganz feine Fibrillen in einzelnen Zellen vorfänden. Die neugebildeten Zellen sind rundlich. So erstaunlich dieser Umbau der glatten Muskulatur auf den ersten Blick auch erscheint, so brauchen nur die schon bekannten Fähigkeiten der glatten Muskulatur, die sich bei der Regeneration zeigen, zum Vergleich herangezogen zu werden. Auch bei der Regeneration findet sich diese Entdifferenzierung und spätere amitotische und mitotische Teilung der glatten Muskelzelle des erwachsenen Tieres. Gefärbt wird hier besonders nach dem Verfahren von Heidenhain-Prenant nach Fixierung nach Champy (17. Übung).

Diese an sich richtige Beobachtung des Verschwindens einiger Zellcharaktere wurde aber von Champy als eine Entdifferenzierung gedeutet. Ein Verlust der Zellcharaktere sollte stattfinden während der Kultur. Untersuchen wir aber eine fortlaufende Kultur von glatter Muskulatur, so erhalten wir eine andere Anschauung der eben geschilderten Tatsache.

Ein geeignetes Objekt ist der Magen des 12 Tage alten Hühnchens (Übung 18). Man entnehme den Magendarmkanal steril aus dem Hühnchen und schneide den Magen oberhalb der Kardia und unterhalb des Pylorus in Ringer aus dem Darmgewinde. Mit einer scharfen Schere entfernt man ein großes Stück des Magens von der großen Kurvatur aus, und zwar so, daß man beide Magenwände zu gleicher Zeit ausschneidet. Es ist wichtig, daß die Magenwände zusammenbleiben, damit das nach innenliegende Epithel nicht verletzt wird. Hierauf öffne man unter Ringer die Magenwände; mit einem sterilen Skalpell streife man über die Mucosa. Hierauf

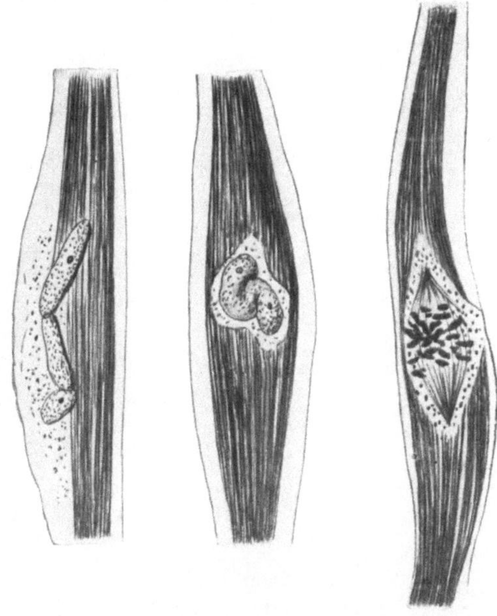

Abb. 62. Entdifferenzierung der Blasenmuskulatur des Kaninchens. Fixiert nach Champy. Färbung nach Prenant. Nach Champy: Archives de Zool. **53** (1914). Notes et Revue.

teilen wir mit dem Dreizack die Muscularis mit der nach unten liegenden Serosa in kleine Stückchen und betten sie in ein zweischichtiges Medium ein. Zur Decke Plasma- und Embryonalextrakt im Verhältnis 9:1. Zur Unterlage Plasma- und Embryonalextrakt im Verhältnis 1:1.

Nach 3 Tagen werden die Kulturen durchmustert. An einigen sieht man Epithelsäume, an andern „Fibroblasten". Kulturen mit vielen „Fibroblasten" sind nicht zu gebrauchen. Kulturen mit Epithelsäumen bereite man nun so vor: Man schneide den Epithelsaum ab und drücke beim Schneiden die Schnittfläche zusammen. Außer den Epithelsäumen ist an vielen Stellen glatte Muskulatur, die an ihren Enden spießartig verläuft. Diese vom Epithel befreiten Kulturen bettet man nunmehr in eine neue Zweischichtenkultur. Nach einigen Umbettungen erhält man nach allen Seiten (Abb. 63 u. 64) spießartige, glatte Muskulatur. Sind

diese spießartigen Zellen überall vorhanden, so empfiehlt es sich, bei
den nächsten Umbettungen nur die Spitzen dieser spießartigen Verzweigungen zu stutzen. Dann erhält man ein langsames, aber regel-
mäßiges Weiterwachsen dieser Spieße. Haben die Zellen Neigung,
sich abzukugeln, so ist das Medium zu flüssig, und man muß die Decke
versteifen. Schließlich empfiehlt es sich, die Decke ebenso steif anzufertigen, wie die Unterlage also Plasma- und Embryonalextrakt im
Verhältnis 1:1. Da der Stoffwechsel der Muskulatur *nur sehr langsam*
sich abzuspielen scheint, habe ich ab und zu kleine Stückchen, toten

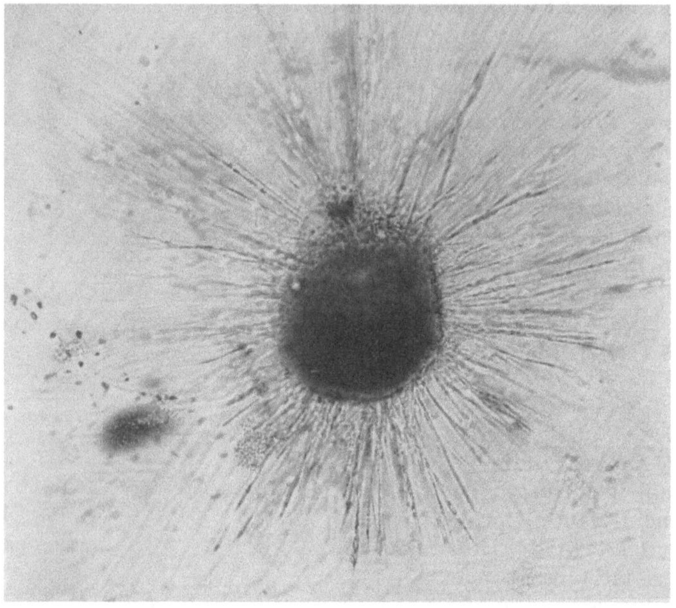

Abb. 63. Glatte Muskelbänder aus dem Magen des 10 Tage alten Huhnes (lebend abgebildet).
Originalpräparat nach BLÜHBAUM.

Herzens, das einige Tage in Ringer aufbewahrt war, zugesetzt. Die
Stückchen müssen aber minimal und vorher eingebrütet sein, damit
sie nicht mehr Fibroblasten aussenden. Auf diese Weise ist es bis
jetzt möglich, 5—6 Wochen die spießige Wuchsform der glatten Muskulatur festzuhalten.

Vergleichen wir nun diese Erfahrungen mit den von CHAMPY angegebenen, noch in der ersten Ausgabe des Praktikums ausführlich
beschriebenen, so lassen sich diese scheinbar widersprechenden Angaben jetzt verstehen; sowie das Medium der Muskelzelle *nicht* paßt,
rundet sie sich ab. Das ist richtig; es ist aber nicht ganz richtig, daß
die Muskelzelle ihre charakteristischen Eigenschaften als Muskelzelle verliert. 5 Wochen lang weitergeführte Kulturen der Muskelzellen färben sich noch im Schnitt mit VAN GIESON gelb und ziehen
sich auch bei der Berührung zusammen. *Schnitte* durch solche Kul-

turen sind sehr lehrreich; man sieht im Innern die *lebenden* Muskelzellen — es gibt hier keine Nekrose im Innern —, sie bilden ein Gewebe, das nach außen direkt sich in die freien, in den Hof ragenden Zellen fortsetzt.

Ein wichtiger Fortschritt ist der Nachweis der Bildung von Knochen und Knorpel aus der undifferenzierten Mesenchymzelle. DEMUTH hatte Apositionswachstum des Knorpels gezeigt, aber in die Kultur selbst war schon Gliedmaßenknorpel gesetzt.

Der Nachweis der langsamen Knorpel- und Knochenbildung aus der *undifferenzierten* Mesenchymzelle gelang bis jetzt nur FELL 1928, Arch. f. exp. Zellf. **7**, 390, 1928/29. Die Gliedmaßenknorpel des Hühnchens (3—4 Tage alt) werden in üblicher Weise gezüchtet, doch werden

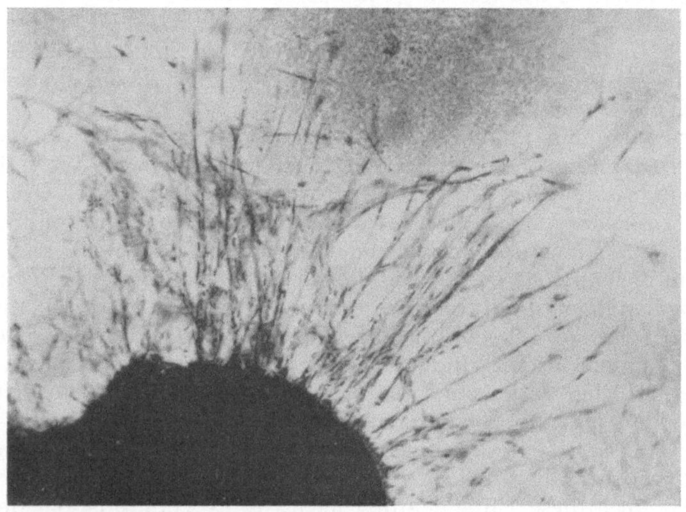

Abb. 64. Gefärbtes ähnliches Präparat wie bei Abb. 63, aber stärker vergrößert. (Original ERDMANN.)

die Fibroblasten, die herausgewachsen sind, abgeschnitten, und das Mutterstück erhalten, gerade der *umgekehrte* Prozeß, den wir sonst bei der Überpflanzung der Kulturen anwenden. Es bilden sich erst dann Verknorpelungs-, später Verknöcherungsstadien.

Da dieser Vorgang sich sehr *langsam* abspielt, so brauchen wir uns nicht zu wundern, daß er bis jetzt nicht entdeckt wurde. Hier gehen progressive Prozesse vor sich. Überblicken wir noch einmal die Tatsachen, die wir bei der Züchtung von Muskelzellen gefunden haben. In der 11. u. 12. Übung, als wir zum erstenmal Reinkulturen herstellten, haben wir das Embryonalhühner*herz* als Ausgangsmaterial für unsere Reinkulturen von embryonalen *Bindegewebs*zellen genommen. Wir waren uns dessen bewußt, daß wir ein Gewebe, d. h. ein Gebilde, das aus vielen Zellarten zusammengesetzt ist, eingepflanzt haben. Wie kommt es nun, daß aus dem Herzgewebe, welches doch Muskelgewebe in überwiegender Anzahl enthält und embryonales Bindegewebe, welches die Muskelbündel umkleidet, Gefäßendothelien und Blutzellen, nur in geringerem Maße doch Mesenchymzellen als Reinkultur erscheinen? Zwei Möglichkeiten sind gegeben: entweder wandeln sich die eingepflanzten embryonalen Muskelzellen in Mesenchymzellen um, oder die Muskelzellen haben eine geringere Wachstumsgeschwindigkeit, als die Bindegewebszellen, und werden im Verlauf der vielen Umbettungen allmählich durch Selektion entfernt. Wir wissen, daß bei jeder Umbettung alle freien Zellen, also mit eingepflanzte Blutzellen, neu entstehende Wanderzellen auf dem alten Deckglas oder Glimmerplättchen zurückgelassen werden. Es ist von Vorteil, ein Deckgläschen, von welchem man die Kultur entfernt hat, zu färben und zu sehen, was für Zellarten zurückgelassen worden sind. Hätten wir die Muskelzellen zurückgelassen, so würden wir sie ja wahrscheinlich gesehen haben. Aber bei Schnitten, welche durch die eingepflanzten Ausgangsstücke nach 3 oder 4 Umbettungen gemacht sind, sehen wir immer noch Muskelzellen im Ausgangsstück. Der Schluß liegt nahe, daß die Muskelzellen eben nicht auswachsen.

Setzt man nun ungefähr 100 Herzkulturen an, so wird man bei besonders darauf gerichteten Studien ungefähr 8% Gewebestücke finden, bei denen wirklich die Muskelzellen ausgewachsen sind. Es erscheinen zuerst Muskelknospen, so wie wir sie von den Regenerationsknospen her kennen. Diese sind vielkernig und verschränken sich allmählich zu einem dichten Netzwerk. Von diesem Netzwerk können sich einzelne Muskelzellen lösen, die durch ihre stumpfen Fortsätze (Abb. 60), ihr stärker lichtbrechendes Plasma und ihren kleinen Kern von den Mesenchymzellen zu unterscheiden sind. Da die Fibrillen erst ein Kunstprodukt der absterbenden Zellen sind, so sind Fibrillen lebend nicht sichtbar. Auch in den späteren Färbungen sind nicht in allen Muskelzellen Fibrillen sichtbar, doch kann eine Bestfärbung sehr oft zur Diagnose helfen, weil das Herzmuskelgewebe sehr viel Glykogen enthält. Doch sicher ist auch diese Entscheidung nicht, da es vom Zustand des eingepflanzten Gewebes abhängt und vom Medium, ob wirklich Glykogen vorhanden ist. Wenn es bis zum Jahre 1926 gedauert hat, daß eine Klärung über den Charakter der auswandernden Zellen beim Hühnerherzen sich allmählich entwickelte, so ist die Klärung leichter beim Säugetierherzen; wie ich schon 1924 gezeigt habe, sind die Muskelzellen von den Bindegewebszellen leichter zu unterscheiden, und nach einigen Umpflanzungen verschwinden aus dem Meerschweinherzen die Muskelzellen. In vollem Einverständnis mit der von FELL eingeschlagenen Methodik bildeten FISCHER und PARKER diese Methode zu einer solchen der *Dauerzüchtung ohne Wachstumsbeschleunigung* aus.

FISCHER und PARKER 1929 (Arch. f. exp. Zellf. 8, 13) fanden, daß *Zellfunktionen* besser erhalten bleiben, wenn das Medium wenig Embryonalextrakt enthält. Sie zeigten, daß mesenchymale Zellen, die vom *Perichondrium* des Hühnerembryos stammten, nach 7—8 Monaten noch immer die Fähigkeit behielten, knorpelähnliche Grundsubstanz aufzubauen. Die so gezüchteten Zellen unterscheiden sich äußerlich nicht von anderen *mesenchymalen* Zellen. Das Erhaltenbleiben der

Potenzen schieben die Verfasser auf eine plötzliche Unterdrückung der Zellteilung. Es ist ja natürlich nicht so zu verstehen, daß keine Zellteilung stattfindet, sondern das *Verhältnis* von Zellteilung zu Wachstum und Lebenstätigkeit ist nach dem Wechsel der Zusammensetzung des Mediums verschoben.

Im einzelnen gehen die Verfasser wie folgt vor: Einer Reinkultur, die längere Zeit (50—52 Umpflanzungen) nach den üblichen Methoden kultiviert worden ist, wird z. B. in den letzten beiden Passagen in Plasma und Serum gezüchtet im Verhältnis wie 1:18. Das Ursprungsgewebe, aus dem die Ausgangskulturen angelegt wurden, enthielt *Knorpelzellen.* Die alleräußerste Wachstumsschicht von solchen Kulturen, die ein fibroblastenähnliches Aussehen haben, werden herausgeschnitten und gezüchtet. Dann nach 50—52 Umpflanzungen wird das Medium geändert. Es wird auch vermieden, die Kulturen zu teilen. Ab und zu wird noch den Medien bei weiteren Übertragungen eine Spur Embryonalextrakt hinzugesetzt. Wenn man so fortgeführte Kulturen dann in Schnitte zerlegt, so bildet das Grundgewebe allmählich *Chondrin* aus, ja, es kann bei Weiterentwicklung zur Knochenbildung kommen.

Spezielle Vorschrift.

In eine Carrelflasche, 3,5 cm D-Type (s. S. 81), werden 0,5 ccm Plasma und 1 ccm Tyrodelösung eingeführt, 1 Tropfen sehr verdünnter Embryonalextrakt zugesetzt und der Inhalt vermischt. Unmittelbar danach wird das Gewebestück eingesetzt und gewartet, bis Gerinnung eingetreten ist. Dann werden weitere 2—3 ccm Tyrodelösung über das Plasma geschichtet und das Ganze bei Zimmertemperatur $^1/_2$—1 Stunde stehen gelassen. Der flüssige Inhalt der Flasche wird ganz abgesaugt, die Flasche verschlossen und für 2—3 Tage in den Brutschrank gestellt.

Dann werden wieder 2—3 ccm Tyrodelösung für 1—2 Stunden zugesetzt, wie oben abgesogen und nun 0,25—0,5 ccm Plasma zugegeben, das 10% einer 0,1proz. Heparinlösung enthält. Die Flasche wird mit dem flüssigen Plasma 3—4 Stunden in den Brutschrank gesetzt, dann nach Absaugen des Plasmas wieder für 2—3 Tage in den Brutschrank gestellt.

Die Waschung mit Tyrodelösung unterstützt man zweckmäßig durch dauerndes Hin- und Herneigen der Flasche.

Die Methode besteht also aus zwei alternierenden Phasen:

1. Entfernung der Stoffwechselprodukte und Zuführung neuer Nahrung: 5 Stunden.

2. Periode langsamen Wachstums: 40—70 Stunden.

Außer der van Giesonfärbung empfehlen die Verfasser die Mallorysche Bindegewebsfärbung:

a) Säurefuchsin conc. zum Gebrauch 1:10 . . . . 1—3 Min.
b) Abspülen in H_2O,
c) Phoshormolybdänsäure 1% wässerig . . . . 1 Min.
d) Abspülen in H_2O,
e) Färben mit

wasserlöslichem Anilinblau	0,5 g	
Goldorange	2 g	2—20 Min.
Oxalsäure	2 g	
Wasser	100 g	

f) Abspülen in H_2O,
g) Aufsteigende Alkoholreihe.

Vorteilhaft ist auch die Azanfärbung (ROMEIS S. 68).

Ehe wir das Wachstum der *Epithelzelle* eingehend studieren, fassen wir noch einmal zusammen, was wir bis jetzt über die Merkmale der Fibrocyten gelernt haben. Haben wir embryonale Mesenchymgewebe in der Kultur und erscheinen an beiden Polen scharf zugespitzte zellen-nadel- oder spindelähnliche Formen, so sind diese stets von embryonalen *Muskel*zellen abzuleiten. Die eigentliche *Binde*gewebszelle im Embryo oder in dem erwachsenen Tier ist durch ihre stark verzweigten Aus-läufer, ihren wenig lichtbrechenden Zellinhalt, das Vorhandensein von Mitochondrien und Granulationskörnern im Plasmamedium kenntlich. Die beiden letzten Charakteristica teilt sie auch noch mit den Muskel-zellen, deren Formbeständigkeit größer ist als die der Fibrocyten, wenn der Myoblast isoliert liegt. Selbstverständlich kann erst die Fähigkeit, sich zusammenzuziehen, die Endentscheidung sichern. Embryonale Herzmuskeln (Abb. 60) sind oft durch ihre syncytiale Anordnung kenntlich und durch ihre plumpen Formen. Das ganz junge embryonale Herz enthält Endothelzellen und Mesenchymzellen, die teils schon in Muskelgewebe umgewandelt sind, teils diese Umwandlung schon phy-siologisch durchgemacht haben, aber noch nicht morphologisch zeigen, teils auch aus noch nicht ausdifferenzierten Mesenchymzellen. Im Em-bryo selbst gibt es auch ausgereifte Fibrocyten, ihre abweichende Eorm von den sog. unsterblichen Fibroblasten Carrels schildert W. Lewis.

Es fehlen uns bis jetzt Normentafeln der Gewebezüchtung, in denen z. B. einwandfrei nachgewiesen ist: embryonales Herz vom Huhn, so und so viele Tage bebrütet, liefert diese Formen von Zellen. Diese Zell-arten wandern zuerst aus dem betreffenden Gewebe, wenn es in dem und dem Medium so und so lange gezüchtet wird. Schwieriger ist das Erkennen der erwachsenen, abgebauten Formen, und nur geduldiges Beobachten führt zur richtigen Diagnose.

C. Echtes Wachstum der Epithelgebilde, gezeigt an dem embryonalen Epithel und Verhalten der erwachsenen Schilddrüsen und Geschlechtsdrüsen.

Es ist eigentümlich, daß alle die Zellarten, die wir vom äußeren Keimblatt ableiten, also Haut-, Sinnes- und Drüsenepithelien erst später gezüchtet worden sind und daß die Erfolge, die bei der Züchtung der Epithelien erzielt worden sind, verhältnismäßig gering sind und eine echte Kultur, die jahrelang lebt, so spät gelang. Wenn wir z. B. ein Stück embryonale Hühner**haut** (Vorübung zur 19. u. 20. Übung) von einem Embryo, bei dem die Federanlagen noch nicht äußerlich erkenntlich sind, in Hühnerplasma, mit RINGER im Verhältnis wie 1 : 1 verdünnt, legen (19. Übung), so entwickeln sich besonders stark die Mesenchymzellen und die Epithelzellen bleiben weitaus im Wachstum zurück. So wird das em-bryonale Bindegewebe aus einem Stück Haut herauswachsen und sich nur rund herum um das Explantat mit einer dünnen Schicht neugebildeter Epithelzellen bedecken. Diese Epithelzellen behalten beim Huhn sehr oft ihre halbmondförmige Gestalt und eignen sich besonders zum Studium der Mitosen. Wohl nirgends lassen sich die Mitosen des Vogelgewebes besser nachweisen, als in den Epithelzellen des Huhnes. Auch ist während der

Züchtung die Zählung der einzelnen Chromosomen leicht, während sonst im allgemeinen Schwierigkeiten bei der Zählung der Kernteilungsfiguren entstehen (vgl. die Arbeit von KEMP 1929).

Manche dieser Zellen zeigen schwarzes Pigment, und, was besonders zu beachten ist, sie haben runde, niemals scharf gezackte und mit spitzen oder stumpfen Pseudopodien versehene Ränder. Diese Glattrandigkeit scheint dem Epithelgewebe des Vogels eigen zu sein, im Gegensatz zu den Epithelzellen der Froschhaut, deren Gestalt in der Kultur sehr stark wechselt.

Es muß ein gewisser Antagonismus zwischen Epithelzellen und Bindegewebszellen bestehen. Die Bindegewebszellen mit ihrer starken Wachs-

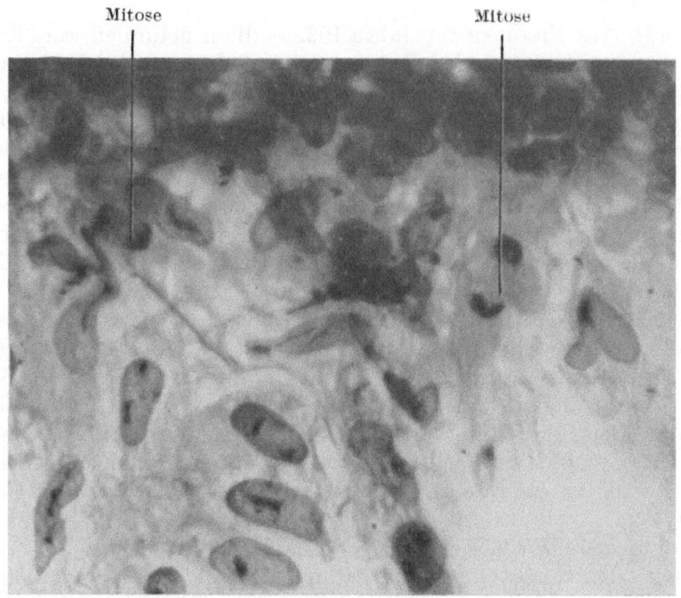

Abb. 65. Sich teilende Epithelzellen der Meerschweinhaut. Mitosen im Stadium der Tochterplatten.

tumstendenz scheinen die schnelle Vermehrung der Epithelzellen zu verhindern. Beim Frosch (Rana pipiens) sind die Verhältnisse gerade umgekehrt. Hier wächst nach UHLENHUTH das Bindegewebe nur minimal, doch scheint diese Regel nicht durchgehend zu sein, denn bei Rana esculenta habe ich oft bei etwas flüssigen Medien auch Bindegewebswachtum bei Hautkulturen gesehen (s. S. 28).

Präparate von der embryonalen Haut lassen sich sehr gut mit der Heldschen Nervenfärbung färben, jede andere Färbung ist aber auch erfolgreich.

Beim Studium der embryonalen Hühnerhaut fallen die Federanlagen auf. Die Bestandteile der Haarscheide und der Haarkeime beginnen sehr oft heftig zu wachsen, besonders wenn Teile derselben beim Zerschneiden der Gewebe verletzt worden sind. Auch hier ist das

Bindegewebe weitaus am stärksten wachsend, wahrscheinlich weil
Bindegewebe schon an sich den Bedingungen, die der Gewebekultur
eigen sind, anscheinend besser angepaßt ist als die Epithelzelle, die ja
an reichliche Luftzufuhr in ihrem ganzen Leben gewöhnt ist.

Heldsche Nervenfärbung.

Konservieren der Präparate in 2 proz. Formalin 15—18 Stunden, Abspülen und
Beschicken mit 70 proz. Alkohol, Färben in verdünnter Lösung (6—8 Tropfen der
Farblösung auf 15 ccm Wasser) von Heldschem Molybdänsäure-Hämatoxilin,
12 Stunden. Differenzieren 24 Stunden in Boraxferricyankalilösung (2 Tropfen
auf 20 ccm Wasser, gelöst in Aqua dest.). Unter dem Mikroskop kontrollieren.
Abspülen in Brunnenwasser. Durch Alkoholstufen führen, Xylol + Alk. absol.;
Xylol; Cedernöl.

Nachdem es FISCHER im Jahre 1922 endlich gelungen war, Epithelgewebe aus dem Irisepithel in Reinkultur zu züchten, folgte 1924 EBELING
mit einem Verfahren, Schilddrüsengewebe wachsend und funktionierend
zu halten. Da aber *beide* Gewebe in Reinkulturen für den Anfänger recht
schwierig und selten erfolgreich zu züchten sind, ist die Züchtung des embryonalen *Hirngewebes* nach KAPEL 1928 für den ersten Versuch vorzuziehen. Die drei Verfahren, Epithelreinkulturen zu erhalten, beruhen auf
ähnlichen Prinzipien. Die Hauptsache ist, die stets üppig wuchernden
Bindegewebszellen nicht zur Entfaltung gelangen zu lassen. Binde-
gewebsfreies Ausgangsmaterial ist nur durch Zufall zu erhalten; weiter
muß den zarten Epithelzellen ein kräftiger Wachstumsreiz und reichlich Sauerstoff gegeben werden. Dies erreicht man bei dem Gehirnepithel nach KAPEL auf folgende Weise: Bei der Gewinnung der Kultur-
medien-Plasma und des Extraktes verfährt man, wie bei Fibroblasten-
züchtung. Bei Bereitung des Extraktes ist jedoch darauf zu achten,
daß er *absolut frei von Zellbeimischungen* irgendwelcher Art ist. Zu
diesem Zweck ist es ratsam, den Extrakt *zweimal je zehn Minuten zu
zentrifugieren.*

Zu dem Bereiten der *Epithel*gewebestückchen verwendet man am
besten *nicht* den Dreizack und das halbmondförmige Messerchen, sondern
ein feines Messerchen, das sog. Epithelmesser nach KAPEL.

Wie bei den Fibroblasten, so ist es auch für die Epithelkulturen
eine Stützsubstanz, das Plasma, und eine Nährsubstanz bzw. eine
wachstumsfördernde Substanz, der Extrakt, notwendig.

Bevor man an das Ausschneiden der Epithelstückchen geht, stelle
man sich zunächst die auf ihre Sterilität hin geprüften Kulturmedien
— Plasma und Extrakt — sowie sterile Ringerlösung und die dazu-
gehörigen Tropfpipetten zurecht. Ferner bereite man sich die Deckgläschen oder Glimmerplättchen nach der Methode RH. ERDMANN in
sterilen Petrischalen oder nach A. FISCHER auf einem schwarzen,
sterilen Tuch mit darübergestellter Drigalkischale vor. Dann erst
gehe man zu der eigentlichen Vorbereitung der Epithelgewebestückchen
über. Hierbei verfahre man folgendermaßen:

In die Höhlung eines hohlgeschliffenen Objektträgers bringe man
ein Stückchen des zu verarbeitenden Organs, das mit Ringerlösung
angefeuchtet ist. Der Objektträger liegt flach auf einer schwarzen

Unterlage auf und ist mit dem Deckel einer Petrischale bedeckt. Jetzt nehme man ein gut schneidendes Irismesser, schneide sich ein Teil des Gewebestückes ab und ziehe es auf die glatte Fläche des Objektträgers. Mit scharfen, glatten Schnitten, die nur mit dem Irismesser in Federmesserhaltung ausgeführt werden *ohne* Zuhilfenahme eines zweiten Instrumentes, wird nun das Gewebestückchen von seinen ungleichmäßigen Rändern befreit, so daß ein Gewebestückchen mit glatten, scharfen Rändern von etwa $1-1^1/_2$ qmm entsteht. Dieses Stückchen wird nun ebenfalls mit dem Messer in möglichst dünne Scheibchen zerlegt. Man bereite sich zunächst nicht mehr als 5 bis allerhöchstens 10 solcher Gewebescheibchen, da bei längerem Liegenlassen die Gefahr der Austrocknung besteht (beim Arbeiten mit Epithel vermeide den Gebrauch von Eisschalen zur Kühlung und von unnötig vieler Ringerlösung). Während des Zurechtschneidens der Gewebestückchen halte man mit der linken Hand den Petrischalendeckel zum Schutz vor Infektion über den Objektträger und das Messer. Außerdem gewöhnt man sich durch die Haltung des Deckels mit der linken Hand am schnellsten daran, die Bereitung der Explantate nur mit dem Irismesser vorzunehmen, ohne mit einem zweiten Instrument die glatten Schnittflächen zu beschädigen.

Die fertig ausgebreiteten Glimmerplättchen oder Deckgläschen beschicke man jetzt mit je einem Tropfen Plasma (nur so viele, als man Explantate vorbereitet hat) und breite den Tropfen flach aus bis zu einem Durchmesser von ungefähr $1^1/_2$ cm. In diese Tropfen ungeronnenen Plasmas setze man nun die Gewebestückchen.

Hierzu bediene man sich des *Epithelmessers*. Mit der abgerundeten Spitze des Epithelmessers fahre man vorsichtig unter die auf dem Objektträger ausgebreiteten kleinen Gewebestückchen so, daß sich der Rand derselben nicht einrollt, hebe sie von dem Objektträger ab und setze sie vorsichtig, indem man sie von dem Epithelmesser in schräger Haltung heruntergleiten läßt, in den Plasmatropfen (auch hierbei wird möglichst die Zuhilfenahme eines zweiten Instrumentes vermieden).

Ist das Einsetzen der Kulturen geglückt, so gibt man je einen Tropfen Extrakt hinzu, indem man je einen Tropfen vorsichtig auf die im Plasma liegende Kultur fallen läßt.

Nachdem die Gerinnung eingetreten ist, bringt man die Glimmer- oder Deckgläschen in der üblichen Weise auf die hohlgeschliffenen Objektträger und dichtet sie mit Vaselin oder Paraffin ab.

Das Umbetten des Epithels in der *ersten* und *zweiten* Passage verläuft in ähnlicher Weise, wie bei den Fibroblasten. Nach Abnahme des Deckglases vom Objektträger wird dasselbe mit der Schichtseite nach oben auf eine schwarze Unterlage gelegt. Mit vier glatten, scharfen Schnitten mit dem Epithelmesser wird das Plasma dicht am Rande des eingepflanzten Stückes abgeschnitten. Mit dem Epithelmesser wird nun das Explantat herausgehoben, kurz in Ringerlösung abgewaschen und in der gleichen Weise, wie beim Ansetzen der Kulturen in neues Medium — Plasma und Extrakt — übertragen.

Nach der *zweiten* Passage durchschnittlich ändert sich die Technik folgendermaßen: Nachdem das Herausheben und Waschen der Kultur wie beim ersten Umbetten gemacht worden ist, werden von nun an sog. *Oberflächenkulturen* angelegt.

Auf den Deckgläschen bzw. Glimmerplättchen wird jetzt zunächst ein Tropfen Plasma, der mit einem Tropfen Extrakt versetzt ist, ausgebreitet und etwas von der Mischung abgesaugt, damit die ausgebreitete Plasma-Extrakt-Schicht nicht zu dick wird.

Jetzt gilt es, den passenden Augenblick abzuwarten, wann die Übertragung des Explantates stattfinden kann. Die Plasma-Extrakt-Mischung muß sich gerade im Stadium des Gerinnens befinden. Ist die Mischung noch zu flüssig, so sinkt das Gewebestückchen in den Tropfen ein. Ist dagegen die Gerinnung schon vollständig, so liegt

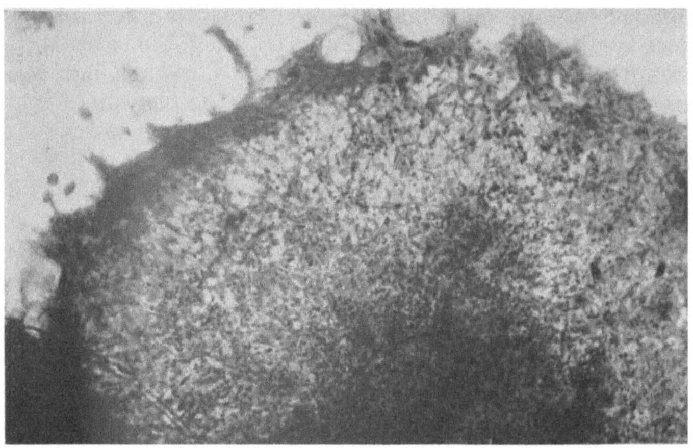

Abb. 66. Gehirnkultur. Kultur ist noch nicht ganz gereinigt, es erscheinen noch immer Epithelmakrophagen. Original.

das Gewebestückchen wohl auf dem Tropfen, haftet aber an demselben nicht fest, so daß es bei nachfolgender Überschichtung mit Extrakt in dem Extrakttröpfchen herumschwimmt. Das Epithel hat dann keinen Halt, um an der Oberfläche eines festen Mediums, wie es den natürlichen Bedingungen im Organismus entspricht, entlangkriechen und eine Decke bilden zu können.

Mit der Spitze einer Nadel oder eines Messers prüft man daher zunächst, ob sich die ersten Fibrinfäden gebildet haben, indem man vorsichtig durch den Tropfen fährt. Hat man dieses Stadium der Gerinnung abgepaßt, so überträgt man mit dem Epithelmesser das Transplantat aus der Waschflüssigkeit in oben beschriebener Weise.

Liegt das Gewebestücken nun flach ausgebreitet auf dem Tropfen, so wird es dann mit einem kleinen Tröpfchen unverdünnten Extraktes bedeckt. Hierbei verfährt man am besten so, daß man das Epithelmesser mit Extrakt befeuchtet und es vorsichtig einmal in schräger Haltung über das Gewebestückchen zieht. Das Befeuchten der Kultur mit der Extrakttropfpipette ist nicht günstig, da die Extraktdecke auf der Kultur dann meist kugelig und zu dick wird.

Das Anlegen der Oberflächenkultur ist nun beendet, das Übertragen der Deckgläschen auf die hohlgeschliffenen Objektträger und der Verschluß derselben erfolgt in üblicher Weise.

Jetzt beginnt meist das Auswachsen des Epithels. In den folgenden Passagen wird das ausgewanderte Epithel beim Umbetten *gestutzt*, d. h. das Anschneiden des umzubettenden Gewebestückchens erfolgt nicht

unmittelbar neben den Rändern des Mutterstückes, sondern im äußeren Drittel der Wachstumszone.

Hat sich durch mehrmaliges Umbetten die Wachstumszone zu einer kompakteren Decke umgebildet, so erfolgt das Teilen der Kulturen. Dies geschieht in derselben Weise, wie bei der Züchtung von Fibroblasten, indem man die Kultur mit einem scharfen Messerschnitt durch die Mitte des Mutterstückes in zwei Hälften zerlegt. Die Ränder werden gestutzt und aus den beiden Hälften nach

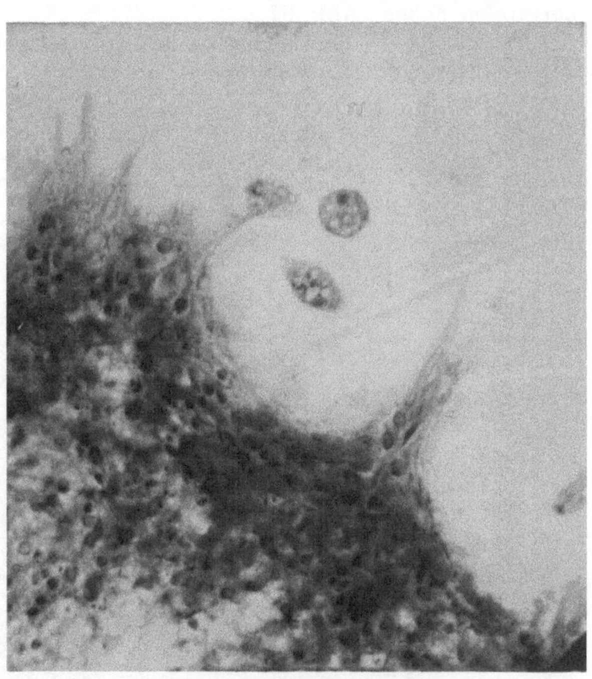

Abb. 67. Stärker vergrößerte Stelle des Präparates, um die Epithelmacrophagen zu zeigen. Original.

kurzem Waschen in Ringerlösung wieder Oberflächenkulturen angelegt.

Ist das verpflanzte Epithelstückchen bzw. ausgewachsene Epithel sehr dünn, so stößt das Umbetten auf ziemlich große Schwierigkeiten. Man versucht dann, die Kultur zunächst durch *Füttern* mit Extrakt zu kräftigen. Hierbei verfährt man folgendermaßen: das Deckglas wird mit der Schichtseite nach oben auf die glatte Fläche des hohlgeschliffenen Objektträgers gelegt. Mit einer Capillarpipette saugt man das verflüssigte Kulturmedium ab, bringt einen Tropfen Ringerlösung auf die Kultur, saugt ihn wieder ab, womit man sogleich die Stoffwechselprodukte der Kultur auswäscht. Dieses Waschen mit Ringerlösung kann mehrere Male wiederholt werden. Dann bedeckt man das Gewebestückchen, wenn es sich um Oberflächenkulturen handelt, nur mit einem Tropfen Extrakt. Handelt es sich dagegen um Kulturen *im* Tropfen, so wird das Gewebestück mit einer Mischung von Extrakt und Plasma bedeckt.

Dauer- und Reinkulturen. Fährt man in der Behandlung der Kulturen in dieser Weise systematisch fort, so gelangt man zu *Dauerkulturen* — das sind Kulturen, die mehrere Monate bzw. Jahre hindurch gezüchtet werden — und zu Reinkulturen. Letztere erhält man beim Epithel verhältnismäßig rasch, unter Umständen schon nach der zweiten oder dritten Passage, sobald sich die Wanderzellen aus dem Mutterstück abgestoßen haben (Abb. 67).

Ehe das eigentliche Wachstum des Epithels beginnt, sieht man vor allem den Reinigungsprozeß des explantierten Gewebestückes und zwar

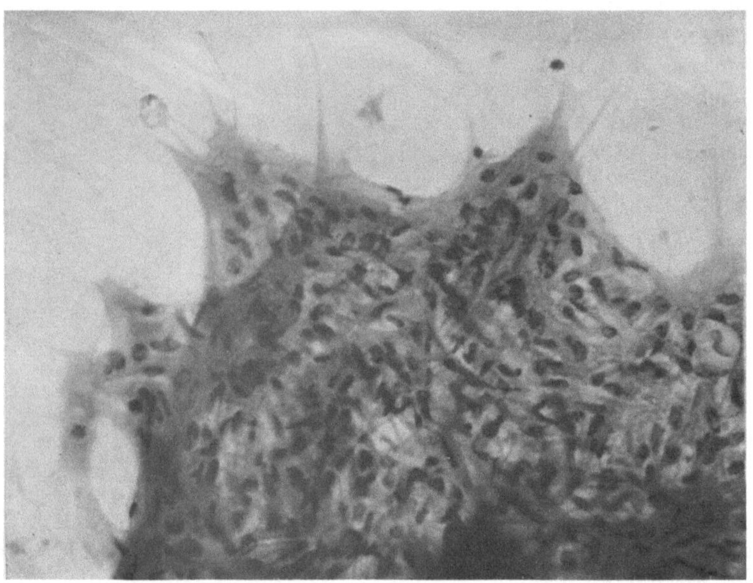

Abb. 68. Ältere Kulturfolge, ebenso stark vergrößert wie Abb. 67.

gilt hier der Satz: je kräftiger der Reinigungsprozeß, d. h. die Ausschwemmung bzw. Auswanderung von Zellen vor sich geht, desto größer ist später die Wachstumstendenz der Reinkultur.

Die ausgewanderten Zellen bestehen entweder aus den eigentlichen, in jedem Gewebe enthaltenen Wanderzellen oder vom Gewebsverband selbst abgeschnürten Zellen und von Blutelementen. Demnach sieht man außerhalb des Gewebestückchens Erythrocyten, Leukocyten, Lymphocyten, fibroblasten-ähnliche Zellen, Zellen vom Makrophagentyp, mesenchymaler oder epithelialer Herkunft.

Durchschnittlich also nach 2—3 Passagen, nachdem sich der Reinigungsprozeß vollzogen hat, beginnt das eigentliche Epithelwachstum. Die *Wuchsform* des Epithels ist platten- oder membranartig und unterscheidet sich dadurch scharf von der Wuchsform der „Fibroblasten", die ein vielfach verflochtenes Netzwerk darstellt. In den Membranen der Epithelkulturen sind die Zellen, die durchschnittlich eine polygonale Form haben, wie Steine im Pflaster angeordnet. Zwischen den einzelnen Zellen ist ein kleiner, ziemlich gleichmäßiger Spalt zu sehen. Die Zellen stehen scheinbar nicht in direktem Kontakt miteinander. Bei stärkerer Vergrößerung sieht man jedoch, daß die Zellen durch feine Protoplasmafäden miteinander verbunden sind — Intercellularbrücken und Intercellularlücken.

Das Cytoplasma der Epithelzellen ist fein gekörnt, gelegentlich pigmenthaltig. Ein Unterschied zwischen Endo- und Ektoplasma ist nicht zu sehen. Im lebenden Zustand ist der Kern groß, meist rund, eine Kernmembran ist nicht sichtbar. Gewöhnlich enthält der Kern einen großen Nucleolus.

Bei der verhältnismäßig geringen Schichtdicke der Epithelmembran lassen sich die Mitosen ausgezeichnet beobachten. Die in Mitose befindlichen Zellen „scheinen sich aus dem Verband herauszuheben", so daß sie besonders gut sichtbar sind. Die Mitosen erfolgen manchmal so häufig, daß die Teilung des Cytoplasmas unterbleibt, so daß man häufig Zellen mit mehreren Kernen bis zur Riesenzellbildung beobachten

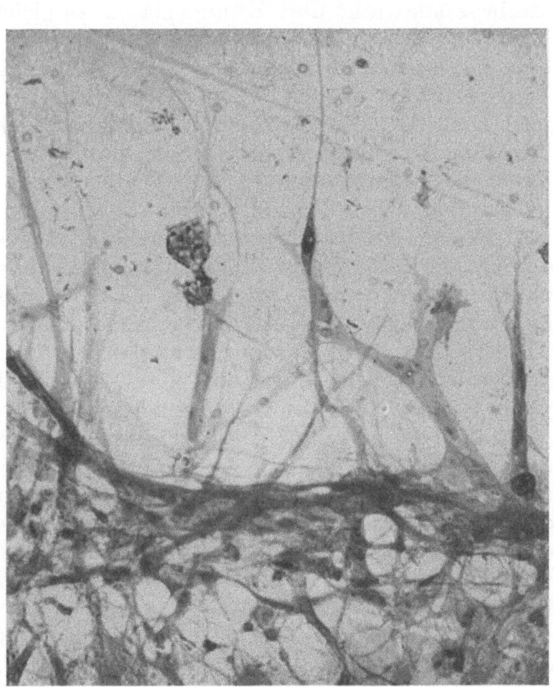

Abb. 69. Heraussprießen von Nervenfasern

kann. Je nach der Konsistenz des Mediums kann die charakteristische Gestalt der Einzelzelle, sowie die ganze Wuchsform sich abändern. Die vorstehende Beschreibung gilt für ein festes Medium. In einem halbfesten Medium wandeln die polygonalen Zellen sich in fusiforme oder fadenförmige, in flüssigem Medium in runde um. Es können dann Wuchsformen ähnlich denen der Fibroblasten entstehen. Bei genauerem Vergleich aber bleiben doch die Charakteristica der Epithelzellen bestehen. Die Ependymzellen sind also embryonale Gehirnzellen, die wir hier in einem nicht voll ausdifferenzierten Zustand halten. Die Möglichkeit aber, daß sie Nervenfortsätze bilden, besteht immer, sowie das Medium das Erscheinen ihrer Charakteristica erlaubt (Abb. 69).

7*

Die vorstehende ausführliche Beschreibung der Technik erlaubt jetzt die Darstellung der Züchtungsart der andern Epithelien kürzer zu fassen, da alle andern Methoden abgeänderte Verfahren des von A. FISCHER zuerst gefundenen sind, die auch der Züchtung des Gehirnepithels zugrunde liegt. FISCHER gelang es, wie schon erwähnt, im Jahre 1922, reines Epithelgewebe zu züchten, und zwar ging er so vor: Mit einem Irismesser nahm er aus dem embryonalen Hühnerauge die Linse heraus. Ein feiner, schwarzer Rand der Iris bleibt unbeabsichtigt an der Linse hängen. Die Linse wird dann in 3—4 kleine Stücke geschnitten und wie gewöhnlich in einem Medium gezüchtet, das aus Embryonalextrakt und Hühnerplasma zu gleichen Teilen besteht. Die Linsenelemente wachsen nicht, aber mitunter kann nach 48 Stunden eine kleine Wucherfläche von Epithel unter dem Mikroskop oder der Lupe gefunden werden. Sehr oft aber zeigt sich erst Epithelwachstum nach mehreren Umpflanzungen. Sollte man schon gleich in dem ersten Medium „Fibroblasten" entdecken, so ist keine Hoffnung, daß man reine Epithelkulturen bekommt.

Zu dem 1. Teil der 20. Übung also wird man sich Embryonalextrakt und Plasma des Huhnes zurechtstellen und aus einem jungen Hühnerembryo die Linse herausschneiden; man bemüht sich, nur die Linse herauszubekommen, denn es bleibt immer ein wenig Gewebe der Iris daran hängen. Ehe man die Linse zerschneidet, macht man sich die hängenden Tropfen zurecht. Da Epithelgewebe einer Unterlage zum Wachstum zu bedürfen scheinen, so setze man erst einen Tropfen von Plasma und Embryonalextrakt auf das Deckgläschen (Zweischichtenkultur).

Sobald dies geronnen ist, lege man das Gewebe auf die Oberfläche des Tropfens. Abb. 70 zeigt eine 6 Wochen alte Kultur von reinen Epithelzellen, in der man auch Mitosen sehen kann. Den Nachweis, daß wirklich Epithelzellen aus der Linse gezüchtet waren, führte FISCHER auf histologischer und physiologischer Basis. In dem 2. Teil der 20. Übung machen wir die Versuche nach. Wir setzen kleine Stückchen einer Reinkultur von Fibroblasten und von Irisepithel auf ein Deckglas zusammen. Wir erblicken nach einigen Umpflanzungen drüsenähnliche Anordnung der Epithelien und können auch färberisch mit VAN GIESON auf Schnitten oder mit Bielschowskyfärbung einmal das Bindegewebe und das andere Mal die Kittleisten des Epithels darstellen.

Der dritte Teil unserer Übung, bei dem wir ganze Querstücke des 12 tägigen Hühnerdarmes in unser gewöhnliches Züchtungsmedium setzen, soll die Ausbildung ganzer Organismen, in denen Epithel und Bindegewebe von Anfang an vorhanden, zeigen. Die Ränder der Schnittflächen werden *vor* dem Einsetzen scharf zusammengedrückt, es bilden sich kleine Kugeln mit den Epithelzotten nach außen. Das Bindegewebe lockert sich auf; ein Gebilde ist entstanden, das sich selbst ernähren kann. Das Ektoderm der Haut und das des Amnions wachsen aus in der Form von Membranen, ebenso das Pigmentepithel der Retina; auch die Epithelzellen der Froschhaut und der der Niere schieben sich in halbflüssigen Medien membranähnlich vor. Die Leberzellen, die Schilddrüsenzellen, das Nierenepithel der Tubuli wachsen oder wandern meistens auch als zusammenhängende Zellflächen aus, während die Blut- und Wanderzellen der Milz, des Knochenmarks, der Lymphknoten und der Thymus als isolierte Zellen auswandern und isoliert bleiben.

Zum Studium der Drüsenzellen wählen wir die Schilddrüse eines jüngeren Tieres. Die embryonale Schilddrüse hat kein spezielles Interesse, da sie sich in dem Plasmamedium von der erwachsenen Schilddrüse nicht abweichend verhält (21. Übung).

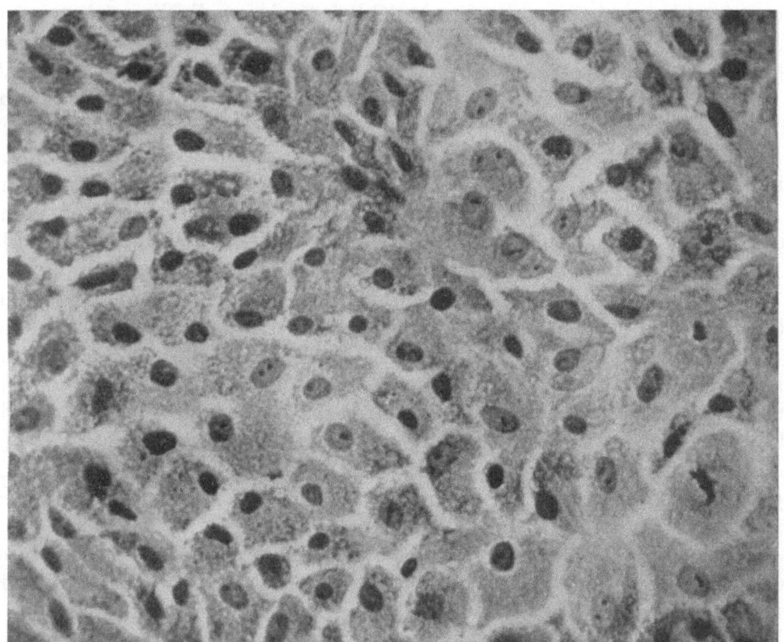

Abb. 70. Reines Epithelgewebe ohne Beimischung von Bindegewebe nach 6 Wochen Züchtung. Nach FISCHER: J. of exper. Med. **34** (1922).

Für die Schilddrüse werden zum Nachweis der kolloidalen Substanzen dieselben Färbmethoden angewandt, wie sie bei der Schnittfärbung üblich sind, nämlich Kolloidfärbung mit polychromem Methylenblau.

Da EBELING nach 5 Monaten noch kolloidale Substanzen in dem von ihm gezüchteten Gewebe nachweisen konnte, ist es sicher, daß hier keine Entdifferenzierung eingetreten war und die früheren Angaben CHAMPYS, welche sich auf die Schilddrüse beziehen, bestehen zu unrecht. *Die Schilddrüse kann dauernd in vitro funktionieren.*

Für viele andere Gewebe aber sind diese Beweise noch nicht erbracht. Beim Studium der verschiedenen Angaben über das Wachstum der Niere, des Endometriums usw. sind die Verhältnisse noch sehr unklar. DREW hat offenbar Nierengewebe gezüchtet. Die feinen Mitochondrien, die er abbildet, gleichen denen des Nierengewebes, aber wir haben hier ein reines Plattenepithel vor uns. Die Strukturierung der Tubuli, die er auf einem andern Bilde zeigt, rührt sicher, da die Nierenkultur nicht langfristig gemacht wurde, von einer Struktur her, die mit dem Ursprungsstück in das Medium gebracht wurde. Wenn die Niere vielleicht 5 Monate gezüchtet worden wäre und sich dann erst die Strukturen gebildet hätten, wäre das Präparat beweisend.

Wir beschränken uns hier also nur auf das Studium der Schilddrüse, die verglichen mit der Niere ein einfach gebautes Organ ist und sich verhältnismäßig unkompliziert in dem Kulturmedium verhält. Die Niere, sobald sie schon embryonal wirklich funktionell Niere ist, macht tiefgreifende Veränderungen als embryonales und erwachsenes Organ durch, deren Beschreibung aber hier zu weit führen würde. Sie ist ein hochdifferenziertes Organ, das ganz im Dienste der Funktion steht und einseitig differenziert ist, wie es auch die Regeneration der verletzten Niere zeigt. Dagegen steht die Schilddrüse auf einer tieferen Stufe, gemessen an der Schnelligkeit und Langsamkeit, mit der sich die Zellelemente sowohl der embryonalen, als auch der erwachsenen Drüse an die Gewebezüchtung anpassen. Die Züchtung des Schilddrüsengewebes erfolgt nach denselben Vorschriften, wie die Züchtung des Gehirnepithels oder des Irisepithels. Es ist besonders darauf zu achten, daß, wenn das Wachstum der Gewebe nicht gut bei einer Decke aus Plasma und Extrakt erfolgt, die Decke nur aus reinem Extrakt zu machen ist. Für das Epithel ist es von Vorteil, mit der Tyrodelösung zu arbeiten, weil die Tyrodelösung, wenn sie zum waschen benutzt wird, doch die Gewebe weniger angreift, als die Ringerlösung; ich wasche aber lieber mit verdünntem Plasma (mit Ringer- oder Tyrodelösung).

Die Umwandlung der kubischen Zellen (Abb. 71) in langgestreckte (Abb. 72), die ja auch hier bei der Schilddrüse auffällt, wenn das Gewebe nicht auf dem Tropfen, sondern in dem Tropfen wächst, ist eine Erscheinung, wie wir sie schon bei der Züchtung des Froschepithels bemerkt haben.

Bei den Kulturen des Epithels ist es dringend notwendig, sich Schnitte anzufertigen, weil die dichteren Gewebe sehr oft der genaueren Untersuchung im Totalpräparat unzugänglich sind. Entweder wende man das auf S. 79 geschilderte Chloroformparaffin-Einbettungsverfahren an, oder man kann auch, wenn man an der Anwendung des Xylol aus irgendwelchem Grunde festhalten will, in Ligroin einbetten, oder, was ich besonders empfehle, die kleinen Gewebsstückchen mit dem *Gefrier*mikrotom schneiden. Sie werden fixiert und gehärtet, mit Eosin in 96% Alkohol vorgefärbt, mit dem Protoplasmahof in Xylol oder Chloroform heruntergenommen, in Lebergewebe eingeklemmt und geschnitten. Sehr instruktiv sind Horizontal- und Vertikalschnitte durch das gezüchtete Gewebe. Der Horizontalschnitt wird parallel dem Deckgläschen geführt, zum vertikalen Schnitt benutze man zuerst die halbe Kultur und die andere Hälfte der Kultur schneide man parallel dem Deckglas. Ganz besonders beim Studium der Muskelgewebe sind Schnitte notwendig.

Je höher differenziert eine Zelle ist, je einschneidender sind die Änderungen, unter welchen sich der Abbau, der in der Bildung von

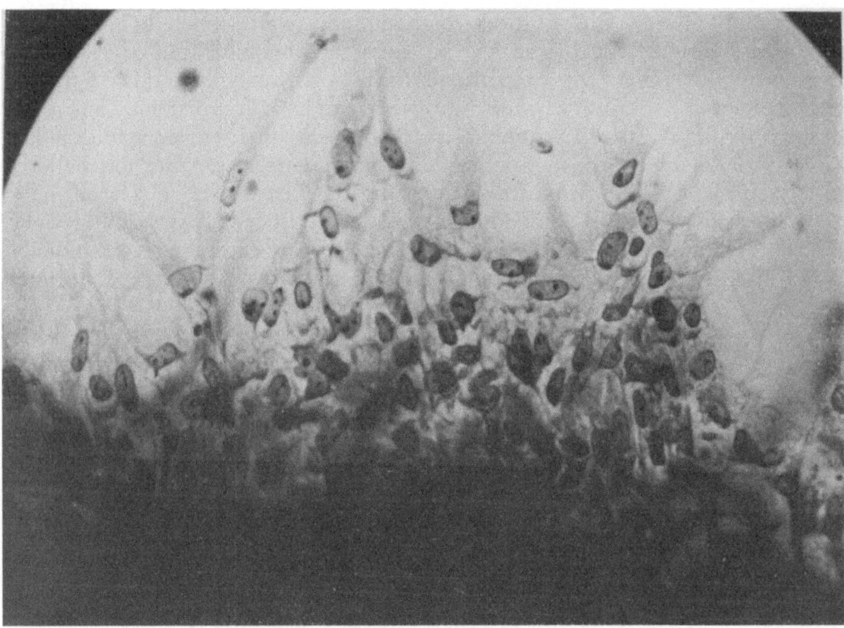

Abb. 71. Reinkultur von Schilddrüsenepithel nach EBELING, auf dem Tropfen wachsend. 1925.

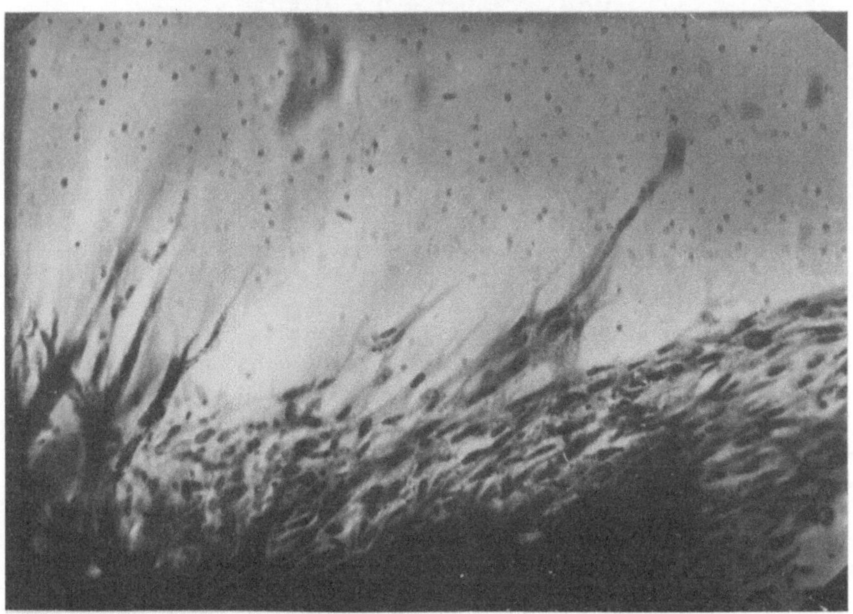

Abb. 72. Reinkultur von Schilddrüsenepithel im Tropfen wachsend nach EBELING, 1925.

Zellformen gipfelt, die in dem Kulturmilieu weiterleben können, im Medium sich abspielt, bis er wie bei Sinnesepithelien kaum oder selten noch vor sich geht. Die Strukturbildung kann auch durch das Fehlen von Zellarten *gehemmt* werden. Im Organismus durchdringen sich *alle* Zellarten; die Auf- und Abbaustoffe, die sie ausscheiden, umspülen jede Zelle. Vielleicht ist diese wechselnde Zusammensetzung des die Zellen in vivo umspülenden Mediums notwendig für ihre endliche Ausreifung.

Über den Einfluß des Bindegewebes auf die Strukturbildung der Epithelzellen sind verschiedene Angaben in der Literatur vorhanden. Wir haben in der 20. Übung schon gesehen, daß, wenn ALBERT FISCHER

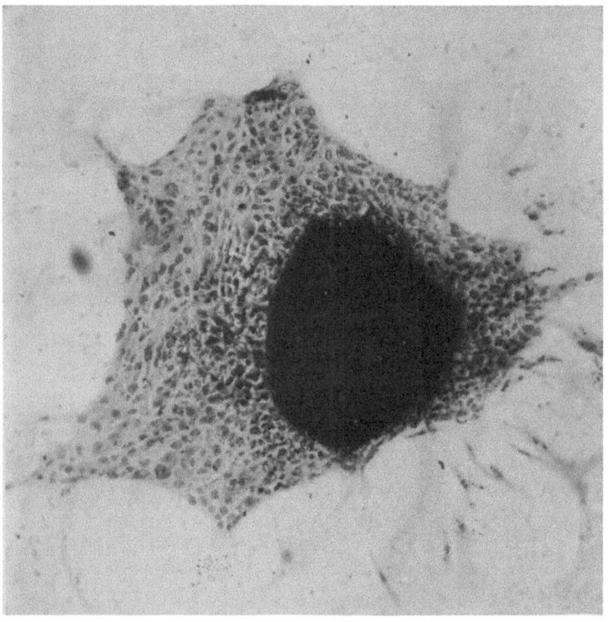

Abb. 73. Original ERDMANN: Meerschweinepithelreinkultur. Man sieht deutlich, wie sich die abgelösten Epithelzellen in der Form verändern. Ebenso, wie beim Froschepithel, strecken sich diese in die Länge.

Reinkulturen von Bindegewebe und Epithelgewebe in eine Kultur zusammenbrachte, sich parallel angeordnete Schläuche bildeten. FISCHER schiebt das auf den Einfluß des Bindegewebes. Das gleiche hat GOLD-SCHMIDT [Arch. f. Zellforschg **14** (1917)] getan, der den Hoden des Seidenspinners züchtete. Sind aus irgendeinem Grunde die Geschlechtszellen gestorben und nur die Follikelzellen lebend erhalten, so wachsen diese sehr stark, während in Kulturen, in welchen die Geschlechtszellen noch leben, die Follikelzellen in bescheidenen Grenzen gehalten werden. Es besteht hier also eine gegenseitige Beeinflussung zwischen den Zellen bindegewebiger und den Zellen epithelialer Natur. Die Beweise für die Zusammenhänge zwischen Epithel und Bindegewebe sind *schwer* zu erbringen, wenn *mit Embryonalextrakt* gezüchtet wird. Im Embryonalextrakt sind ja die Stoffe, die das Bindegewebe im Embryo aufbauen, enthalten. Wir fügen also Enzyme oder Eiweiße hinzu, die in der Kultur eine Beeinflussung der undifferenzierten Mesenchymzellen oder auch der undifferenzierten Epithelzellen — denn im Embryonalextrakt sind auch die Bildungsstoffe für die Epithelzellen vorhanden — verursachen. So kann der Beweis nur erbracht werden, wenn ohne Embryonalextrakt gezüchtet wird. Das wäre ja für Dauerkulturen nicht lange möglich, und daher ist die Frage, ob sich Epithelgewebe und Bindegewebe in vitro gegenseitig beeinflussen, vorläufig nicht zu entscheiden. Soviel aber ist sicher, daß Epithelgewebe allein langsamer wächst und schwerer zu züchten

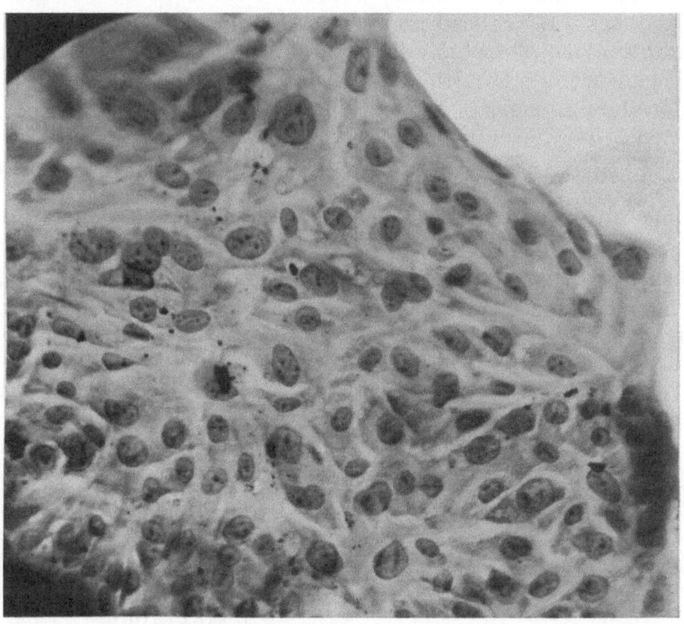

Abb. 74. Kultur wie auf Abb. 73, nur stärker vergrößert.

ist als Mesenchymgewebe. Es wird also im Laufe der nächsten Jahre geklärt werden müssen, welche Gewebe bei welcher Züchtungsart ihre Funktion in vitro behalten, und welche sie sicher unter allen Umständen verlieren. Es wird wahrscheinlich, wie wir aus den Versuchen von EBELING schließen dürfen, teilweise eine Frage der Technik sein. So ist es nicht leicht Magenepithelien zu züchten, diese aber hören nach 2—3 Wochen auf, Schleim zu sezernieren (Abb. 73 u. 74). Alle jene Vorgänge, die als regressiv geschildert werden, sind, wenn sie nicht so hochdifferenzierte Gewebe wie die Sinnesepithelien betreffen, später bis zu einem gewissen Grade aufzuhalten. Voraussichtlich ist aber das richtig, daß hochdifferenzierte Gewebe einen Teil ihrer funktionellen *Attribute* verlieren und sich dann in irgendeiner Form auf das Leben in vitro einrichten. Wie diese Anpassung sich abspielen wird, wieweit die Umdifferenzierung sich erstreckt, hängt von zwei Vorbedingungen ab, dem Charakter des Gewebes selbst und der angewandten Technik.

Von den Zellen des menschlichen Gewebes an bis zu den Protozoenzellen hat man versucht, die Methode der Gewebezüchtung auszuwerten. Am besten erforscht sind die Frosch-, Hühner-, Meerschweinchen- und Kaninchengewebe. Es wird sich also empfehlen, daß Anfänger nur Arbeiten mit Tierarten vornehmen, die schon durchstudiert sind. Aber selbst die Gewebe der erwähnten Tierarten sind nicht alle gleichmäßig durchforscht. So sind erst die bänderartigen, breiten Zellen, die aus dem endodermalen Darm des Huhnes auswachsen, sehr spät als sympathische Nervenfasern erkannt worden. Die Endothelien sind nicht gut abgegrenzt. Es sollen also vom Anfänger zuerst keine Gewebe zu züchten versucht werden, deren Kultur nicht restlos gelingt, sondern das embryonale Herz, Unterhautbindegewebe und Epithelgewebe als die am besten durchforschten, sollten zuerst studiert werden.

IV. Ablauf progressiver und regressiver Vorgänge.

A. Verhalten der Sinnesepithelien in dem Kulturmedium.

Es ist mehrfach schon darauf hingedeutet worden, daß die Züchtung der Epithelien in den ersten Entwicklungsjahren der Gewebezüchtung nicht gelang. Die Sinnesepithelien machten keine Ausnahme, doch hat man in ihnen, in der Zelle selbst, manche interessanten Vorgänge beobachten können. Die Pigmentzellen der Retina, embryonal und erwachsen teilen sich nicht in der Gewebekultur mit der primitiven zuerst ausgearbeiteten Technik gepflegt, sondern bleiben lebend im Medium und zeigen nur eine Umordnung der Pigmentgranula. Um diese Änderung der Polarität der Pigmentgranula darzustellen, verfahre man in folgender Weise:

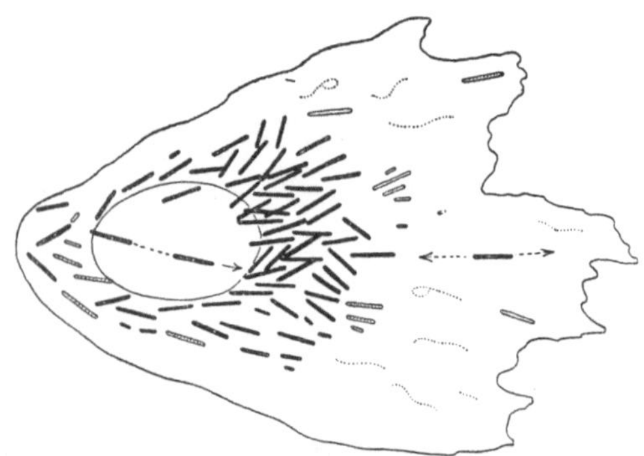

Abb. 75. Schematische Darstellung einer Zelle des Pigmentepithels der Retina. Sämtliche Typen der Pigmentgranula sind gezeichnet. Die feinen Fäden sind die Mitochondrien. Die gestrichelten Granula stellen die grauen Pigmentgranula vor, während die schwarzen und umränderten Stäbchen die verschiedenen Größen und die verschiedenen Gestalten der farblosen und der schwarzen Pigmentgranula zeigen sollen. Nach SMITH: Bull. Hopkins Hosp. 31 (1920).

Man stelle sich Froschplasma und Augenkammerwasser oder Milzextrakt her und lege sich Kulturen des Retinapigmentepithels und des Irispigmentepithels des erwachsenen Frosches an. Zum Vergleich explantiere man kleine Stückchen des Retinaepithels (Abb. 76 a u. b) eines Hühnerembryos vom Alter von 5—15 Tagen entweder in Locke-Lewis-Lösung oder in Plasma. Man wende bei diesen Präparaten bei späterer Beobachtung bei einigen Explantaten Mitochondrien- und Neutralrotgranulafärbung wie beschrieben an.

Pigmentzellen der Retina: die Pigmentzellen strecken zuerst feine Plasmafortsätze ins Medium, die keine Pigmentgranula enthalten. Später reichen die Zellen einzeln oder in syncytialem Zusammenhang schleierartig hervor. Die Granulaarten in dieser Zellform sind verwirrend. Wir sehen stäbchenartige, schwarze oder braune Pigmentgranula, graue als Vorstufen der Pigmentgranula von manchen Autoren gedeutet, Mitochondrien und Neutralrotkörner. Die Pigmentgranula wandern in den Zellen in bestimmten Bahnen von der Peripherie der Zelle bis zum Kern und bis fast zum entgegengesetzten peripheren Rand, abor ein Bezirk der polar angeordneten Zelle bleibt frei von Pigmentkörnern (22. Übung).

Beim Huhn geht dic Polarität, die diesen Zellen eigen ist, nicht ganz bei der Züchtung verloren. Dagegen sind die jetzt zu studierenden Zellen des Pigmentepithels der Iris und der Retina vom Frosch stärkerer

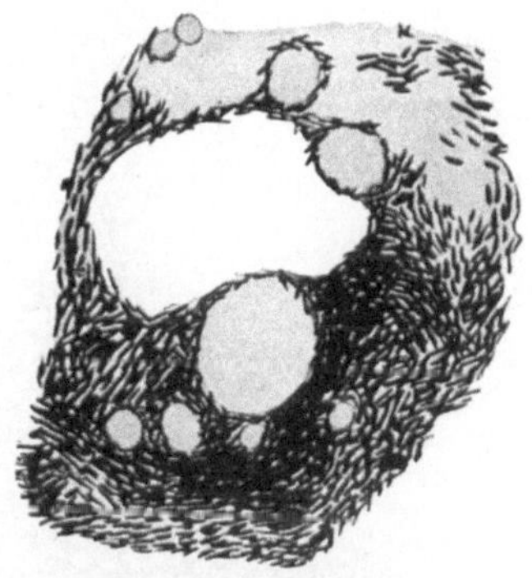

Abb. 76a. Pigmentepithelzellen von Rana pipiens. Nach UHLENHUTH: J. of exper. Med. 24 (1916).

Umordnungserscheinungen fähig. Die pigmentierten Zellen des Retinaepithels, die polar gebaut sind, grenzen mit der pigmentierten Basis an die Retina (Abb. 76a u. b). In dem Teil sind gelbe Ölkugeln vorhanden. Die Zelle verliert in der Gewebekultur die ihr zukommende Differenzierung in zwei verschiedene Abschnitte und beide Pole der Zelle werden

Abb. 76b. Eine andere Pigmentepithelzelle, die sich langsam in dem Medium vorschiebt, mit vollständiger Gestaltveränderung, wie Abb. 76a.

einander gleich. Ebenso verschwindet das Pigment und die strukturellen Anhänge. Die Zelle nimmt die Form einer Bindegewebszelle an und bleibt nicht mehr hexagonal. Auch für die Pigmentzelle der *Iris* gilt das gleiche. Alle strukturellen Verschiedenheiten verschwinden, die Zellen werden beweglich und spindelförmig. Die beiden Zellarten werden in dem halbflüssigen Kulturmedium einander ähnlicher und nehmen bis zum gewissen Grade die gewöhnliche Form der Bindegewebszellen an. Die Retinazellen selber scheinen sich stärker hierbei abzubauen wie die Iriszellen. Auch die Pigmentzellen der Chorioidea verhalten sich in der Kultur bindegewebeartig. Beide Zellgruppen sind im gleichen Medium und verhalten sich doch so verschieden; es müssen besonders hier doch ihnen eigene Unterschiede der Zellen bestehen, die in ihnen fest verankert sind. Pigmentepithel aus der Iris oder aus dem Gehirn ist in *fortlaufenden* Kulturen (Methode KAPEL vgl. S. 96—100) jetzt auch züchtbar; hier wird klar, wie groß die Fortschritte der Methodik der Gewebezüchtung in den letzten 8 Jahren sind.

Damit diese beiden geschilderten pigmentierten Zellarten sich ähnlicher werden können, muß die pigmentierte Retinazelle größere re-

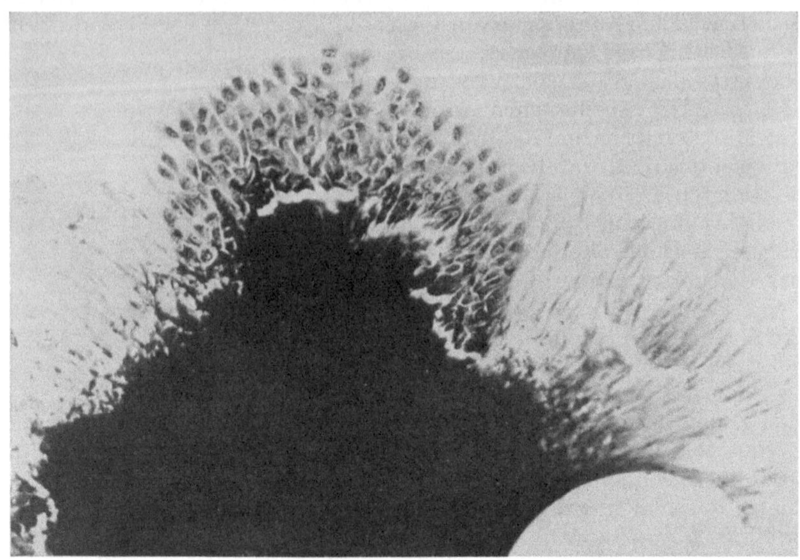

Abb. 77a. Photogramm einer 72 Stunden alten Kultur der Pigmentschicht der Retina von einem 8 Tage alten Hühnerembryo in Locke-Lewis-Lösung. Sowohl Pigmentzellen als auch Mesenchymzellen sind erkennbar. Nach SMITH.

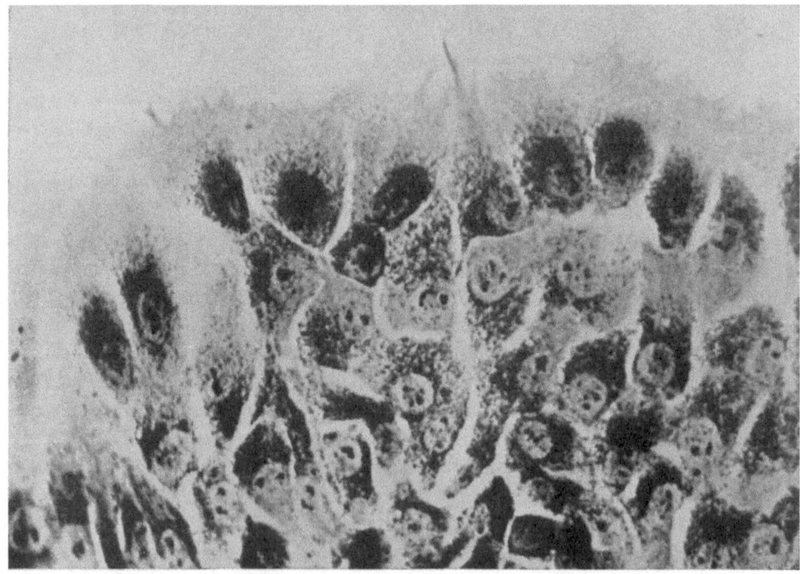

Abb. 77b. Das gleiche Präparat, aber stärker vergrößert. In den meisten Zellen sind die Pigmentgranula um die Centrosphäre angeordnet an der einen Seite des Kernes. Nach SMITH. Wie Abb. 77a.

gressive Veränderungen durchmachen als die pigmentierte Iriszelle. UHLENHUTH macht für die pigmentierte Retinazelle geltend, daß diese Zelle jetzt von einem allseitig gleichmäßig wirkenden Medium umgeben sei, während sie sonst an den entgegengesetzten Polen verschiedenen Einflüssen unterworfen war.

Doch wird sich gerade mit Hilfe der Gewebezüchtung die schwebende Frage, ob die Mitochondrien sich in Pigment umwandeln können, lösen lassen (vgl. das Schema Abb. 75).

Bis heute sind drei Ansichten vorhanden, wie die Pigmentgranula entstehen können. Sind sie Produkte des Zellkerns, der Mitochondrien, des durch Enzyme umgewandelten Zellplasmas?

Die interessantesten und für theoretische Entscheidungen wichtigsten Aufschlüsse werden durch die Züchtung der Epithelzelle, die schon im normalen Leben an verschiedene Medien grenzt, sei es Körperflüssigkeiten und Bindegewebe, sei es Außenwelt und Gewebe, erhalten. Ihr ist eine große Gestaltungsmöglichkeit gegeben. Sie hat die verschiedensten Anhänge, Flimmerhaare, Bürstenbesätze usw. und Inhaltskörper, wie Pigmentkörner und Granula mannigfaltigster Art. Es ist ihr eine ausgesprochene Individualität eigen, daß sie fester organisiert erscheint, wie die schon im Körper potenzhaltige Bindegewebszelle.

B. Verhalten der nervösen Elemente.

Das zweite Übungsgebiet dieses Abschnittes umfaßt die Erscheinungen, die in dem gewählten Medium in Zellen und Strukturen des Nervengewebes vor sich gehen. Früh ist das embryonale Nervengewebe studiert, ja nur dem Wunsche HARRISONS, die Streitfrage experimentell zu lösen, ob die Nervenfasern Produkte der Ganglienzellen sind oder vom umgebenden Plasma erzeugt werden — eine Frage, die noch vor 25 Jahren zur Klärung stand — verdanken wir überhaupt einen Erfolg versprechenden Anfang der Methode der Gewebepflege zuerst bei Kaltblütlern (Froschlarven) und später durch BURROWS bei Warmblütlern (Hühnerembryo). Die Methode wurde aber erst durch die Plasmagewinnung, die BURROWS und CARREL vervollkommneten, weiteren Kreisen beachtungswert. Um das Auswachsen der Nervenfasern unter dem Deckglas zu beobachten, wird es sich empfehlen, entweder Froschembryonen oder Hühnerembryonen zu benutzen (22. Übung). Man wählt nach HARRISON Stadien der Embryonalentwicklung des Frosches, bei denen manche Zellen des Medullarrohres noch keine Fortsätze haben. Man überzeugt sich durch einen Gefrierschnitt oder durch einen Schnitt mit dem Rasiermesser unter dem Mikroskop nach Methylenblaufärbung, wie viele Ganglienzellen des Medullarrohres schon Fortsätze gebildet haben. Dann trennt man das Medullarrohr von den andern Geweben des Körpers und teilt es in Stückchen, die mit dem Binokular auspräpariert worden sind. Nun sind sie fertig zum Einsetzen in das Kulturmedium. Die Stückchen müssen sehr klein sein. HARRISON, der zuerst diese Experimente gemacht hat, hat die Stückchen in Froschlymphe gezüchtet. Wir wollen aber aus technischen Gründen nicht diese für

Nervengewebe historisch älteste Medium zur Züchtung benutzen, sondern wir stellen ein Medium aus Froschplasma und Milzextrakt oder Augenkammerwasser her.

Schon nach kurzer Zeit sieht man Lebensäußerungen der Zellen. Eine ganze Reihe von Zellen umgeben jetzt das eingepflanzte Stück und bilden schleierartige Gewebsinseln. Nach 48 Stunden aber werden die Gewebsschleier durch die Verflüssigung des Plasmas zerrissen und hier und da bilden sich von Zellen freie Räume. Da man im allgemeinen nicht allein Nervengewebe explantiert hat, so ist es wichtig zu wissen, daß sowohl die embryonale Muskelzelle als auch die Epidermiszelle der Froschlarve sich in dem gewählten Medium differenzieren.

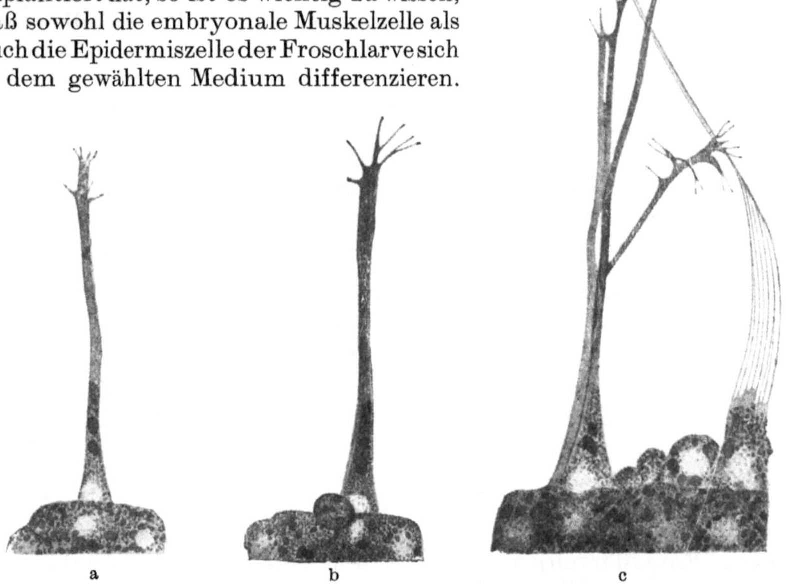

Abb. 78a–c. Kultur aus dem Medullarrohr des embryonalen Frosches. Entstehen von Ausläufern der Ganglienzellen und die Verbindung mit anderen Zellen im Gewebe, drei nacheinander folgende Stadien desselben Nervenkomplexes. 78a 24 Stunden, 78b $25^1/_2$ Stunden, 78c 34 Stunden nach der Explantation. Nach HARRISON: Transact. congr. Americ. Phys. and Surg. 9 (1913).

Die Muskelzellen der Froschlarve erwerben Querstreifung, die Epithelzellen Cilien, auch wenn diese Zellen von ihrem Mutterboden getrennt sind.

So kann es nicht erstaunen, wenn die Ganglienzellen nach 24 Stunden dichte, plasmatische Fortsätze aus dem Zellschleier hervorstrecken. 10 Stunden später hat sich dieser Auswuchs meßbar verlängert und in vier getrennte Fasern geteilt. Immer länger streckt sich nun der Auswuchs, bis er schließlich über 1 mm lang geworden ist. Das Ende jeder Faser zeigt fingerförmige, unregelmäßige Pseudopodien, die in ständiger Bewegung sind. Sie bestehen aus amöboidem Protoplasma, welches von der Ursprungsstelle stammt. Diese Endbäumchen der Fasern oder Plakoden sind die Bewegungsmittel der Nervenzelle. Das Plasma wird ungefähr im Zeitraum von 1 Minute 1 μ weit vorgeschoben und die Zelle rückt entweder nach oder die Faser wird stark gestreckt (Abb. 78a—d).

Diese schon im Jahre 1904 von HARRISON gefundenen Ergebnisse sind von vielen Forschern bestätigt und erweitert. Ich erwähne nur hier die Arbeiten von BRAUS.

Hat man keine Froschembryonen, so empfiehlt es sich, Hühnerembryonen zu verarbeiten. Das Rhombencephalon eines 4 tägigen oder Großhirn eines 12 tägigen Hühnerembryos eignet sich besonders gut zum Ansetzen von Kulturen. Hierbei ist äußerste Schnelligkeit nötig und es empfiehlt sich nicht, das herausgeschnittene Stückchen erst in Waschflüssigkeiten zu bringen, sondern man zerteilt das Gewebe schnell in einem trocknen, sterilen Glasschälchen und bringt es in das Kulturmedium. LEVI hat besonders gute Erfolge durch diese Methode erhalten und auch die Bildung von Endbäumchen, auch Faserverflechtungen und das selbsttätige Auswandern von Ganglienzellen gesehen. Man sieht also daraus, daß von einem eigentlichen Wachstum der Warmblütler-Nervenfaser, ehe man nicht eine Ependym-Reinkultur gewonnen hat, nicht die Rede sein kann (s. S. 95—100). Die Lebenserscheinungen bestehen nur in der Umgruppierung des Zellplasmas, das sich in der explantierten Ganglienzelle schon befindet.

INGEBRIGTSEN züchtet Nervenfasern aus Spinalganglien

Abb. 78d. Kultur aus dem Medullarrohr des embryonalen Frosches. Entstehen von Ausläufern der Ganglienzellen und die Verbindung mit anderen Zellen im Gewebe. 5. Stadium desselben Nervenkomplexes. 58 Stunden nach der Explantation. Diese Abbildung ist weniger stark vergrößert wie die vier vorigen. Nach HARRISON. Wie Abb. 78a—c.

des Kleinhirns eines eben geborenen Säugers (s. Abb. 79, 80, 82). Hier fallen im gefärbten Präparat die vielen Gliafasern und die eine Nervenfaser auf (Abb. 82). Lebend läßt sich dieser Unterschied nicht leicht nachweisen.

Abb. 79. Ganglienzelle, die sich aus dem Verbande der übrigen Spinalganglien freigemacht hat und große Fortsätze in das Medium streckt. 4 Tage alte Kultur aus den Spinalganglien eines 7 Monate alten Kaninchens. Nach dem Leben. Nach INGEBRIGTSEN: J. of exper. Med. 17 (1913).

INGEBRIGTSEN hat Formalinfixierung, Heldsche Molybdän-Hämatoxilinfärbung mit nachfolgender Differenzierung in Weigertscher Flüssigkeit zur Darstellung seiner Präparate verwandt, doch war das Resultat nicht ganz befriedigend. LEVI fixiert mit Zenker, dann in der Maximowschen Lösung und färbt mit Heldschem Molybdän-Hämatoxilin. Er wäscht vor der Fixation mit Ringerscher Flüssigkeit aus. Wir gehen hier auf dies schwierigste Gebiet, das Wachstum der Glia- und Nervenfasern, nicht weiter ein, sondern studieren noch am lebenden Präparat die Bildung von Anastomosen und Endverzweigungen der Nervenfasern nach G. LEVI.

Im Verlauf von 2 Stunden beobachtet LEVI deutlich in arteigenem Plasma die Bildung von feinen Faserbrücken zwischen zwei parallel nebeneinanderliegenden Fasern des Rhombencephalons eines 3 Tage alten Hühnerembryos im Leben (23. Übung). In diesen aus dem Rhombencephalon auswachsenden dicken Fasern laufen zuerst die Nervenstränge parallel. Diese dicke Faser streckt sich im Verlauf von

5 Stunden und wächst zu einem sehr langen Faden aus. Bei dem unter-
suchten Beispiel wachsen die beiden Äste des ursprünglichen Nerven-

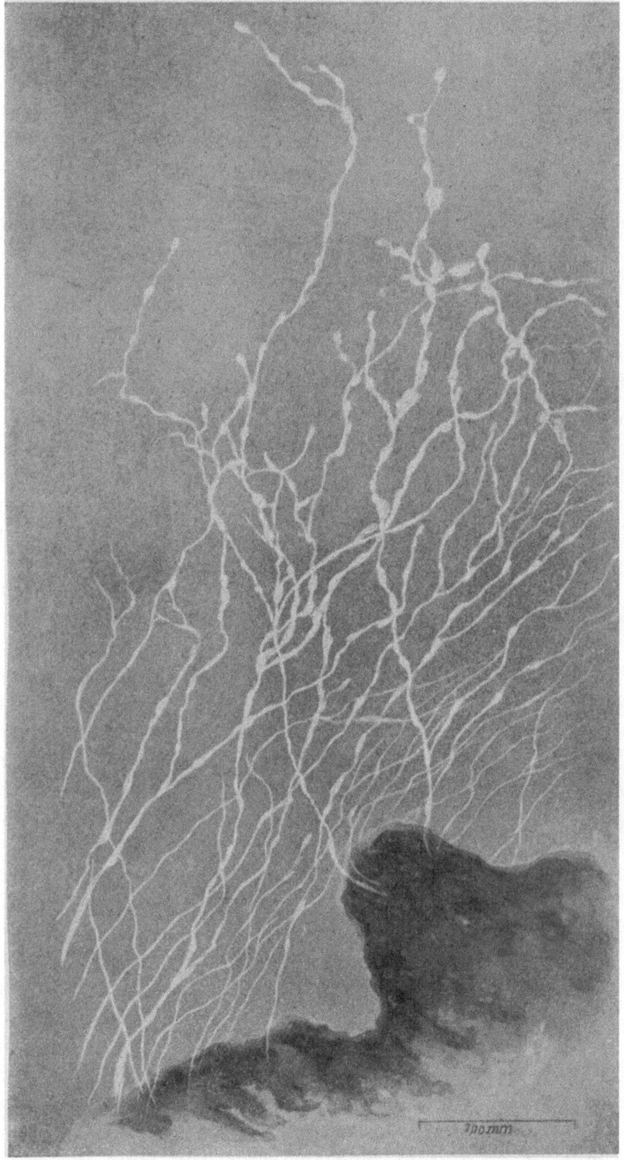

Abb. 80. Fortsätze der Ganglienzellen und der Gliazellen aus einem Stückchen des Cortex eines
3 Wochen alten Hundes, 3 Tage im Medium. Nach INGEBRIGTSEN.

stranges nicht mit gleicher Geschwindigkeit. Sie waren im Anfange
gleichgroß, am Schluß der Beobachtungszeit ist der eine doppelt so

lang wie der andere (Abb. 81). In den schon gebildeten feinsten Fäden des Endbäumchens bilden sich neue Fäserchen. Diese Fäserchen werden dann mit Plasma gefüllt, und es entsteht ein fächerartiges Gebilde, das sich später strecken und wieder neue Fasern aus sich herauswachsen lassen kann. So wiederholt sich das Spiel der Bildung von Endknospen und Endplakoden fortwährend und dient dazu, die Nervenfasern zu verlängern. Auch kurze Neuriten, deren Verbindungen mit der Ganglienzelle noch sichtbar sind, verlängern sich auf diese Weise. Die Spinalganglien dringen aus dem Gewebe im allgemeinen als dicke, kräftige Zylinder zuerst heraus, in denen man die einzelnen Fasern deutlich unterscheiden kann. Im Verlauf von ungefähr 7 Stunden ist aus den kurzen Fortsätzen langes fädiges Gebilde entstanden, das an seinen Enden zahlreiche Verästelungen hat.

Um dies nachzuprüfen, beobachte man eine Stelle des Präparats fortgesetzt und zeichne sie in kurzen Zeitabständen. So sieht man, daß eine Nervenfaser zuerst an ihrem einen Aste zahlreiche Endknospen hatte, die sich dann bald in ein Gewirr von vielen Fäden auflösen. Sehr häufig entsteht auch durch Bildung von freien Stellen

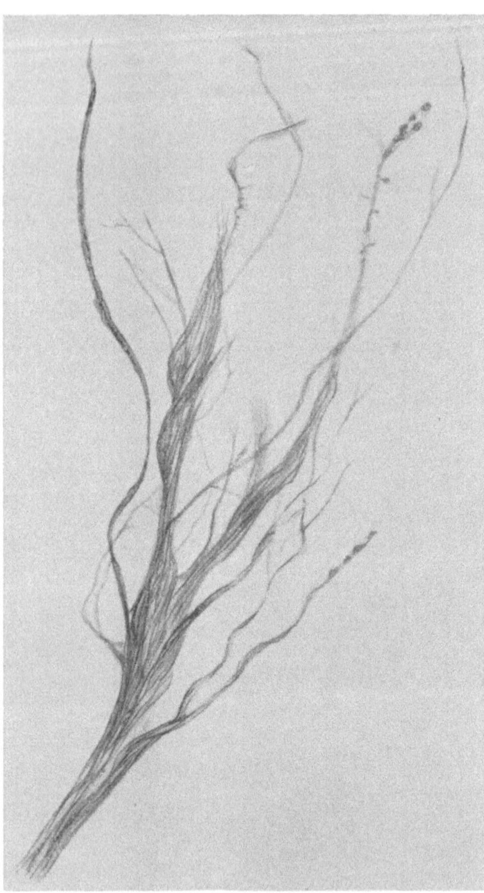

Abb. 81. Anastomosen- und Plakodenbildung aus dem Rhombencephalon eines jüngeren Hühnerembryos, 3 Tage gezüchtet. Nach LEVI: Atti Accad. naz. Lincei, 5. Seric, 12 (1917).

aus einem Nervenplexus ein verzweigtes Fasergeflecht, das zahlreiche Anastomosen besitzt, also der früher die ganze Fläche ausfüllende Nervenplexus ist aufgeteilt in ein feinstes Gitterwerk. Wieder können sich diese Fasern zusammenschließen zu einem Nervenstrang und sich später wieder in feinste Fäserchen auflösen. Einzelne Neuroblasten können aus dem Plasma auswandern und neue Verzweigungen bilden. Es ist aber Vorbedingung, das feine Verbindungen mit dem Ursprungsgewebe existieren, ist die Zelle vollständig getrennt, so stirbt sie nach kurzer Zeit ab.

Es scheint also, als ob sie ihre Nahrung aus dem eingepflanzten Gewebe zieht.

Die in fixierten Präparaten erscheinende Gesamtheit der Fibrillen existiert nicht im Leben, doch sind lebend einzelne fibrilläre Fasern beobachtet worden.

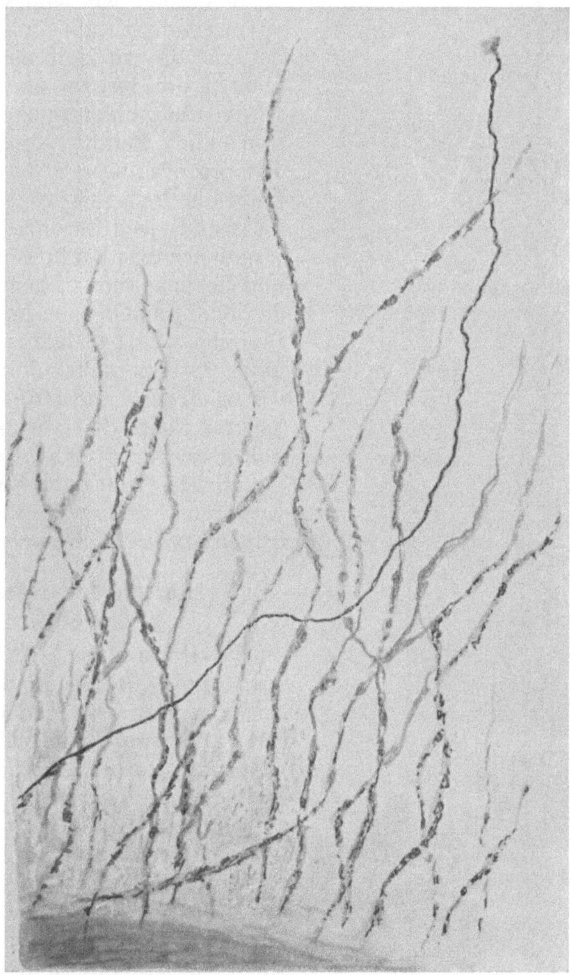

Abb. 82. Auswachsen einer Faser aus dem Kleinhirn eines eben geborenen Meerschweinchens, 2 Tage alte Kultur. Gefärbtes Präparat, das den Unterschied zwischen Nervenfortsätzen und Gliafasern zeigt. Nach INGEBRIGTSEN: J. of exper. Med. 18 (1913).

Zum Schluß fertigen wir uns noch Kulturen von den Darmschlingen des Hühnerembryos an (7 Tage alt). Aus ihnen wachsen breite Bänder in der Locke-Lewis-Flüssigkeit schon in kurzer Zeit heraus. Diese zeigen Mitochondrien und Neutralrotkörner; es sind sympathische Nervenfasern (Abb. 83).

8*

Die Hinfälligkeit der nervösen Elemente im allgemeinen ist groß; echtes Wachstum, manifestiert durch mitotische Teilungen, ist nicht beobachtet worden.

So haben wir von den Mesenchymzellen des embryonalen Hühnerherzens bis zu den nervösen Elementen der Retina eine Reihe, die wieder die Abhängigkeit von Funktion und Zelldifferenzierung zur Potenzgröße zeigt. Je größer die funktionellen Ansprüche an eine Zelle sind, je differenzierter sie ist, je geringer ihre Umbildungsfähigkeit und Lebensdauer in dem Explantat. Je höher das Gewebe in der Wirbeltierreihe steht, je früher tritt schon diese Potenzbeschränkung ein, wie wir bei Frosch und Huhn sehen. Das beweist auch die gewonnene Reinkultur aus dem Gehirn des Huhnes (vgl. S. 97—100, nach KAPEL), es ist Ependym, das wir züchten also frühembryonales Gewebe.

C. Verhalten des Herzklappengewebes.

Es ist schon seit COHNHEIM strittig, ob alle bei der Entzündung erscheinenden Rundzellen der Pathologen lympho- oder leukocytären Ursprungs sind oder ob das umgebende Bindegewebe Rundzellen ausschmilzt.

Die Herzklappe der erwachsenen Katze, Ratte oder Ringelnatter eignet sich zum Studium des Abbaues des Bindegewebes oder der elastischen Fasern, bei dem auch Rundzellen frei werden, wie schon lange von GRAWITZ betont. Man bereitet sich Ringelnatterplasma oder je nach Wahl Ratten- oder Katzenplasma vor (24. Übung). Bei der Zubereitung des Ringelnatterplasmas muß man besonders darauf achten, daß das Plasma selbst keine

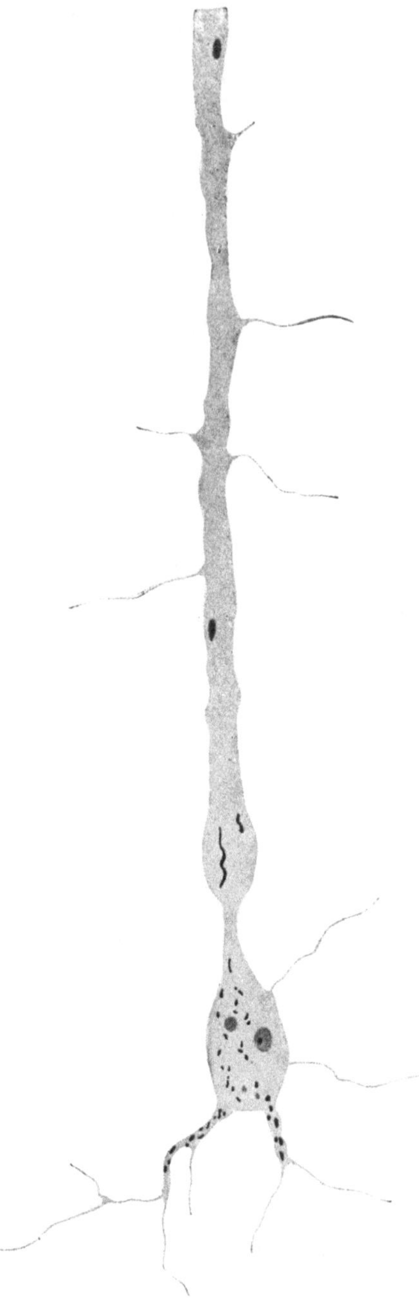

Abb. 83. Auswachsende sympathische Nervenfaser aus dem Darmkanal eines 7 tägigen Hühnerembryos, 2 Tage in Locke-Lewis-Lösung. Nach MATSUMOTO: Bull. Hopkins Hosp. N. 349 (1920).

dem Blut vorher schon eigenen Bakterien enthält, da das Blut der wechselwarmen Tiere mit commensalen Bakterien beladen ist, die dann natürlich bei der Plasmabereitung mit in das Plasma gelangen. Es empfiehlt sich also, vor der Bereitung des Mediums einen Blutausstrich zu machen, um zu sehen, ob man viel oder wenig Bakterien im Plasma hat.

Das Herauspräparieren der Herzklappe ist nur unter der binokularen Lupe möglich. Man öffnet mit einem Sektionsschnitt das Herzsagittal und sieht dann die Mitralis unter der Lupe frei in das Lumen des Ventrikels hineinhängen. Sie ist durch ihre weißliche Färbung im Gegensatz zu dem rötlichen Herzgewebe kenntlich. Man schneidet die Mitralis oder irgendeine andere Klappe an einer Ansatzstelle ab und zerteilt sie in Ringerscher Lösung in kleine Stückchen. Es empfiehlt

sich, ehe man das Gewebe zerstückelt, die schleierartige Unterhälfte abzuschneiden und in einem besonderen Schälchen getrennt zu zerstückeln. Ebenso die steife, durch derbe Bindegewebsfibrillen gestützte andere Hälfte.

Man soll die Stücke mit der binokularen Lupe durchmustern und sehen, ob man nicht Stückchen der Herzklappe bekommen hat, in denen sich kleine Ge

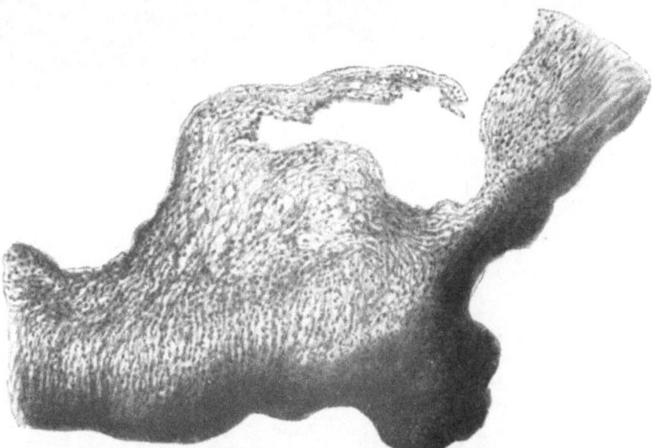

Abb. 84. Normale Herzklappe der Schlange. Zeigt den oberen, mit starken Bindegewebsfibrillen und elastischen Fasern versteiften Teil und den unteren, schleierartigen Teil. Nach ERDMANN: Arch. Entw.mechan. 48 (1921).

fäße befinden. Diese müssen ausgemerzt werden, weil sie später bei der Deutung der Veränderungen nur Verwirrung anrichten könnten.

Man beobachte die Kulturen in Abständen lebend und konserviere nach 6, 18 oder 24 Stunden die Stückchen in Alkohol für elastische Faserfärbung, in Orthschem Gemisch oder nach CARNOY für die anderen Färbungen. Die Lebendbeobachtung der Herzklappe zeigt dem ungeübten Beschauer nur wenig Veränderungen in den ersten Tagen, später aber sieht man mittelfeine und feine Fibrillen einen Schleier um das eingepflanzte Gewebestück bilden. Ihrem Lichtbrechungsvermögen nach sind sie elastische Fasern und lassen sich auch im Schnitt gut färberisch darstellen. In den ersten Tagen zeigen zur Kontrolle hergestellte Totalpräparate Auswanderung von runden Zellen. Bei günstiger Wahl kann man sehen, daß diese runden Zellen aus vorher langsam sich bewegenden Bindegewebszellen entstanden sind. Diese runden Zellen zeigen, daß sich die Kitt-, Bindegewebs- und elastische Substanz des eingepflanzten Stückes im Plasmamedium gelöst hat. Hierdurch werden die erwachsenen Bindegewebszellen frei und wandern langsam in das umgrenzende Plasmamedium. Durch die Auflösung der erwähnten Substanzen erscheinen große Vakuolen in dem eingepflanzten Stück

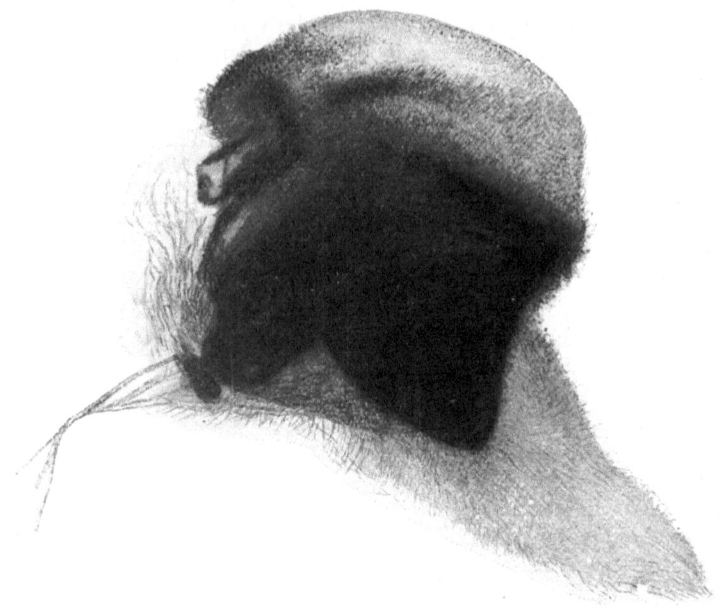

Abb. 85a. In Plasma eingepflanztes Gewebestückchen der Herzklappe der erwachsenen Schlange nach 14tägigem Verweilen im Plasmamedium. Man beachte den Unterschied zwischen den neugebildeten und den eingepflanzten lebenden Gewebsteilen. Nach ERDMANN (1921). Wie die vorigen Abbildungen.

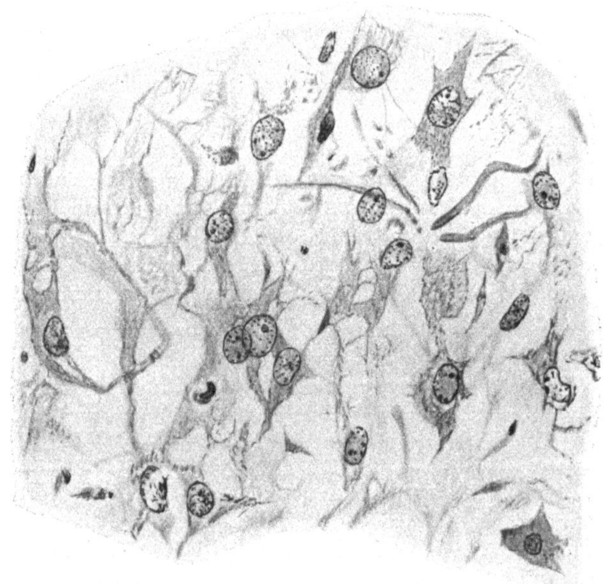

Abb. 85b. Dasselbe Material, 3 Tage bebrütet, zeigt die Auflockerung des Gewebes und die Füllung der Kerne mit Kernsaft. Nach ERDMANN (1921). Wie Abb. 85a.

(Abb. 85 b u. c). Die Veränderungen lassen sich gut an Schnittbildern nachweisen. Man sieht die Bindegewebszellen mit ihren langen derben Fortsätzen, die aus ihr herauswachsen, umgeben von Vakuolen, frei liegen. In manchen Zellen kann man ein amitotisches Zerbrechen der Kerne erkennen, aus denen höchstwahrscheinlich neue kleine, runde Zellen, die später reichlich im Präparat sind, gebildet werden. Letztere kann man besonders gut an Präparaten der Herzklappe der Ratte beobachten. Die runden, ausgewanderten Zellen differenzieren sich später wieder in Zellen mit präkollagenen Fasern zurück. Da wir kein Diagnostikum haben, ob die Fibrillen bindegewebig oder elastisch sind, denn sie färben sich nicht bei den entsprechenden Färbungen, so können wir sie mit LAGNESSE „präkollagen" nennen. Sie werden durch Färbung nach VAN GIESON gelblich gefärbt. Die präkollagene Substanz bildet wahrscheinlich die Matrix für kollagene und elastische Fasern [vgl. die Arbeiten von den Schülern MAXIMOWS, BLOOM, MCKINNEY, SILBERBERG usw., Arch. f. exp. Zellf. 9, 732 (1929)].

Es zeigt sich also deutlich, daß das erwachsene Herzklappengewebe einschneidender Veränderungen, die als Ab- und Umbau gedeutet werden können, fähig ist. Man färbt die Schnitte, die man sich aus gezüchteten Stückchen

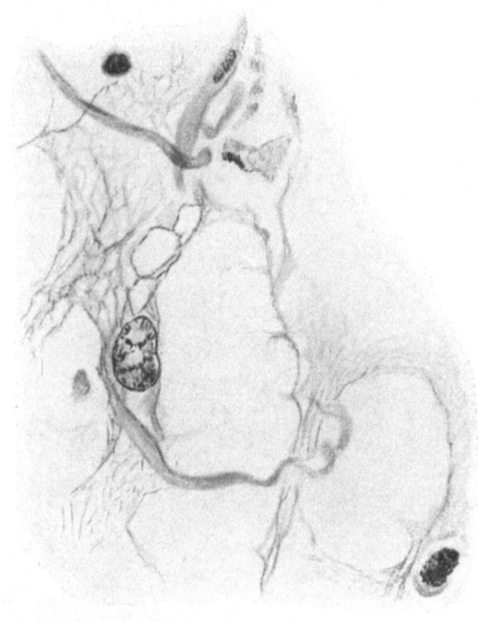

Abb. 85 c. Dasselbe Präparat bei stärkerer Vergrößerung. Nach ERDMANN (1921). Wie Abb. 85 b.

vom 1., 2., 3., 4. usw. Tage hergestellt hat, mit Bindegewebsfärbungen (VAN GIESON) und elastischer Fasernfärbung bei der Schlange.

Blaue Elasticafärbung modifiziert für Herzklappen der Schlange:
Diese Färbung wird nur für Schnitte angewandt. Man bringt das Material, um es zum Schneiden vorzubereiten, in

Alk. absol.	1—2 Stunden
Chloroform	2 Stunden
Chloroform-Paraffin	über Nacht
Weiches Paraffin	5—6 Stunden
Hartes Paraffin	1—2 Stunden

Danach Einbetten in Paraffin.
Die gewonnenen Schnitte werden vorgefärbt in Lithion-Carmin 24 Stunden. Ausspülen in Aqua dest. Nachfärben in blauer Elasticafärbung 10—16 Stunden. Die Farbmischung bereitet man aus: 100 ccm Salzsäure-Alkohol + 5 ccm Fuchselin. Kurz differenzieren in Alkohol 96% und Weiterführen der Präparate, wie bei den vorher beschriebenen Methoden angegeben.

V. Nutzbarmachung der Methode der Gewebezüchtung zur Lösung noch strittiger Fragen.

Mit Hilfe der Methode der Gewebezüchtung sind bis jetzt eine Reihe von Versuchen ausgeführt, die fest umschriebene biologische Fragen zu lösen versuchten. Es soll hier gesagt werden, daß besonders solche Probleme in Angriff genommen werden sollten, die nur mit Hilfe dieser Methode gelöst werden können. Stehen dem Experimentator andere Wege offen, so muß er natürlich diese auch gehen und erst als Ergänzung

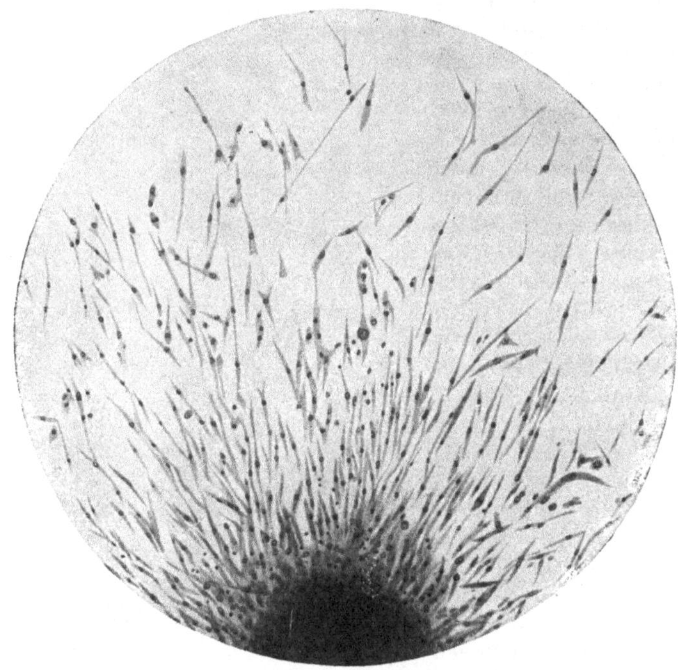

Abb. 86. Rattensarkomzellen, 3 Tage in Taubenplasma gezüchtet. Das Anfangswachstum im fremden Plasma nicht gestört, später zeigen sich Schädigungen. Nach LAMBERT und HANES: J. of exper. Med. 14 (1911).

sich der Methode der Gewebezüchtung bedienen. Die Methode der Gewebezüchtung kann nur in eng umschriebenen Grenzen angewandt werden, sie ist kein Allheilmittel, um neue Ergebnisse zu finden und darf auch keine Modesache sein.

Seit der ersten Ausgabe dieses Praktikums hat ganz besonders durch die Bemühungen der Krebsforscher die Methode der Gewebezüchtung auf diesem Gebiete große, bahnbrechende Erfolge erzielt.

Um Tumorkulturen anzusetzen (Übung 25), narkotisiere man schwach das betreffende Tier und nehme steril den Tumor heraus, spüle ihn in Ringerscher Lösung ab und schneide die weißlichen, nichtnekrotischen

Teile für die Bearbeitung ab. Sie werden dann genau so, wie jedes andere Gewebe in kleine Stückchen zerteilt und in die betreffenden Medien getan. Es empfiehlt sich nicht, menschliche Tumoren, die ja verhältnismäßig leicht aus jeder chirurgischen Klinik zu bekommen sind, zu nehmen, da diese sehr häufig schon nekrotisch sind und Bak-

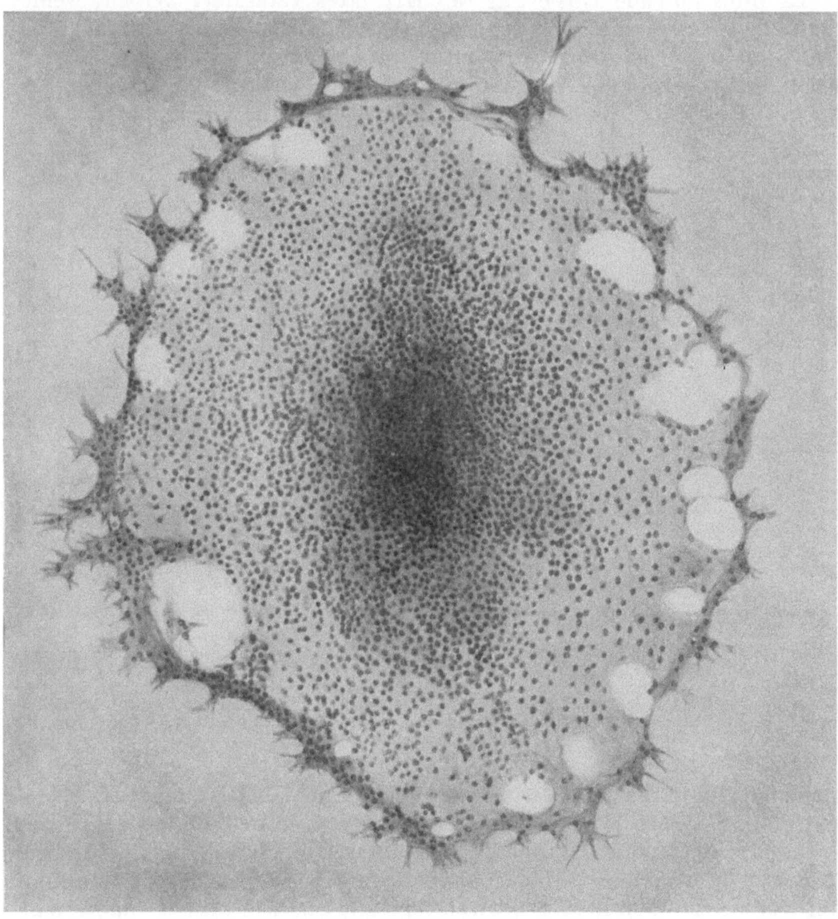

Abb. 87. Mäusecarcinomzellen, 5 Tage in Taubenplasma gezüchtet. Nach LAMBERT u. HANES: J. of exper. Med. 14 (1911).

terien enthalten. Am leichtesten wird ein Mäusecarcinom oder ein Rattensarkom zu beschaffen sein.

Man stellt sich Rattenplasma, Hühnerplasma und Hühnerembryonalextrakt, Herzgewebe von Ratte oder Huhn, das einige Tage in Ringer gelegen hat, zurecht. Dann beginnt tuman mit der Auspflanzung der kleinen Stückchen. Es empfiehlt sich, und wir wollen uns hier an das Rattensarkom halten, diese Stückchen nicht zu klein zu machen und

sie, nachdem sie 2 Stunden in Rattenplasma gelegen haben, wieder
umzupflanzen. Durch diesen ersten Reinigungsprozeß bleiben viele der
nekrotischen Zellen auf dem ersten gebrauchten Deckglas liegen. Bei
der zweiten Umbettung lege man eine Zweischichtenkultur an: 3 Teile
Hühnerplasma, 1 Teil Hühnerembryonalextrakt, 1 Teil Rattenplasma.

Es muß nun die Dosierung des Extraktes verändert werden; wenn
die Zellen sehr stark zerfallen, ist die Menge des Extraktes zu groß.
Ehe man die Decke auf die Kultur legt, bringt man ein sehr kleines
Stückchen Herzgewebe des Huhnes oder der Ratte ziemlich nahe an
die Kultur heran. Es ist die Regel einzuhalten, daß man das Zusatz-

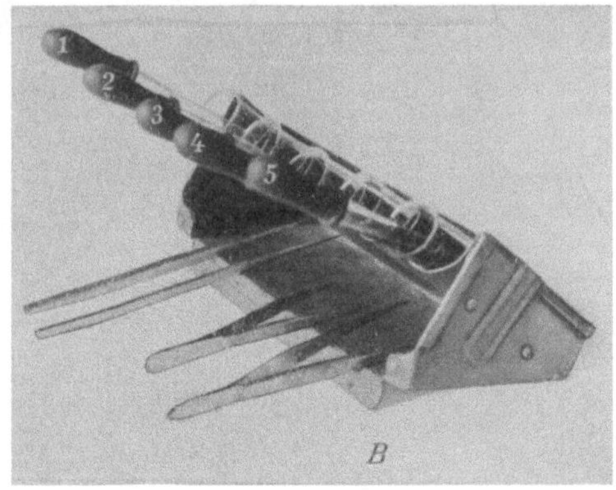

Abb. 88. Kupfergestell, um die zur Herstellung des Kulturmediums nötigen Flüssigkeiten während
des Ansetzens der Kulturen steril vorrätig zu halten.

A Gestell für die Sterilisation, vorbereitet mit 5 Reagenzröhren. Das Ganze soll mit Packpapier
umwickelt sein.

B Das Gestell ist für das Ansetzen der Kulturen fertig. Die Pipetten mit Gummikappen sind
in die Röhren gestellt. Pipette 1 ist mit flüssigem Plasma gefüllt; Pipette 2 mit Embryonalextrakt; Pipette 3 mit Lockescher Lösung; Pipetten 4 und 5 sind leer (oder evtl. 4 mit verdünntem
Plasma. 5 leer; je nach dem Bedarf werden die Pipetten mit verschiedenen Flüssigkeiten gefüllt).
Auf dem vom Staube geschützten Boden setzt man während der Herstellung der Kulturen die
sterilen Instrumente.

stückchen ungefähr 10 mal so klein macht wie das Ursprungsstückchen
des Tumors. Man kann später, wenn der Tumor gut wächst, auch
lebende Fibroblasten dazusetzen (s. Abb. 90), nachdem man genau die
Tumorzellen kennt. Bei den späteren Umbettungen schneidet man ein
Teil der neugewachsenen Kulturen sehr gut ab, wie immer, und erhält
sehr üppig wachsende Kulturen.

Es ist nötig, ab und zu Schnitte der Kulturen anzufertigen, um die
histologische Zusammensetzung zu sehen.

Zuerst sind noch viele rundliche Zellen (s. Abb. 90) vorhanden,
Makrophagen. Sie verschwinden später und werden, wenn man die
gezüchteten Tumorenstückchen wieder einpflanzt (CARREL 1928), vom
Wirt wieder neu gebildet. Hat man seine Kulturen ungefähr 20 Wochen
gezüchtet, so empfiehlt es sich, sie wieder einzupflanzen, um zu sehen,
ob das Tumorgewebe virulent ist. Nicht immer erscheinen Tumoren,
besonders nicht bei der Ratte, während bei den Arbeiten mit den

Mäusecarcinomen, wie es scheint, leichter positive Ergebnisse zu erzielen sind.

Will man viele Kulturen anlegen, so benutzt man das auf S. 81 u. 82 angegebene Flaschenverfahren und das von A. FISCHER in die Methodik eingeführte Kupfergestell (Abb. 88), das beim Ansetzen mit vielen verschiedenen Medien die sterile Arbeit erleichtert. Es ist aber immer notwendig, *Deckglaskulturen* nebenbei mitzuführen, um die Veränderungen der Tumorzellen zu beobachten.

Es fällt hier auf, daß das Medium fast nur heterolog ist und daß Zusätze von Gewebe notwendig sind. Die früheren Züchter LAMBERT und HANES, CHAMPY und ERDMANN hatten auch Tumoren für kürzere oder längere Zeit wachsend erhalten und dann, als sie diese Kulturen wieder einpflanzten, erhielten sie nicht immer wieder Tumoren. Das zeigt, daß sie nicht das richtige Medium für die Kultur der Tumorzellen gefunden hatten. Erst ALBERT FISCHER gelang 1924 die fortlaufende Züchtung und Virulenterhaltung des Rousschen Hühnercarcinoms. Das Verflüssigen des Mediums, daß den anderen Forschern Schwierigkeiten machte, konnte jetzt für die Züchtung der Tumoren vermieden werden, nachdem CRACIUN das Heparin in die Gewebezüchtung eingeführt hatte (1924). Hierdurch konnte man für längere Zeit das Rattenplasma ungeronnen erhalten. Danach haben CARREL, ERDMANN, FISCHER und LASER für längere Zeit Säugetiertumoren gezüchtet und virulent erhalten. Am leichtesten erscheint dies bei dem Mäusecarcinom zu sein, ebensoleicht beim Rattensarkom, während das Flexnercarcinom leichter bei der Züchtung avirulent wird.

Da die Krebszelle einen anderen Stoffwechsel hat wie die normale Zelle, so wird sie ihren abnormen Stoffwechsel wahrscheinlich nicht ausüben können, wenn das Medium ihr zuviel Nährstoff bietet. Die Krebszelle kann sogar im Serum längere Zeit wachsend und infektiös erhalten werden, wie es LUMSDEN gezeigt hat. Es ist jetzt also möglich, vielen Problemen der Krebsforschung näher zu treten, wie es die Fülle der Arbeiten ergibt, die in den letzten 4 Jahren erschienen sind. CARREL züchtet auch das Rattensarkom 1928 ohne Zusatz von Gewebe, indem er den Boden der D-Flasche aus Hühnerplasma macht, das häufig mit Tyrodelösung ausgewaschen wird; es scheint also eine reine Spezifität des Mediums nicht ganz ungünstig für das Wachstum zu sein. Sehr oft sind die Tumoren, die bei Wiedereinpflanzung entstehen, nicht von derselben Struktur, wie die zur Züchtung benutzten. Das ist der stärkste Beweis für das Vorhandensein eines krebserregenden Agens. Diese Frage wird sich, denke ich, bald entscheiden, da jetzt in vielen Stellen die Züchtung und Wiedereinpflanzung der Krebszelle geübt wird. Ob nun durch die Technik oder die Art des neuen Wirts die histologischen Veränderungen des neuentstandenen Tumors im Vergleich zum alten zu erklären sind, muß später entschieden werden.

Interessant ist die von vielen Forschern gemachte Beobachtung, daß das Stroma des Tumors eine andere Auswanderungsgeschwindigkeit hat wie die Tumorzellen (Abb. 89). Diese sind fast immer an der äußersten Peripherie des Mediums zu finden, wo sie in dichtem Kranze lagern.

Die Stromazellen hingegen wandern langsam aus. Ihre bindegewebige
Natur ist besonders bei dem abgebildeten Hundecarcinom erkenntlich.
Hat man dieses Hundecarcinom 3 Wochen lang gezüchtet, so sind nur
runde Carcinomzellen in dem Medium vorhanden, die ohne bindegewebi-
gen Zusammenhang das Medium erfüllen. Genau so wie die Epithelien wächst das Carcinom in Schleiern. Das Sarkom ist dem Bindegewebe ähnlicher und wächst in einzelnen Strängen.

   Die einzelne Tumorzelle, die sich also frei im Plasma bewegt (s.
Abb. 45), ist von anderen Gewebszellen durch mehrere Eigenschaften

Abb. 89. Basalzellencarcinom des Hundes. 3 Tage in homogenem Plasma gezüchtet. Zeigt deutlich
die Trennung der Carcinom- und der Stromazellen. Weitaus die meisten Zellen des Carcinoms sind
in das Plasma ausgewandert, das sich an drei Seiten um das eingepflanzte Ursprungsstück schon
verflüssigt hat. Nach dem Leben. (ERDMANN, Original.)

ausgezeichnet. Selten gibt es Zellen, deren Pseudopodien solche abenteuerliche und groteske Form annehmen wie die Tumorzelle. Auch die
Größe der Tumorzelle imponiert im allgemeinen. Granula der verschiedensten Art finden sich reichlich in ihnen. Lebend (Abb. 45) beobachtet
man die stark lichtbrechenden sog. Degenerationsgranula und die durch
ihr verschiedenes Lichtbrechungsvermögen kenntlichen Fettkügelchen.
Beide lassen sich auch getrennt färberisch darstellen. Zellteilungen mit
unregelmäßigen Kernteilungsfiguren sind in den Tumorzellen häufig.
Doch sind auch regelmäßige Mitosen reichlich vorhanden. Besonders aber
sind Atmungs- und Glykolyseversuche notwendig, um zu entscheiden, ob
man wirklich Tumorzellen vor sich hat, bei solchen Experimenten, bei
denen man normale Zellen experimentell in Tumorzellen umzuwandeln

geglaubt hat. Das morphologische Kriterium ist nicht ausreichend zur Charakterisierung der Tumorzelle.

Totalpräparate werden am besten mit Hämatoxylin-Eosin angefertigt und können ganz besonders bei Carcinomen gut mit starken Vergrößerungen beobachtet werden, weil der schleierartige Gewebskomplex höchstens 2—3 Zellschichten dick ausgebreitet ist (s. Abb. 87).

Es wurde schon 1912 von LAMBERT und HANES gefunden, daß die Spezifität des Nährmediums bei Tumoren nicht besonders ausgeprägt

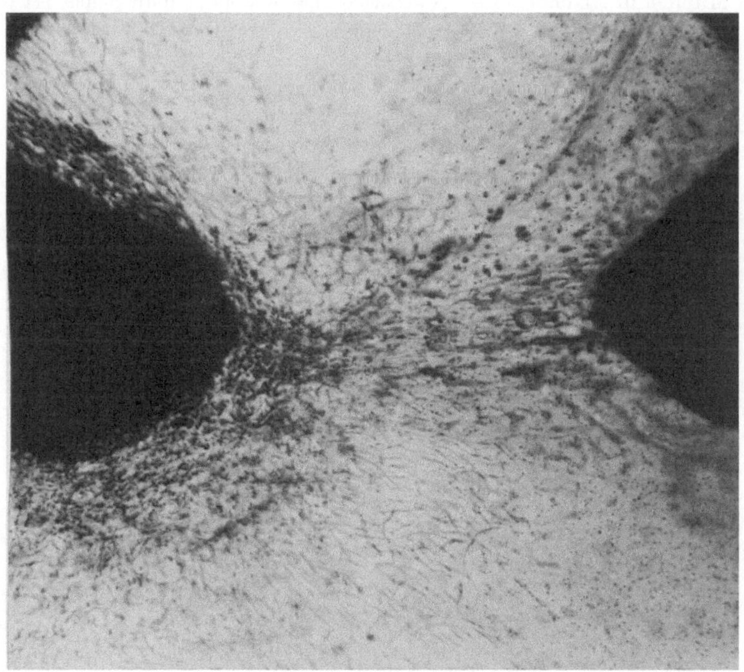

Abb. 90. Gutwachsendes Jensensarkom mit Hühnerfibroblasten zusammen gezüchtet. Rechts Sarkom. Original ERDMANN.

zu sein scheint. So wächst nach THOMSON menschliches Carcinom in Hühnerplasma und Embryonalextrakt des Huhnes (vgl. auch Abb. 86 u. 87). Mäusecarcinome und -sarkome sind fast immer in Rattenplasma gezüchtet worden, doch haben die reinen Plasmamedien bis jetzt sich sehr ungünstig für die Züchtung erwiesen, weil die Verflüssigung des Plasmas schon in wenigen Stunden bis zu einem Tage geschehen kann, so daß ein häufiges Wechseln des Mediums notwendig ist. Bei den von THOMSON und DREW gebrauchten Medien soll das nicht der Fall sein. Wäre dies richtig, so würde eher der physikalische als der chemische Charakter des Mediums einen besseren oder schlechteren Erfolg bei der Züchtung verursachen. Doch wird stets Embryonalextrakt hinzugefügt.

LUMSDEN benutzt Serum zur Züchtung, die Zellen bleiben *auf* dem Deckglas. Vor jedem Mediumwechsel wird mit Serum erst gespült. Es erscheinen in diesen Kulturen viele Makrophagen; der Tumor behält für das von LUMSDEN gebrauchte Sarkom seine Virulenz, Mitosen sind vorhanden und diese Züchtung mit Teilung der Kulturen kann monatelang fortgesetzt werden.

Färbung von Fett mit Sudan III oder Scharlach R.

Die Präparate werden wie üblich bei der Fettfärbung mit nicht fettlösenden Flüssigkeiten konserviert (Osmiumsäure, Formol usw.), gewässert in Aqua dest. und 5 Minuten in Alkohol 50%. Als Farblösung verwendet man Sudan III oder Scharlach R, die beide in gesättigter Lösung angewandt werden und fertig im

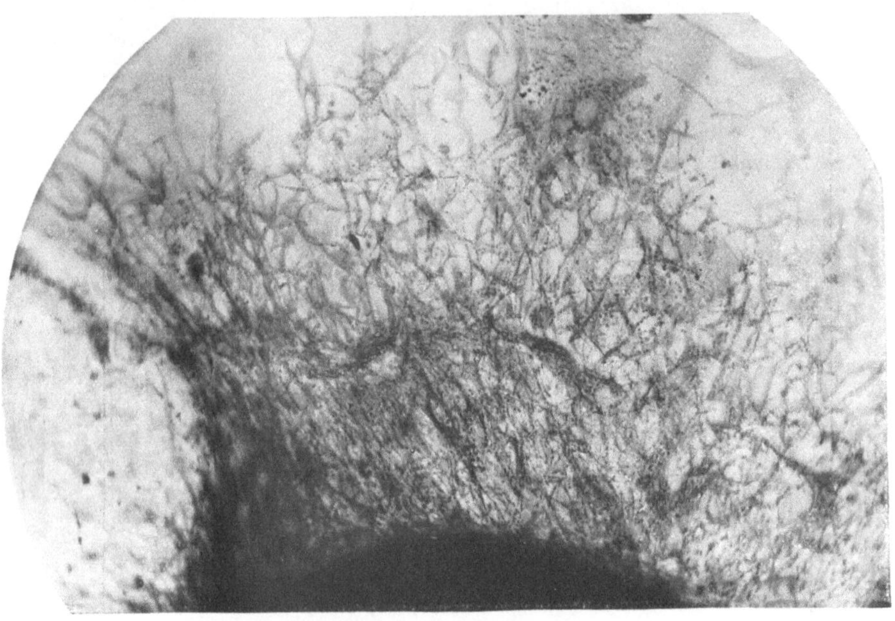

Abb. 91.   Gutwachsende Sarkomkultur (Jensen) mit Zellen- oder Herzmuskelzusatz. Fortlaufend gezüchtet. (Orginal ERDMANN.)

Handel zu haben sind. Färbdauer: 10 Minuten bis $^1/_2$ Stunde. Abspülen in Alkohol 50%, Auswaschen in Aqua dest. Nachfärbung mit Hämatoxilin DELAFIELD, wie dort angegeben. Nach dem Differenzieren bringt man die Präparate in Brunnenwasser, wo sie nachblauen, führt sie durch die Alkoholstufen; Alk. absol. + Xylol; Xylol; Cedernöl.

Glykogenfärbung nach BEST nach Fixierung mit 96proz. Alkohol.

Vorfärbung mit Hämatoxilin DELAFIELD, wie angegeben; danach Färbung in folgender, stets frisch zu bereitender Mischung:

> Bestsches Carmin (filtriert) . . . . 2 Teile
> Liqu. ammonii caust.. . . . . 3 „
> Methylalkohol . . . . 6 „

Diese Mischung, die, wie schon gesagt, jedesmal vor der Färbung frisch zu bereiten ist, darf nicht filtriert werden.

Färbdauer 1 Stunde.

Zum Entfärben bereite man sich folgende Lösung:

Methylalkohol . . . . 2 Teile
Alk. absol. . . . . 4 „
Aqua dest. . . . . 5 „

Die Entfärbung dauert ca. 10—12 Minuten, während der Entfärbung soll man die Mischung ein paarmal wechseln. Abspülen in 80proz. Alkohol; danach Alk. 96%; Alk. absol. ; Alk. absol. + Xylol; Xylol; Cedernöl.

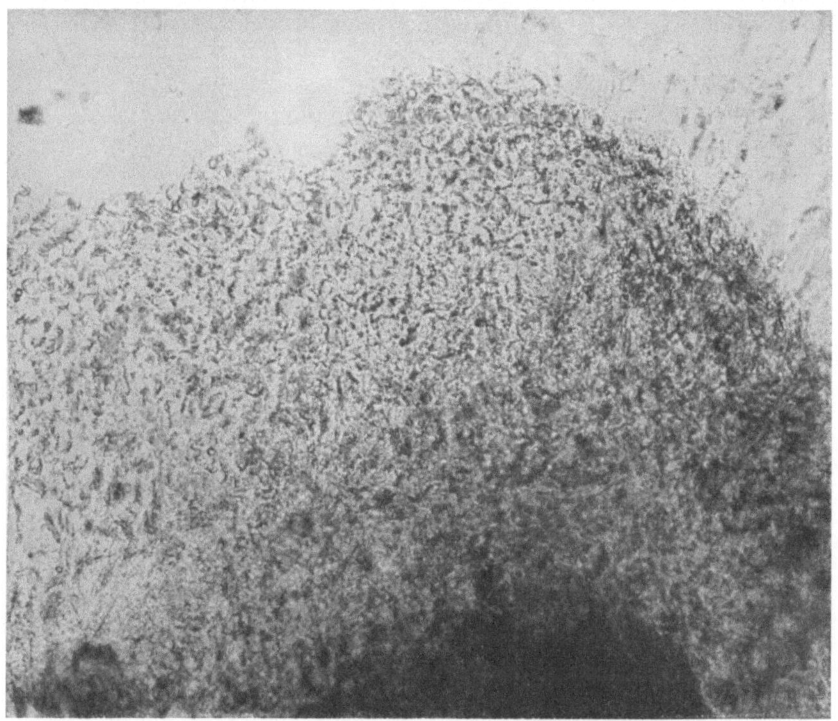

Abb. 92. Mäusecarcinom lebend in Kultur, lebend photographiert, 1:180. (Nach FISCHER.)

Die Carminfarbe, die zu obiger Färbung verwandt wird, bereite man sich folgenderweise:

Carmin . . . . 1 g
Ammon. chlorat. . . . . . . 2 g
Lithion carbonic . . . . . . 0,5 g } einmal aufkochen lassen
Aqua dest. . . . . 50 g

Nach Erkalten 20 ccm Liqu. ammonii caust. zusetzen. Diese Lösung ist im Dunkeln aufzubewahren. Sie ist brauchbar etwa vom 3. Tage an und durch einige Wochen.

Die Frage, wie wirken *Bakterien* und lebende Zellen aufeinander, wenn sie experimentell zusammengebracht werden, können wir im hängenden Tropfen gut beobachten (26. Übung).

Wie wir gesehen haben, entstehen Vakuolen im Laufe der Züchtung von Mesenchymzellen (vgl. Abb. 50, S. 64) ganz besonders gerade in dieser Zellart, während die Epithelzellen im Verhältnis zu den Mesenchymzellen viel kleinere Vakuolen haben, ebenso die Myoblasten. Während diese in einer 14 Tage alten Kultur, nachdem man sie fixiert und gefärbt hat, wie ein feines Sieb aussehen, gleichen die Mesenchymzellen mehr einem durchlöcherten Tuche. Man nimmt an, daß die Vakuolen in den Kulturen ganz besonders früh sich bilden, wenn die Dextrose der Locke-Lewis-Lösung z. B. aufgebraucht ist oder wenn sie

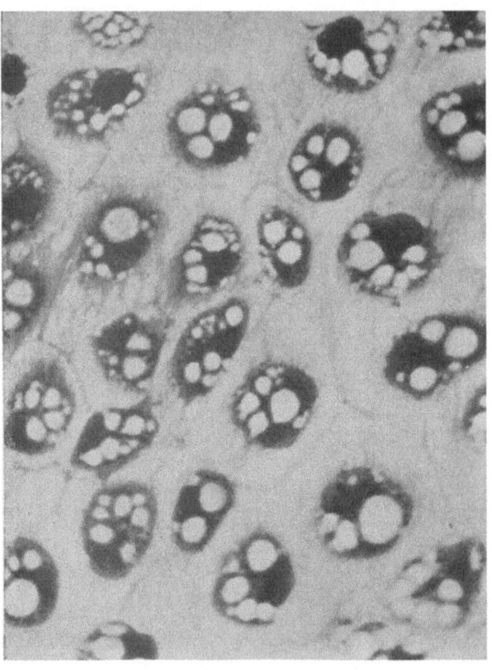

Abb. 93. Mesenchymzellen des embryonalen Huhnes nach Einfügen von Typhusbakterien. Beachte die großen Vakuolen in den Zellen. Nach Lewis, W.: J. of exper. Med. 33 (1921).

aus experimentellen Gründen fortgelassen ist. Jedenfalls aber steht fest, je kürzer die Zellen in der Kultur sind, je weniger Vakuolen haben sie. Daher zeigt der Versuch von M. Lewis, die Tuberkelbacillen mit wachsenden Mesenchymzellen zusammenbrachte, überraschende Resultate, denn hier wurde schon nach einem Tage, nachdem die Bakterien der Kultur zugefügt waren, eine so starke Vakuolisierung wie sonst nie erreicht (Abb. 93).

Man verfahre (26. Übung) wie folgt: Nachdem Kulturen von Hühnermesenchymzellen in Locke-Lewis-Lösung hergestellt sind, so lasse man sie 24 Stunden wachsen. Dann füge man vorsichtig mit einem kleinen Spatel eine geringe Anzahl Bakterien hinzu, nachdem man unter der Lupe die Kulturen umgedreht hat. Hierauf befestige man sie wieder auf einem neuberingten, hohlgeschliffenen Objektträger. Zwei Momente sind noch zu beachten. Man lege sich auch Kulturen derselben Bakterien im hängenden Tropfen in Locke-Lewis-Lösung an, die ohne Gewebe sind, und lasse auch einige Kulturen ohne Bakterien stehen.

Schon am nächsten Tage sind die Mesenchymzellen voller Vakuolen. Nicht alle Stämme arbeiten so rasch. Es kommt auf die Virulenz des Stammes an, ob schnell sehr viele Vakuolen gebildet werden. Jedenfalls zeigt dieser Versuch deutlich, daß das Zelleben schädigende Stoffe von den Bakterien ausgeschieden werden müssen. Welcher Art sie sind, muß noch erforscht werden. Es gibt auch zum Nachdenken Anlaß, warum man die Bakterien nicht gleich beim Ansetzen der Kulturen mit hineinsetzen kann, denn dann erzielte man kein Bakterienwachstum, vorausgesetzt, daß man nur wenig Bakterien eingesetzt hat. Die baktericide Wirkung der embryonalen Gewebe ist so stark, daß kein Gleichgewicht zwischen Bakterienzelle und Gewebezelle sich sofort einstellt. Je älter aber die Zelle in der Kultur ist, je schwächer reagiert sie gegen die Angriffe der Bakteriengifte.

Mit Hilfe der Gewebezüchtung muß sich das Problem lösen lassen, ob die Zellen des reticuloendothelialen Systems in einem genetischen Zusammenhange mit Blut-, Wander-, Endothel-, Riesenzellen und Monocyten stehen. Dazu dient uns besonders die Züchtung der Zellen des strömenden Blutes und der Lymphknoten.

Die 27. Übung befaßt sich mit der Umwandlung des Menschenblutes in fibroblastenähnliche Formen. CARREL hatte schon 1922 gelehrt, daß aus dem Häutchen von Leukocyten, welches über dem abzentrifugierten Blut stehen bleibt, nach Züchtung fibroblastenähnliche Formen, die er Fibroblasten nannte, auswachsen. Eine solche Kultur kann genau so wie unten dargestellt vom Huhn, dem Tier, mit dem CARREL arbeitete, dem Meerschweinchen, dem Kaninchen und dem Menschen hergestellt werden. Auf die Ratte kann unter Umständen das gleiche Verfahren angewandt werden. Es empfiehlt sich hier aus der Leibeshöhle die Exsudatflüssigkeit anzusetzen, nachdem man 3—4 Stunden vorher $1-1^1/_2$ ccm Ringer in die Leibeshöhle eingeführt hat. Dieses ist von STRANGEWAYS [Arch. f. exp. Zellforschg **8**, 477 (1929)] ausgeführt, und die dann entstehenden jungen Exsudatzellen verhalten sich genau so wie viele Zellen aus dem strömenden Blut.

M. LEWIS (1925) hat ein Verfahren geschildert, welches sie bei der Umwandlung des Blutes beim Frosch anwandte. Hier wurde der gesamte Blutstropfen auf ein Deckglas gesetzt. Das empfiehlt sich nicht beim Menschen und den Säugetieren, weil die kernlosen roten Blutkörperchen der Säugetiere zugrunde gehen. Dadurch werden wahrscheinlich sehr viele wachstumshemmende Stoffe mit in die Kultur gebracht. Aus diesem Grunde ist auf das Waschen des Kulturhäutchens sehr viel Wert zu legen.

AWROROW und TIMOFEJEWSKY (1912) haben zuerst leukämisches Blut gezüchtet und diese Beobachtungen gemacht. Später züchteten sie auch normales Menschenblut, nachdem sich auch andere Forscher dieser Aufgabe zugewandt hatten. Die Arbeiten von AWROROW und TIMOFEJEWSKY

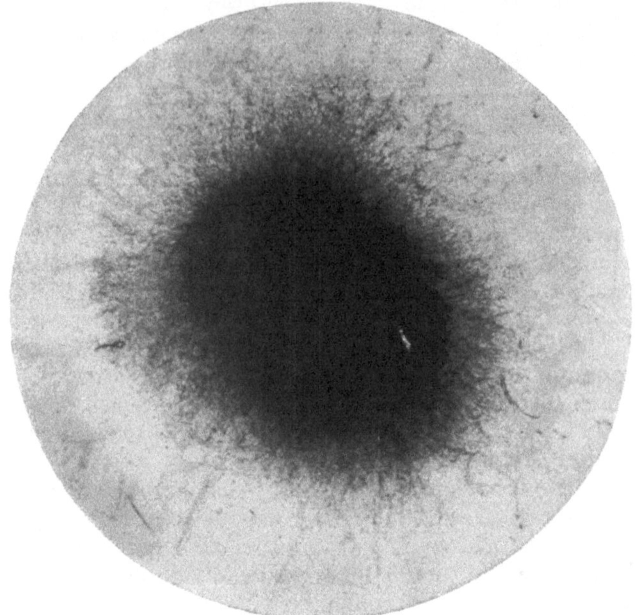

Abb. 94. Fibroblastenkultur aus Blutleukocyten des **Huhnes**, 1 : 8,5. (Nach Fischer.)

fanden aber keine Beachtung, weil die Zeichnungen nicht sehr überzeugend wirkten und anderen Forschern diese Umwandlung nicht gelang.

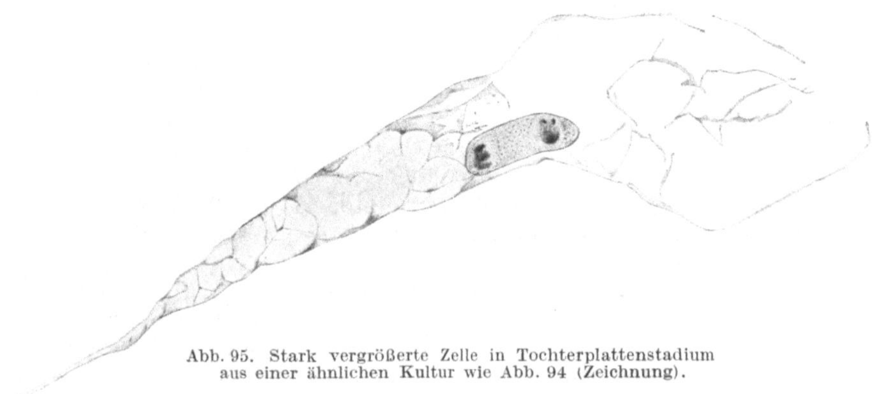

Abb. 95. Stark vergrößerte Zelle in Tochterplattenstadium
aus einer ähnlichen Kultur wie Abb. 94 (Zeichnung).

Die Wichtigkeit dieser Umwandlung des **Menschen**blutes gerade für die verschiedensten Probleme der Pathologie leuchtet ein. Es liegen schon jetzt eine ganze Reihe von Arbeiten vor, in denen die Umwandlung unter verschiedenen Bedingungen erzwungen wurde. Es empfiehlt sich nun, für die Umwandlung des strömenden Menschenblutes in fibroblastenähnliche Formen das Verfahren ohne Heparinzusatz anzuwenden, das von CAFFIER genau ausgearbeitet ist.

Zur Gewinnung und Verarbeitung der Zellen des strömenden Blutes, besonders des Menschenblutes, befolge man die Regeln, die CAFFIER ausgearbeitet:

Man entnehme das Blut, wie bei der Plasmabereitung, je nach Tierart aus einer größeren Vene oder aus dem Herzen entweder durch einfache Punktion oder indem man an die Punktionskanüle eine passende Lürsche Spritze ansetzt und mit dieser das Blut ansaugt. Für den *Menschen* eignet sich am besten eine Cubitalvenenpunktion mit der bekannten Straußschen Kanüle, einer Flügelkanüle, wie sie zur Entnahme für die Wassermannsche Reaktion üblich ist. Wesentlich bei dieser Blutentnahme ist die Benutzung von Kanülen mit *weitem* Lumen, da es mitunter vorkommt, daß das Blut bereits nach vollzogener Blutentnahme geronnen ist oder durch die nahe Berührung mit den Kanülenrändern schon so weit zur Gerinnung neigt, daß sich diese während des Zentrifugierens vollzieht, so daß dann eine geronnene Plasmaschicht statt einer flüssigen über dem Röhrchenrand steht, wenn man abpipettieren will. Man sauge das herausströmende (nicht heraustropfende!) Blut in einem untergehaltenen, vorher ausparaffinierten und eisgekühlten Zentrifugenröhrchen auf, lasse dieses sich bis zur Hälfte füllen und verschließe es dann mit einem sterilen Stopfen, den man durch ein gekreuztes Nadelpaar vor dem Hineinrutschen ins Zentrifugenröhrchen schützt. Hat man das Blut mit einer eisgekühlten und ebenfalls vorher ausparaffinierten Spritze entnommen, so muß man beim Einspritzen in das Zentrifugenröhrchen darauf bedacht sein, daß man es senkrecht einspritzt, um keine Blutspuren an der inneren Glaswand zu erzeugen. Ebenso vermeide man das Mithineinbringen von Blutblasen. Beide Momente fördern die Gerinnung und verhindern ein gleichmäßiges Sichabsetzen der leukocytären Elemente an der Oberfläche der Blutsäule beim Zentrifugieren. Man bringe das Zentrifugenröhrchen in einen mit Eismanschette versehenen Zentrifugenbecher, tariere in der üblichen Weise aus und zentrifugiere 3—5 Minuten. Anschließend pipettiere man die überstehende Plasmaschicht bis auf einen Rest von etwa 2 mm ab, stelle das Plasma auf Eis und das Zentrifugenröhrchen mit den corpuskulären Elementen in den Brutschrank (37° C). Bei genauer Betrachtung der Blutsäule sieht man zwischen ihr und der dünnen, überstehenden Plasmaschicht einen $^1/_2$—1 mm breiten, grauweißlichen Streifen; es ist dies die Schicht der zusammengesinterten weißen Blutkörperchen, also das für unsere Untersuchungen erwünschte Material. Diese Schicht ist bei der Verarbeitung leukämischen Blutes oft viele Millimeter breit. Im Brutschrank tritt schon nach wenigen Minuten eine Gerinnung der überstehenden Plasmaschicht ein, an der die Leukocyten als dünne, grauweiße Membran hängen. Man steche jetzt das Gerinnsel mit einem kleinen Messerchen aus, hebe es mit der Pinzette aus dem Glase heraus und bringe es in ein Schälchen mit Ringerlösung. Hier wasche man es *gründlich* aus und befreie es von dem anhaftenden Fibrin und den Paraffinresten, nach Möglichkeit auch von allzu vielen Erythrocyten. Dabei lösen sich häufig mehr oder weniger große, grauweiße Flöckchen und Klümpchen ab, die restlos aus leukocytären Elementen bestehen und nun in der Spülflüssigkeit umherschwimmen. Oft erhält man aber auch das grauweiße „Häutchen" in Kontinuität. Dieses hat einen bröckligen Charakter und läßt sich infolgedessen leicht mit Dreizack und Nadel in etwa $^1/_2$ mm große Stückchen zerteilen. Die Flöckchen bzw. Partikel des Häutchens setze man in üblicher Weise als Deckglaskultur im Eigenplasma ohne Extraktzusatz an.

Im Gegensatz zum Menschenplasma, dessen Gerinnungstendenz relativ gering ist, zeigt das Blutplasma anderer *Spezies* ein teilweise sehr rasches Gerinnungsvermögen. Hier empfiehlt es sich, mit Heparinzusatz zu arbeiten. Dabei sind folgende Modifizierungen nötig: Am besten stellt man die Heparinlösung in der üblichen Verdünnung so ein, daß auf 1 ccm Blut 0,1 ccm Heparinlösung kommt. Die Heparinlösung

ziehe man vorher in die zu benutzende Spritze auf, so daß sich das
Blut beim Ansaugen gleich mit ihr vermischt. Anfängern gelingt nicht

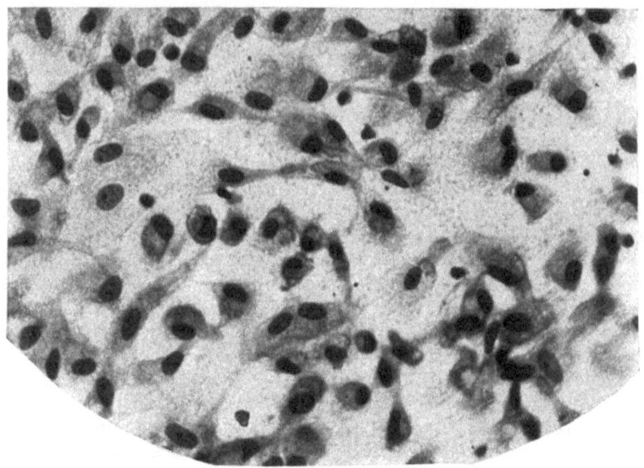

Abb. 96. Leukocytenkultur kurz nach dem Ansetzen. Original nach CAFFIER.

immer die Blutentnahme. Um Heparin zu sparen, mischt man dann
die Lösung erst in den Zentrifugengläsern mit dem gewonnenen Blut.
Ehe man das Zentrifugat in den Brutschrank bringt, pipettiere man

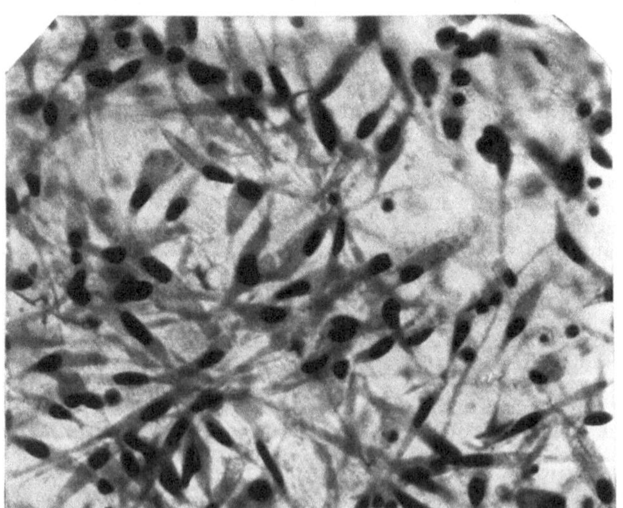

Abb. 97. Leukocytenkultur nach erfolgter Umwandlung. Original nach CAFFIER.

einige Tropfen Embryonalextrakt zum überstehenden Plasma, da sonst
eine Gerinnung auch im Brutschrank ausbleibt und ohne sie die Gewinnung des Häutchens auf ziemliche Schwierigkeiten stößt. Bei dieser

Handhabung muß man ohnedies auf die Gerinnung längere Zeit warten als bei der Benutzung heparinfreien Materials. Ferner beachte man, daß das Ansetzen der Kulturen bei der Benutzung von Heparinplasma mit Extraktzusatz zu erfolgen hat, da sonst das Medium auch im Brutschrank flüssig bleibt.

Man achte nun darauf, daß regelmäßig die Kulturen gefüttert oder umgebettet werden. In *heparinfreiem* Plasma geschieht die erwünschte Umwandlung der Blutformen schneller, doch kommt es vor, daß ganze Serien des normalen Menschenblutes die Umwandlung nicht zeigen. Der Grund dieses Ausfalls ist noch nicht geklärt. Will man die Kulturen färben, so kann man den dicken Plasmatropfen abnehmen, es bleiben am Deckglas immer noch genügend Zellen in dünner Schicht, die sich zur Färbung eignen. Sonst können die Kulturen nach MAXIMOW in Celloidin eingebettet und als Gefrierschnitt nach MAXIMOW (vgl. S. 75 und S. 80) gefärbt werden. MAXIMOW schlägt zum Nachweis der Fibrillen in den Spätkulturen die Azanfärbung vor.

Das Ausgangsmateria zeigt viele mononucleäre und polynucleäre Zellen. Sie verschwinden, und es entstehen später ähnliche Umwandlungsformen, wie sie in Abb. 96 u. 97 gegeben worden sind. Diese Formen können außer aus dem strömenden Blut auch aus Exsudaten gewonnen werden.

MAXIMOW behauptet 1928 in einer kurzen Notiz, daß die Zellen des Blutes sich nicht nur in fibroblastenähnliche Formen umwandeln, sondern sich in *Fibrocyten*, die Bindegewebsfasern bilden, umändern können. Sein Objekt ist das Kaninchen. Der Beweis, daß sich Blutzellen auch beim Menschen und bei den erwähnten Tieren in Fibrocyten umwandeln können, steht noch aus. Doch später werden wahrscheinlich auch die Medien gefunden werden, die bei ihnen die Umwandlung gestatten.

Die Übung im einzelnen geht nun so vor sich, daß wir entweder im heparinhaltigen oder im heparinfreien Plasma das Leukocytenhäutchen in Kultur ansetzen in der eben beschriebenen Weise, daß wir dann füttern und abschneiden und das Deckgläschen wechseln, je nach dem Stande der Kultur. Beim Wechseln der Deckgläschen hat sich gezeigt, daß sehr viele Zellen dort haftenbleiben, die die spätere Umwandlung mitmachen würden, obwohl man nur die äußerste Peripherie stutzt und infolgedessen viel von dem alten Plasmamaterial wegnimmt. Wenn doch zuviel Detritus vorhanden ist, empfiehlt es sich, die Kulturen, die auf Glimmer angelegt sind, mit dem Glimmerplättchen auszuschneiden, das Glimmerplättchen zu zerschneiden und so zu veranlassen, daß von allen Seiten neues Medium an die Zellen herantritt. Man mache sich zur Regel, daß man außer den Glimmerkulturen immer auch einige auf dünnem Glas anlegt; nur sie sind zur Lebendbeobachtung und Färbung zu gebrauchen.

Die beiliegende Abbildung zeigt das Ausgangsmaterial (Abb. 98) zwar vom Kaninchen und Exsudatzellen, aber die Carrelschen Leukocytenhäutchen, deren Umwandlungen wir auf Abb. 94, 96 u. 97 zeigten, unterscheiden sich wenig von den Exsudatzellen als Ausgangsmaterial. Es sind hier noch granulierte Formen vorhanden, die zu gewissen Zeiten aus der Kultur ganz verschwinden, um später unter

Umständen wieder neu zu erscheinen. Abb. 96 zeigt noch runde, aber granulationsfreie Formen.

Es folgt dann eine Abbildung des letzten Stadiums (Abb. 97), das für das Menschenblut erreicht ist.

Die Abbildungen, welche CARREL vom Huhn früher gegeben hat, entsprechen ganz den Formen, welche von TIMOFEJEWSKY vom Kaninchen und Menschen und von CAFFIER vom Menschen gegeben worden sind. Es ist also leicht, das Menschenblut bis zu dieser Stufe der Umwandlung zu bringen.

Man sieht in dem zweiten Bild (Abb. 97), daß sich ein Gewirr von Zellen übereinanderlegt. Die gleiche Umwandlung des Blutes, und zwar wurde es am Kaninchen versucht, kann auch mit anderen Methoden, nämlich der Durchströmungsmethode nach DE HAAN, erreicht werden. Sie gipfelt auch darin, daß Flüssigkeit mit Exsudatzellen, durch Einbrin-

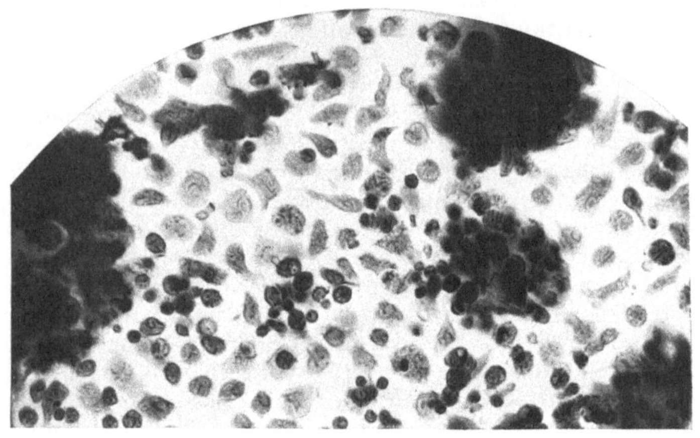

Abb. 98. Ausgangsmaterial für Umwandlung der Blutzellen nach DE HAANs Methode.
Originalpräparat nach DE HAAN.

gung von Ringer in die Leibeshöhle erzielt, über die Deckgläser geführt werden. Die Flüssigkeit setzt beim Durchströmen die Ausgangsformen ab, die dann ruhend die Umwandlung vornehmen.

Gewaschene Leukocyten von gemischtem Charakter, also polynucleäre, in ziemlich hohem Prozentsatz von Monocyten, werden nach $^1/_2$ Stunde fixiert, nachdem die Zellen sich aus der Durchströmungsflasche auf das Deckglas gesetzt haben (Abb. 98). Nachdem die halbe Stunde vorbei ist, liegen viele Zellen auf dem Deckglas. Die polynucleären sind gewöhnlich kleine, kugelförmige Zellen. Die anderen Zellen haben sich an das Deckglas angelegt und sind abgeplattet. Eine ebensolche Kultur bietet nach einem Tag Durchströmung folgendes Bild: Viele Zellen haben sich wieder von dem Deckgläschen losgemacht und sind von der Durchströmungsflüssigkeit fortgetragen. Die polynucleären Zellen sind zum Teil schon degeneriert. Monocyten überwiegen. Nur wenig fibroblastenähnliche Formen sind zu sehen. Sieht man eine ebensolche Kultur nach 3 Tagen, so bemerkt man eine zunehmende Umwandlung von fibroblastenähnlichen Zellen, welche sich zu einem Syncytium zusammenschließen. Nach 5 Tagen ist ein schönes Syncytium zu sehen. Zwei dieser Umwandlungsstufen sind auf dem 1. und 2. Bild abgebildet. Das 1. Bild stellt den Anfang der Umwandlung nach einem Tag dar, das letzte die Endstadien. Fixiert sind diese Präparate mit dem Heidenhainschen Sublimatgemisch Susa, gefärbt nach VAN GIESON. Die Durchströmungsflüssigkeit stammte von Kaninchen, in dessen Bauchhöhle

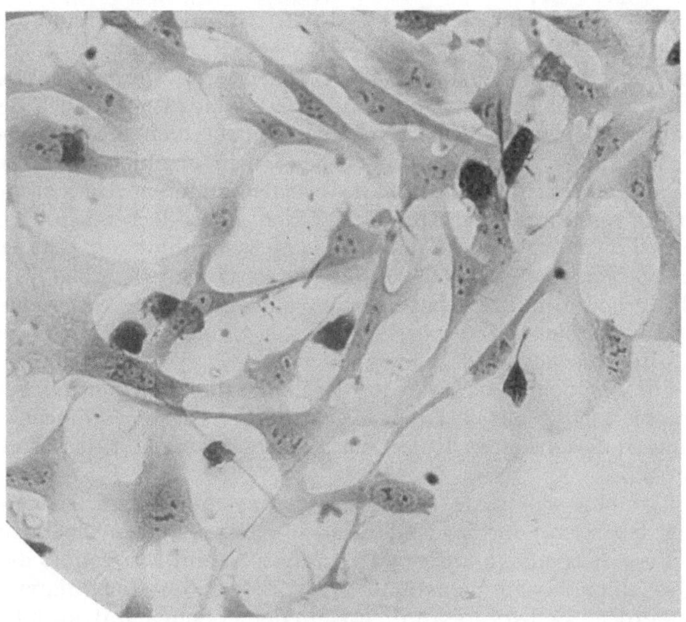

Abb. 99. Exsudatzellen nach erfolgter Umwandlung. Originalpräparat nach DE HAAN.

Ringersche Flüssigkeit am Tage vorher eingeführt und, als der Versuch anfing, steril wieder entnommen, in Sauerstoff durchlüftet und dann in die Durchströmungsflasche getan wurde.

Wenn wir gezüchtetes Blut oder das Gewebe einer Lymphdrüse (MAXIMOW) mit Tuberkelbacillen infizieren, so bildet sich, wenn die Infektion die richtige Stärke erreicht hat, ein Tuberkel. Es findet also in vitro das gleiche statt, was sich in vivo abspielt (vgl. 26. Übung).

MAXIMOW hatte schon 1924 gezeigt, daß dieser Vorgang zwangsläufig sich abspielt, doch mußte die Infektion mit virulenten Bacillen vor sich gehen. Die Bildung von Langhansschen Riesenzellen, die Entstehung von fibroblastenähnlichen Formen ist die Regel. Sehr interessant sind die Versuche von TIMOFEJEWSKY, der BCG-Bacillen den Kulturen zusetzte. Er fand, daß die Tuberkelbildung unterbleibt, daß die Zellen wachsen und daß Phagacytose eintritt. Die BCG-Bacillen können also in vitro keine Tuberkeln bilden und bilden auch in vivo

selten Tuberkeln. Bei der Züchtung von Lymphdrüsen kann es nach
Maximow zur Bildung von langen Fasern kommen. Was für Fasern-
systeme sich dort bilden ist nicht gesagt.

Maximow hält dies für in Faserbildung umgebildete Zwischen-
substanz. Er schreibt, daß die Zellen an der Bildung der Fasern keinen
Anteil nehmen. Ich selbst habe beim Abbau der Herzklappe gefunden,
daß die elastischen Fasern sich ohne Hilfe der Zellen, wenn selbst im
Medium Abbauprodukte von kollagenen und elastischen Fasern sind,
vermehren [Arch. Entw.mechan. **48** (1921)].

Maximow (siehe Abb. 119, S. 513 in „Bindegewebe und blutbil-
dende Gewebe" von Alexander Maximow, Handbuch der mikroskopischen Anatomie des Menschen, **2** I. Möllendorff), gibt neuerdings an,
daß sich in einer Kultur sowohl bei der Lymphdrüse als auch bei den
umgewandelten Zellen des strömenden Blutes auch echte Fibrocyten
bilden. So lange, bis die ausführliche Arbeit erschienen ist, können
wir nur darauf hinweisen, daß die meisten anderen Autoren nur die
Ausbildung von fibroblastenähnlichen Zellen geschildert haben. Caffier,
de Haan, Timofejewsky haben für das Menschenblut nur fibroblastenähnliche Zellen gesehen. Die Lymphdrüsenkulturen haben ja schon
Reticulum und Bindegewebszellen im eingepflanzten Ursprungsstück
in sich; hier erreicht McKinney 1929 schon nach wenigen Tagen Bildung von elastischen und kollagenen Fasern.

Es soll nicht abgestritten werden, daß die fibroblastenähnlichen
Formen vielleicht später Bindegewebsfibrillen bilden können. Beim
Menschen ist dies bis jetzt noch nicht gezeigt, also nur für das Kaninchen
(Maximow).

Hier werden sich viele neue Verwendungsmöglichkeiten der Züchtung der lebenden Gewebe finden lassen. Damit vielen späteren Forschern diese Methode geläufig wird, muß sie schon am Schluß des Uni-
versitätsstudiums wenigstens in dieser vorliegenden **elementaren** Weise
gelehrt werden. Selbstverständlich kann der Forscher mit noch feineren
Methoden der Gewebezüchtung, als sie in diesem Anfängerpraktikum
der Gewebezüchtung geschildert sind, arbeiten. So empfiehlt es sich,
daß jeder Forscher selbst die Zusammensetzung der Medien auf ihre
Hydrogen-Ionenkonzentration prüft. Am besten sollen die Zellen in
einem Medium wachsen, das 7,2-Hydrogen-Ionenkonzentration hat. Man
bedient sich der Methode von L. Michaelis oder der Methode von
Felton zur Feststellung der Hydrogen-Ionenkonzentration. Man gebraucht die erstere, wenn man größere Mengen Flüssigkeit zu untersuchen hat, die andere bei minimalen Quantitäten.

Um feinere Operationen an der Zelle selbst auszuführen, also um
evtl. Fibrillen oder Pseudopodien abzuschneiden oder Kerne herauszunehmen oder anzustechen ist der sog. Barber-Apparat zu empfehlen.
Jetzt ist ein Apparat von Zeiss nach Peterfi-Chambers auf den Markt
gebracht worden, der noch besser als der Barber-Apparat Mikrosektionen
erlaubt. In den 3 Ebenen des Raumes können Nadeln verschoben werden,
mit denen dann die Zelle oder das Gewebe zerschnitten oder entkernt
werden kann.

Wir haben schon auf S. 100 über die Auspflanzung von Darm-
stückchen gesprochen, die sich zu einem kleinen Organismus umwandeln. Wir haben über die Züchtung der Haut, die ja auch ein
Organismus ist, auf S. 90 gesprochen. Aber Experimente mit Ganzexplantaten sind nicht ausführlich geschildert worden. Es geht über
den Raum dieses Praktikums hinaus; und doch ist es zu empfehlen,
später auch die Ganzexplantation zu üben. Die Auspflanzung des
Augenkeimes von Amphibien (FILOTOW) oder des Amphibienherzens als
Anlage oder als eben gebildetes Herz (STÖHR, BRANDT, EKMANN) ver-
heißt für die Entwicklungsmechanik viele Aufschlüsse. Die Methoden,
die für die Züchtung von Zellarten angegeben sind, lassen sich auch
mit geringen Veränderungen für die Züchtung von Ganzexplantaten
anwenden.

Die hier ausführlich beschriebenen Übungen stellen die ersten Versuche dar, die Methode der Gewebezüchtung im Kursusbetrieb lehrbar
zu machen. Noch bessere Übungen werden sich im Laufe der Zeit finden,
die dem Anfänger noch günstigere Resultate sichern.

Eines aber ist gewiß, die Zusammensetzung der Medien wird sich
immer noch ändern. Vergeht doch nicht eine Woche, in der nicht neue
Zusammensetzungen von analysierbaren Medien empfohlen werden. Es
besteht selbstverständlich das Bestreben, alle organischen Bestandteile
des Mediums auszuschließen, damit man ein quantitativ bestimmtes
Medium hat. CARREL, EBELING, BAKER, FISCHER, DEMUTH haben sich
bemüht, Medien, die künstlich hergestellt sind, zu verwenden. Er-
schlossenes Fibrin und Proteosen vertreten die Stelle des Plasmas. Es
ist durch Fällung aus dem Plasma des Tieres gewonnen und kann infolgedessen chemisch bestimmt werden, doch auch in diesem Medium
sind zwei Komponenten, deren chemische Zusammensetzung nicht bekannt ist: Serum und Embryonalextrakt. Das Serum, in größeren
Mengen angewandt, hemmt das Wachstum und darf nur in geringeren
Quantitäten, außer bei Tumorzellen und Leukocyten verwandt werden.
Das Wachstum fördernde ist hier der Embryonalextrakt, dessen chemische Zusammensetzung ja unbekannt ist und der mit dem Serum als
isotonische Flüssigkeit gemischt wird.

Solange man noch Serum, Embryonalextrakt und Plasma nimmt, sind
stets unbekannte Größen in dem Medium. Bis jetzt haben wir angenommen, daß Wachstumshormone, die ihren Sitz in der lebenden Zelle haben,
unbedingt notwendig sind, um embryonale oder entdifferenzierte Zellen
am Leben zu erhalten. Es ist auch nicht ausgeschlossen, daß dies vielleicht Wundhormone sein können, denn mit dem Embryonalextrakt,
der noch notwendiger zu sein scheint als das Plasma, werden stets auch
Wundhormone aus den zerquetschten Zellen im Embryonalextrakt sich
finden. Ob Wundhormone oder Wachstumshormone dasselbe sind ist
noch nicht untersucht. Verwandt in ihrer Wirkung werden sie sicher
sein. Wir sind heute also noch nicht zu Ende mit dem Ausprobieren
der rechten Medien. Wir haben noch nicht die Stufe erreicht, die die
Bakteriologie schon lange kennt, nur mit analysierbaren Medien zu
operieren. Doch auch hier ist für die Aufzucht mancher Formen ein

gewisses unbekanntes Agens notwendig, das mit dem Blute, mit der Lymphe oder mit der Ascitesflüssigkeit dem Nährmedium zugeführt wird.

Wenn nun in Zukunft diese letzte Frage der Auswahl des Mediums vollständig einwandfrei gelöst ist, also die Zusammensetzung des Mediums chemisch quantitativ analysierbar ist, so wird sich hoffentlich ein anderer Nachteil der Gewebezüchtung überwinden lassen, nämlich der, daß man bis jetzt nur verhältnismäßig kleine Stücke züchten kann. FISCHER und PARKER haben mit neueren Methoden (siehe S. 91) schon erreicht, daß bei nicht zu starkem Wachstum mit gleichzeitiger Differenzierung auch größere Kulturen entstehen. Wird die Methode der Gewebezüchtung erst handlich, erfordert sie nicht mehr soviel Zeit wie jetzt, so wird man sich an die Lösung schwierigerer Probleme mit Erfolg heranwagen können. Dann erst wird die Ernährungsphysiologie feststellen können, welche Nahrungsstoffe und welche äußeren Bedingungen Bindegewebszellen oder Epithelzellen zu ihrer dauernden Erhaltung bedürfen. Dann erst wird das kausalanalytische Experiment an Zellen und Geweben in größerem Umfange einsetzen können, sowie bei der Explantation von Organen, Organteilen und Embryonen erst bedeutsame Fortschritte gezeitigt wurden, seitdem ROUX durch die Explantation einen der Grundsteine seiner kausalanalytischen Forschung, der Entwicklungsmechanik, gelegt hat.

Zusammenstellung der Übungen.

1. Übung.

S. 21—30.

Material: Haut des erwachsenen Frosches.

Medien und Waschflüssigkeiten: Froschplasma, Hühnerplasma, Milzextrakt, Augenkammerwasser, Ringerlösung, physiologische Kochsalzlösung und Locke-Lewis-Lösung für Kaltblütler.

Einschlägige Arbeiten: UHLENHUTH, E.: Cultivation of the skin epithelium of the adult frog, Rana pipiens. J. of exper. Med. **20**, 614 (1914) — Die Zellvermehrung in den Hautkulturen von Rana pipiens. Arch. Entw. mechan. **42**, 169—207 (1916) — The form of the epithelial cells in cultures of frog skin and in its relation to the consistency of the medium. J. of exper. Med. **22**, 76—104 (1915). — MITSUHASHI, H.: Zur Frage der Pigmentierung und Verfettung der Epithelzellen der Froschhaut in In-vitro-Kulturen. Arch. exper. Zellforschg **2**, 273 (1926). — GASSUL, R.: Experimentelle Studien über Auspflanzung, Überpflanzung und Regeneration von Explantaten aus erwachsener Froschhaut. Arch. Entw. mechan. **97**, 400—447 (1923). — ERDMANN, RH. u. E. SCHMERL: Über die Atmung gezüchteter und ungezüchteter Froschhaut. Arch. exper. Zellforschg **2**, 280 (1926).

2. Übung.

Seite 30—31.

Material: Milzen von Rana esculenta oder Rana fusca.

Medien und Waschflüssigkeiten: Milzextrakt, Knochenmarksextrakt und Ringerlösung.

Einschlägige Arbeiten: LASER, H.: Über Zellverbindungen in vitro als Vorbedingung für Zellwachstum. Arch. exper. Zellforschg **1**, 125 (1925).

3. und 4. Übung.

Seite 46—53.

Material: Milz der neugeborenen Katze oder Ratte.

Medien und Waschflüssigkeiten: Plasma und Embryonalextrakt der Katze. Falls keine Katze vorhanden, Plasma und Embryonalextrakt der Ratte. Ringerlösung für Warmblütler.

Einschlägige Arbeiten: CRACIUN, E.: Die Heparin-Plasma-Methode für Gewebskulturen. Arch. exper. Zellforschg **2**, 295 (1926). — ERDMANN, RH., H. EISNER u. H. LASER: Das Verhalten der fetalen, postfetalen und ausgewachsenen Rattenmilz unter verschiedenen Bedingungen in vitro. Arch. exper. Zellforschg **2**, 361—401 (1926). — FAZZARI, J.: Culture in vitro di milza embrionale ed adulta. Ebenda **2**, 307 (1926).

5. und 6. Übung.

Seite 53—57.

Material: Knochenmark eines jungen Huhnes, das gefastet hat.

Medien und Waschflüssigkeiten: Hühnerplasma.

Einschlägige Arbeiten: FOOT, N. CH.: Über das Wachstum des Knochenmarks in vitro. Experimenteller Beitrag zur Entstehung des Fettgewebes. Beitr. path. Anat. **53**, 446 (1912) — The growth of chicken bone marrow in vitro and its bearing on hematogenesis in adult life. J. of exper. Med. **17**, 43—60 (1913). —

Erdmann, Rh.: Some observations concerning chicken bone marrow in living cultures. Proc. Soc. exper. Biol. a. Med. **14**, 109—112 (1917) — Cytological observations on the behaviour of chicken bone marrow in plasma medium. Amer. J. Anat. **22**, 73—124 (1917).

7. Übung.

Seite 57—58.

Material: Fertige Kulturen von Ratten- und menschlichen Embryonen oder von irgendeinem Tumor; embryonale Hühnermilz, 16—21 Tage alt, Milz der eben geborenen Ratte.

Medien und Waschflüssigkeiten: Das betreffende Plasma und Embryonalextrakt des Tieres, das gebraucht wird. Falls man den Menschen nimmt, Menschen- und Hühnerplasma. Sterile Leucopodiumsporen, sterile zerriebene Carminteilchen, japanische Tusche. Ein Röhrchen mit einer Reinkultur von Tuberkelbacillen.

Einschlägige Arbeiten: Lambert, R. A.: The production of foreign body giant cells in vitro. J. of exper. Med. **15** (1912). — Smith, D. T., H. S. Willis and M. R. Lewis: The behavior of cultures of chick embryo tissue containing avian tubercle bacilli. Amer. Rev. Tbc. **6**, 21—34 (1922). — Veratti, E.: Ricerche histologiche sul alcuni tissuti in istato di sopravivenza in vitro. Boll. Soc. med.-chir. Pavia. (1919). — Lambert, R. A. u. F. M. Hanes: Migration by amoboid movement of sarcoma cells growing in vitro and its bearing on the problem of the spread of malignant growth in the body. J. amer. med. Assoc. **6**, 791—792 (1911) — On the phagocytic inclusion of carmin particles by sarcoma cells growing in vitro with consequent staining of the cell granules. Proc. Soc. exper. Biol. a. Med. **8**, 113—114 (1911). — Barta, Ed.: Deficient oxydation as a cause of giant cell formation in tissue cultures of lymph nodes. Arch. exper. Zellforschg **2**, 6 (1924).

8. Übung.

Seite 58—59.

Material: Fertige Kulturen von Mesenchymzellen des Huhnes oder des Meerschweinchens, Janusgrün, Janusschwarz, Neutralrot gelöst in Locke-Lewis-Lösung ohne Dextrose in Verdünnungen: Janusgrün 1 : 40000; Neutralrot 1 : 80000; Ringerlösung.

Einschlägige Arbeiten: Lewis, M.: Development of connective-tissues fibres in tissues cultures of chick embryos. Contrib. of Embr. N. 17. Extracted from Publ. 226 of the Carnegie Institution of Washington. 1917. — Carrel, A. and A. Ebeling: The fundamental properties of the fibroblast and the macrophage. J. of exper. Med. **44**, 261 and 285 (1926).

9. Übung.

Seite 60—61.

Material: Fertige Kulturen von Mesenchymzellen des Huhnes oder des Meerschweinchens, Janusgrün, Janusschwarz, Neutralrot, gelöst in Locke-Lewis-Lösung ohne Glucose, in Verdünnungen, Janusgrün 1 : 40000, Neutralrot 1 : 80000, Ringerlösung.

Einschlägige Arbeiten: Levi, G.: Il ritmo e le modalita della mitose nelle cellule viventi coltivate in vitro. Arch. ital. Anat. **15** (1916). — Canti, R. G.: Cinematograph-demonstration of living tissue celles growing in vitro. Arch. exper. Zellforschg **6**, 86 (1928).

10. Übung.

Seite 62—65.

Material: Mesenchymzellen des Hühnerembryos, in Locke-Lewis-Lösung gezüchtet, Lösung von Kaliumpermanganat wie 1 : 40000 und 1 : 80000.

Einschlägige Arbeiten: Lewis, W. H.: The effect of potassium permanganate on the mesenchyme cells of tissue cultures. Amer. J. Anat. **28** (1920). — Hogue, M. J.: The effect of hypotonic and hypertonic solutions on fibroblasts of the embryonic chick heart in vitro. J. of exper. Med. **30**, 617 (1919).

11. und 12. Übung.

Seite 65—73.

Material: Hühnerembryonen vom 13.—18. Tage.

Nährlösungen und Waschflüssigkeiten: Hühnerplasma, Embryonal-extrakt, Locke-Lewis-Lösung, Ringerlösung.

Einschlägige Arbeiten: CARREL, A.: Present conditions of a strain of connective tissue, 28 months old. J. of exper. Med. **20**, Nr. 1, 1—2 (1914). — CARREL, A. and A. EBELING: The fundamental condition of the fibroblast and the macrophage. J. of exper. Med. **44**, 261 u. 285 (1926). — EBELING, A. H.: A strain of connective tissue 7 years old. J. of exper. Med. **30**, 531—537 (1919).

13. Übung.

Seite 77—78.

Material: Unterhautbindegewebe des erwachsenen Meerschweinchens oder Kaninchens.

Nährlösungen und Waschflüssigkeiten: Plasma des betreffenden Tieres, Embryonalextrakt, Ringerlösung.

Einschlägige Arbeiten: Siehe 8. Übung und MAXIMOW, A.: The cultivation of connective tissue of adult mammals in vitro. Arch. russ. d'Anat., Histol. et Embriol **1** (1916). — LEWIS, W.: Cultivation of embryonic heart muscle. Contrib. to Embryol. Publ. Carnegie Foundation **363**, 90 (1926).

14., 15., 16. und 17. Übung.

Seite 83—87.

Material: Hühnerembryonen, verschieden lang bebrütet, am besten 5—6 Tage.

Nährlösungen und Waschflüssigkeiten: Locke-Lewis-Lösung, Ringer-lösung.

Einschlägige Arbeiten: LEWIS, M.: Muscular Contraction in Tissue Cultures. 272. Publ. Carneg. Inst. (1917) — Behavior of cross striated muscle cells in tissue cultures. Amer. J. Anat. **22** (1917). — LEVI, G.: Ricerche Istologiche sul alcuni tessuti in istato di sopravivenza in vitro. Bollet. 1—2 della Societa Med. Chir. di Pavia, S. 1—599 (1919). — OLIVO, O. M.: Sulle modificazioni strutturali e funzionali del miocardio di pollo coltivato „in vitro". Arch. exper. Zellforschg **8**, 250 (1928).

18. Übung.

Seite 88—90.

Material: Magen des 12tägigen Hühnchens.

Nährlösungen und Waschflüssigkeiten: Homogenes Plasma und Serum Ringerlösung.

Einschlägige Arbeiten: CHAMPY, C.: Notes de biologie cytologique. Géné-ralités I, Le muscle lisse II. Archives de Zool. **42**, 53 (1913). — ERDMANN, RH.: Über die Wuchsformen verschiedener in vitro gezüchteter Gewebe. Verh. D. Zool. Ges. München **1928**, 226.

19. und 20. Übung.

Seite 92—102.

Material: Hühnerembryonen von 10—13 Tagen oder Meerschweinembryonen.

Nährlösungen und Waschflüssigkeiten: Homogenes Plasma und Em-bryonalextrakt des betreffenden Tieres, Ringerlösung.

Einschlägige Arbeiten: KEMP, P.: Über das Verhalten der Chromosomen in den somatischen Zellen des Menschen. Z. f. Anat. u. Forschg **16**, 1 (1929). — FISCHER, A.: A three months old strain of epithelium. J. of exper. Med. **34**, 367—373 (1922). — KAPEL, OTTO: Einige Untersuchungen über das Verhalten des Epithels in vitro. Arch. exper. Zellforschg **8**, 1 (1929). — L. DOLJANSKI, Cultures pures de tissu hepatique, in vitro. C. r. Soc. Biol. Paris **101**, 754—755 (1929).

21. Übung.

Seite 102—104.

Material: Schilddrüse eines Hühnerembryos und eines jungen Kaninchens.

Nährlösungen und Waschflüssigkeiten: Homogenes Plasma und Serum, Ringerlösung.

Einschlägige Arbeiten: CHAMPY, C.: Quelques résultats de la methode des cultures des tissues. V. La glande thyroide. Archives de Zool. **55**, 16—79 (1915). — EBELING, A.: A pure strain of epithelial cells and its characteristics. J. of exper. Med. **41**, 337 (1925).

22. Übung.

Seite 106—108.

Material: Erwachsener Frosch, Hühnerembryo.

Nährmedien und Waschflüssigkeiten: Froschplasma, Hühnerplasma, Augenkammerwasser des Frosches, Locke-Lewis-Lösung, Ringerlösung.

Einschlägige Arbeiten: UHLENHUTH, E.: Changes in pigment epithelium cells and iris pigment cells of Rana Pipiens. Induced by Changes in Environmental Conditions. J. of exper. Med. **24**, 689—699 (1916). — SMITH, DAVID T.: The pigmented epithelium of the embryo chicks eye studied in vivo and in vitro. Bull. Hopkins Hosp. **31**, Nr 353, 239—246 (1920). — LUNA, E.: Note citologica sull epitelio pigmentate della retina cultivate in vitro. Arch. ital. Anat. **15** (1917).

23. Übung.

Seite 109—116.

Material: Froschlarve, Hühnerembryo, eben geborene Katze oder Meerschwein.

Nährmedien und Waschflüssigkeiten: Plasma und Serum des betreffenden Tieres, Ringerlösung.

Einschlägige Arbeiten: HARRISON, R. G.: Observations on the living developing nerve fiber. Proc. Soc. exper. Biol. a. Med. **4**, 140 (1906/07). — HARRISON, R. C.: The development of peripheral nerve fibers in altered surroundings. Arch. Entw.mechan. **30**, 15—33 (1910). — HARRISON, R. G.: The outgrowth of the nerve fiber as a mode of protoplasmic movement. J. of exper. Zool. **9**, 787—848 (1911). — LEVI, G.: Sull' origine rete nervose nelle culture di tessuti. R. Acc. Lincei **25**, Serie 9, 1. Sem. Bl. 9 (1916). — INGEBRIGTSEN, R.: Regeneration of axis cylinders in vitro. Com 1, and 2. J. of exper. Med. **17**, 182, **18**, 412 (1913). — BRAUS, H.: Die Entstehung der Nervenbahnen. Slg wiss. Vortr. Geb. Nat. u. Med. (Vogel, Leipzig), 3. Heft. — MATSUMOTO, T.: The Granules, vacuoles and mitochondria in the sympathik nerve fibers, cultivated in vitro. Bull. Hopkins Hosp. 91—93 (1920).

24. Übung.

Seite 116—119.

Material: Ringelnatter, Ratte, Katze.

Nährmedien und Waschflüssigkeiten: Das zu jedem Tiere gehörige Plasma, Ringerlösung.

Einschlägige Arbeiten: GRAWITZ, P.: Abbau und Entzündung des Herzklappengewebes, S. 1—32. Berlin: Schötz 1914. — ERDMANN, RH.: Das Verhalten der Herzklappen der Reptilien und Mammalier in der Gewebekultur. Arch. Entw.mechan. **46** (1921).

25. Übung.

Seite 120—127.

Material: Ein Tiersarkom, ein Tiercarcinom.

Nährmedien und Waschflüssigkeiten: Das zu dem betreffenden Tier gehörige Plasma, für Mäusegewebe Rattenplasma, Hühnerplasma, Drewsche Lösung, Embryonalextrakt vom Huhn, Ringerlösung.

Einschlägige Arbeiten: LAMBERT, R. A.: Comparative studies upon cancer cells and normal cells. II. The character of growth in vitro with special reference to the cell divisions. J. of exper. Med. 17, 5, 499—510 (1913). — DREW, A. H.: A comparative study of normal and malignant tissue, grown in artificial culture. Brit. J. exper. Path. 3, 20—29 (1922). — ERDMANN, RH. u. R. v. PETSCHENKO: Tumorstudien. V. Zelleben und Tumorerzeugungsmöglichkeit. Arch. exper. Zellforschg 8, 161 (1929). — LASER, H.: Züchtung von Flexner-Jobling-Rattencarcinom in vitro. Z. Krebsforschg 25, 298 (1927). — FISCHER, A.: Cultures of organized tissues. J. of exper. Med. 36, 393 (1922) — Studies on Sarcoma Cells in vitro. III. u. IV. Arch. exper. Zellforschg 1, 361 u. 501 (1925). — Ein 2¹/₂ Jahre alter Stamm bösartiger Zellen in vitro. Münch. med. Wschr. 1926, 1079. — FISCHER, A. u. H. LASER: Studien über Sarkomzellen in vitro. V. Über Phagocytose von Zellen des Rous-Sarkoms und von Fibroblasten in vitro. Arch. exper. Zellforschg 3, 363 (1923).

26. Übung.

Seite 128—129.

Material: Meerschweinembryo, Hühnerembryo, ein Stamm Tuberkelbacillen.

Nährmedien und Waschflüssigkeiten: Locke-Lewis-Lösung, Ringerlösung.

Einschlägige Arbeiten: LEWIS, M.: The formation of vacuoles due to Bacillus typhosus in the cells of tissue of the Intestine of the Chick embryo. J. of exper. Med. 31, S. 293—311 (1920). — SMITH, H. F.: The reaction between Bacteria and animal tissue under condition of artificial cultivation. The cultivation of tubercle bacilli with animal tissues in vitro. J. of exper. Med. 23, 283. (1915). — BERMANN, GOTTFRIED: Über die Infektion von Knochenmarkskulturen jugendlicher und ausgewachsener Meerschweinchen mit Staphylococcus pyogenes aureus. Arch. exper. Zellforschg 1, 392 (1925). — TIMOFEJEWSKY u. BENEWOLENSKAJA: Explantationsversuche von weißen Blutkörperchen mit Tuberkelbacillen. Arch. exper. Zellforschg 2, 31 (1925). — HAAGEN, E.: Das Verhalten von Lungengewebskulturen gegenüber Tuberkelbacillen. Arch. exper. Zellforschg 5, 156 (1928) — Über das Verhalten des Variola-Vaccinevirus in der Gewebekultur. Zbl. Bakter., Orig., 109, 31 (1923). — MEYER, E.: Die Methode der Gewebszüchtung in ihrer Anwendung auf die Züchtung von bacteriellen und ultravisiblen Erregern. Arch. exper. Zellforschg 3, 201 (1927). — TIMOFEJEWSKY, A.: Explantationsversuche von leprösem Gewebe. Arch. exper. Zellforschg 9, 182 (1929).

27. Übung.

Seite 129—138.

Material: Menschenblut, Hühnerblut oder Kaninchenblut.

Nährmedien und Waschflüssigkeiten: Menschen-, Hühner- oder Kaninchenplasma, Embryonalextrakt, Ringerlösung.

Einschlägige Arbeiten: CARREL, A. and A. EBELING: Pure cultures of large mononucle ar leucocytes. J. of exper. Med. 36, 365 (1922). — DE HAAN: Weitere Untersuchungen über die Züchtung von Wanderzellen mittels Durchströmung. Arch. exper. Zellforschg 7, 283 (1928). — STRANGEWAYS, D. H.: Some comperative observations on fibro blasts and nongranular leucocytes cultivated in vitro. Arch. exper. Zellforschg 8, 477 (1929). — CAFFIER, P.: Die prospektiven Potenzen des normalen Menschenblutes. Arch. exper. Zellforschg 6, 285 (1928).

Zusammenstellung der einschlägigen Literatur.

Historisches Interesse haben: OPPEL, A.: Gewebekultur und Gewebepflege im Explantat. Sammlung Vieweg: „Tagesfragen aus den Gebieten der Naturwissenschaft und der Technik", H. 12 (1914). — OPPEL schildert besonders die Anwendung der Gewebepflege als Mittel der kausal-analytischen Forschung. — BRAUS, H.: Methoden der Explantation (Gewebekulturen in vitro). (Sonderabdruck in Abderhaldens Handbuch der biologischen Arbeitsmethoden, Lief. 96. 1919.) Besonders auf Züchtung der Kaltblütlergewebe ist hier eingegangen. — STRANGEWAYS, R.P.S.: Tissue culture in relation to growth and differentiation. Ed. W. Heffer et Sons Ltd. Cambridge 1924 — Technique of tissue culture „in vitro". Ed. W. Heffer et Sons Ltd. Cambridge 1924. — ERDMANN, RH.: Einige grundlegende Ergebnisse der Gewebezüchtung aus den Jahren 1914—1920. Sonderdruck aus Erg. Anat. **23** (1921). (Fast vollständige Literaturangabe bis zum Jahre 1919.)

Neue Arbeiten, die seit dem Jahre 1927 erschienen sind: FISCHER, ALBERT: Gewebezüchtung. 2. Aufl. München: Rudolph Müller & Steinicke 1927. — LEWIS, M. u. W. LEWIS: Behavour of cells in tissue-culture. Aus: COWDRY: General Cytology, II. edition. 1928. — ERDMANN, RH.: Gewebezüchtung. Handbuch der normalen und pathologischen Physiologie **14**, Tl 1. Berlin: Julius Springer 1927. — BISCEGLIE, V. u. JUHASZ-SCHÄFFER: Die Gewebezüchtung in vitro. Berlin: Julius Springer 1928. — ERDMANN u. KLEE: Kaltblütlergewebe in der Explantation. Handbuch der biologischen Arbeitsmethoden, Abt. V, Teil 1, S. 579—636. Wien: Urban & Schwarzenberg 1927. — FISCHER, ALBERT: Gewebezüchtung. Abderhaldens Handbuch der biologischen Arbeitsmethoden, Abt. V, Teil I, 636—696. 1927. — KRONTOWSKY, A.: Explantation und deren Ergebnisse für die normale und pathologische Physiologie. Sonderdruck aus: Ergebnisse der Physiologie **25** (1928). (ASHER und SPIRO.) — LEVI, G.: Gewebezüchtung. Aus: T. PETERFI: Methodik der wissenschaftlichen Biologie I. Berlin: Julius Springer 1928. Ein sehr kurzes „Praktikum der Züchtung von Warmblütergewebe in vitro" ist von F. DEMUTH 1929 bei Müller & Steinicke erschienen.

Während FISCHER besonders die von CARREL übernommenen und von ihm ausgebildeten Methoden beschreibt, ist M. LEWIS und W. LEWIS Darstellung allgemein cytologisch. BISCEGLI und SCHÄFFER geben eine sehr gute, leicht verständliche Einführung, die alle Gebiete umfaßt und besonders zur Anfangsorientierung empfohlen werden kann. ERDMANN und KLEE beschreiben nur die Technik der Züchtung von Kaltblütlergeweben, FISCHER kurz die Technik der Züchtung des Hühnergewebes in einer konzentrierteren Form als in seinem Lehrbuch angegeben.

Auch von Botanikern sind Zusammenstellungen der Resultate vorhanden, welche sich mit den Methoden der Gewebezüchtung befassen, und zwar: HABERLANDT, G.: Über Zellteilungshormone und ihre Beziehungen zur Wundheilung, Befruchtung, Parthenogenesis und Adventivembryonie. Biol. Zbl. **42**, 4, 145—172 (1922). — LAMPRECHT, W.: Über die Kultur und Transplantation kleiner Blattstückchen. Beitr. allg. Bot. **1** (1918). — LAMPRECHT, W.: Über die Züchtung pflanzlichen Gewebes. Arch. exper. Zellforschg **1**, 412 (1928). — BÖRGER, H.: Gewebezüchtung in Handbuch der normalen und pathologischen Physiologie, Tl 1, **14**, 1000 (1926).

Als wichtig für die *feinere* Technik sind folgende Arbeiten zu erwähnen: BARBER, M. A.: Technique für inoculation of substance into living cells. Philippine J. Sci. **9**, Ser. B, 307—385 (1911). 19 figs. in text. — Dazu eine Arbeit von CHAMBERS, R.: The micro-vivisection method. Biol. Bull. **34**, 120, 136 (1918). 8 figs. in text. — PETERFI: Mikrurgische Technik in T. Peterfis Methodik der wissenschaftlichen Biologie I. Berlin: Julius Springer 1928. — CANTI, R. G.: Dark Ground Cinematography of cells in tissue cultures. **8**, 153 (1929).

Viele der wichtigsten Originalarbeiten sind seit 1925 im Archiv für experimentelle Zellforschung, besonders Gewebezüchtung, niedergelegt, das zum 9. Band bis heute fortgeführt ist.

Sachverzeichnis.